次期戦闘機開発をいかに成功させるか

2035年悲願の国産戦闘機誕生へ

森本 敏
岩﨑 茂　編著

山﨑剛美　田中幸雄
桐生健太朗　川上孝志

並木書房

はじめに

２０１８年12月、安倍晋三政権の下、次期戦闘機について、「国際協力を視野に、我が国主導の開発に早期に着手する」との方針が中期防衛力整備計画において決定され、これを踏まえて２０２０年から防衛省は本格的な開発に着手しました。

最新鋭の戦闘機を国産することは戦後日本の夢の１つです。そして、その夢はこれから、10年以内に実現するものと確信します。言うまでもなく、戦闘機は今日の国家防衛の要です。航空優勢なしに国家を守ることはほぼ不可能であるからです。

しかし、戦闘機を自国で開発生産することは容易ではありません。急速に発展する技術を克服し、新たな概念に挑戦する必要があるからです。

将来の航空戦闘は、有人機にコントロールされた無人機のスワーム（蜂のような群れ）が限定された空間を埋め尽くすといった様相になるかもしれません。戦闘機も第６世代、第７世代などという概念がなくなり、最新の技術を使って常続不断に既存機の改良と改修が行われ、航空機というより空中指揮統制システムの飛行体といったものに変わっていく可能性もあります。すでにこうした変化の萌芽は見え始めています。

いずれにしても戦闘機という技術の先端を行く兵器システムをアジアで、自力開発できた国は戦前では日本だけ、戦後は中国、台湾、韓国、インドくらいでしょう。しかもこれら戦後の開発生産国は米国、ロシアから何らかの協力や支援を得ているか、あるいは一部は他国の技術盗用があるといわれています。

戦後、日本は戦闘機を米国から取得してきました。最初はMAP（無償供与）、そして日本の経済成長にともなってFMS（有償供与）により入手してきました。

1988年頃からF-2（FS-X）戦闘機を日米で共同開発を始めましたが、日米両国にはそれぞれ事情があり、その過程で困難で複雑な交渉が行われました。相互に誤解や対立も生まれましたが、結果としては素晴らしい戦闘機ができたと思います。この開発で日米両国は多くの教訓と経験を学びました。そのF-2戦闘機は今も日本の防空の重要な役割を担っています。

東日本大震災の直後、松島基地に行って、格納庫で海水に浸かって破損したF-2を見た時、本当に心が痛みましたが、やがて、その機体も多くが修理され、第一線で任務を果たしています。

それでも、F-2戦闘機は2030年代中頃に退役します。そのことは2008年頃に分かっていました。2009年頃から始まった「戦闘機の生産技術基盤の在り方に関する懇談会」に参加した時、「将来、日本は戦闘機を国産できるのだろうか」と思ったものです。

そして、この懇談会に参加していた頃から本書の刊行をぼんやりと考え始めました。しかし、どのようにして出版を実現するかについて、この時点で全く具体的なものはありませんでした。

２０１２年、私は防衛大臣になりましたが、当時は、次期戦闘機開発について実質的な議論は進んでいませんでした。次期戦闘機の議論が防衛省で本格的に行われたのは２０１４年から２０１５年にかけてです。２０１５年に防衛装備庁が新設されたことが、この議論を加速させました。

そこで、本書の執筆と編集を進めるために、２０１６年頃から自発的に研究会を設置して専門家に集まってもらい、議論を始めました。この時のメンバーは全員、当時の職から異動されてしまいましたが、研究会を通じて互いに交換した専門知識と考え方は、その後の作業にとって極めて重要な指針と知見をもたらしました。

２０１７年の時点で、こうした議論をまとめて上梓したいと考えましたが、17年8月に再度、防衛大臣の政策参与に任命されたことを受け、いったんは出版を見送ることにしました。その後の開発計画の進展を受け、議論を充実させることができたことを踏まえると、この判断は妥当なものであったと思います。

その後、次期戦闘機の開発問題はゆっくりと進展し、日米間でも何度か協議が行われるようになりましたが、まだこの頃は日米協議はうまくかみ合っていない印象でした。併せて日英間でも議論が始まりました。

２０１８年以降には自民党の有志議員も戦闘機開発の勉強会を開催するようになりましたので、これに参加するようになりました。18年12月の中期防において「国際協力を視野に我が国主導の開発に早期に着手する」ことが決まった時は、内心、驚きを隠せませんでした。そして、これを方向づけた安倍総理の政治決断に感激しました。そこで、次期戦闘機に関する書籍の出版を是非とも実現したいと再び思うようになり執筆者を探しましたが、この時点で、まだ刊行のタイミングは来ませんでした。

やがて、日本側の開発作業が一本化され順調に進捗するようになりました。もちろん国内のすべての部署が完全に同調しているとは言えない状況でしたが、「我が国主導の開発」を成功させるという政治的決断がその後の開発計画の大きな推進力になったことは間違いありません。

この日本側の決心が米国政府内にも伝わり、2019年秋頃になって米国も腹を決めたようで、米国の航空機産業もF‐22、F‐35の生産技術と経験を十分に活用したいと考えるようになりました。

2020年になり国産開発プロセスと日米協議が急速に進みました。その結果、2021年になって開発作業はプライム企業に指定された三菱重工中心のチームとISP（インテグレーション支援パートナー）に主役が移りつつあります。

この作業に関わっている多くの人から、概ね8年後の試験飛行を目指して日本技術の粋《すい》を集結して国産化を成功に導くという強い決心が感じられます。

しかし、次期戦闘機開発は緒に就いたばかりです。特に我が国主導の開発という方針を貫きながら、米・英両国との国際協力をどのように進めるか、とりわけ米国政府による技術支援の許可が下りて、ISPが本気になって開発協力に取り組んでくれるかという点で、最初の岐路に直面していると思います。このプロセスを乗り切って真の意味で第5世代戦闘機の開発に成功するには、これから多くの困難と苦渋に満ちた選択を乗り越えなければ完成には至りません。本書は開発の構想段階と、図面を作り始めるところまでの初期のプロセスを紹介したに過ぎません。試作機が飛行する頃には、その続編を誰かが継いでくれるものと信じています。

我々は、F-X開発に関わるすべての事象を把握して執筆する必要があり、結局、3年に近い時間を費やしました。戦闘機開発の実情には機微な内容が多く含まれており、事実関係のすべてを書くわけにはいきません。部分的には抽象的な表現を使って記述せざるを得ませんでした。そのため個人名や正確な日時などはほとんど省きました。特定の人物しか知らないことも割愛しました。

しかし、次期戦闘機の開発に情熱をもって取り組んでいる人の気持ちと考え方をできる限り代弁し、開発事業の複雑さを国民の皆様に分かっていただけるよう努めました。

本書の執筆にあたり、多くの方々――政治家、政府内や企業の担当者、専門家など――に多くの示唆をいただきました。本書はこの開発に関わる人々の知識と知恵と経験を凝縮したものです。一部の執筆者の名前は伏せてありますが、これは事柄の性質上、やむを得ないものとご理解いただければ幸いです。

本書の編集・討論・執筆に関わった者は私を除いて戦闘機に関する真の専門家ばかりで、いずれもこの分野の第一人者です。

我々の希望は、日本が戦闘機という現代技術の粋を結集した兵器体系をどのような考えで作ろうとしているのか、その場合の問題はどこにあるのかを国民の皆様に知ってもらうことです。

戦闘機とは何か、なぜこれほど戦闘機の開発が難しいかを分かっていただき、後世にその遺産を引き継いで欲しいという一心で執筆・編集しました。その真意をいくらかでもご理解していただければ本書の目的は達成されると考えています。出版に寛容で、かつ丁寧な対応をしていただいた防衛省、防衛装備庁の皆様にもお礼を申し上げます。

改めて、本書の刊行に関わったすべての関係者に衷心よりお礼を申し上げます。

令和3年晩秋

元防衛大臣・森本敏

目次

第4章　次期戦闘機開発の技術的課題　（1）桐生健太朗、田中幸雄　250

第5章　次期戦闘機開発の技術的課題（2）

資料 次期戦闘機（F-X）研究開発の経緯

1990年（平成2年）

3月　MHI（三菱重工）、支援戦闘機（FS-X）開発のための支援戦闘機設計チーム（FSET：FS-X Engineering Team）を設置

9月　YF-22初飛行（米国）

年度　防衛庁技術研究本部、技術実証機構想を検討

1991年（平成3年）

8月　F-22先行量産型開発契約（米国）

年度　技術研究本部、将来航空機主要構成要素の研究試作実施（平成3年度～平成5年度）

1995年（平成7年）

10月　FS-X開発のXF-2A試作初号機初飛行

1996年（平成8年）

年度　技術研究本部、ステルス・高運動機模擬装置の研究試作実施（平成8年度～平成13年度）

年度　防衛庁、F-2量産開始

2000年（平成12年）

年度　技術研究本部、高運動飛行制御システムの研究試作実施（平成12年度～平成19年度）

２００１年（平成13年）
10月　Ｆ‐35開発契約（米国）
２００５年（平成17年）
年度　技術研究本部、全機実大模型のＲＣＳ計測実施（仏国防省国防装備庁の協力）
２００６年（平成18年）
年度　技術研究本部、スマート・スキン機体構造の研究試作実施（平成18年〜平成21年度）
２００７年（平成19年）
年度　防衛省、Ｆ‐２調達最終年度
年度　撤退企業に関する調査（空幕装備部：防衛省、経産省協力）
２００８年（平成20年）
12月　日本航空宇宙工業会（ＳＪＡＣ）、戦闘機の生産・技術基盤の維持について防衛省に提言
年度　技術研究本部、高運動飛行制御システムの研究実施（平成20年〜平成22年度）
２００９年（平成21年）
12月　防衛省、戦闘機の生産技術基盤の在り方に関する懇談会中間取りまとめ（将来戦闘機研究開発ビジョンを提言）
年度　技術研究本部、先進技術実証機（Ｘ‐２）の研究試作開始（平成21年度〜平成29年度）
２０１０年（平成22年）
8月　防衛省、将来の戦闘機に関する研究開発ビジョン公表

10月　防衛省、日本航空宇宙工業会（ＳＪＡＣ）との間で、将来戦闘機に関する官民合同研究会を開始
12月　平成23年度中期防衛力整備計画（以下、中期防）（平成23〜27年）閣議決定「戦闘機（Ｆ－２）の後継機の取得を検討する所要の時期に、戦闘機の開発を選択肢として考慮できるよう、将来戦闘機のための戦略的検討を推進する」
年度　技術研究本部、先進統合センサー・システムに関する研究実施（平成22年度〜平成30年度）
年度　技術研究本部、ウェポン内装化空力技術の研究実施（平成22年度〜平成27年度）
年度　技術研究本部、次世代エンジン主要構成要素の研究実施（平成22年度〜平成27年度）

２０１１年（平成23年）

12月　Ｆ－４後継機としてＦ－35採用（42機）閣議了解
年度　技術研究本部、将来戦闘機機体構想の研究実施（平成23年度〜平成27年度）：３次元デジタルモックアップ（ＤＭＵ）作成

２０１２年（平成24年）

年度　技術研究本部、戦闘機用統合火器管制技術の研究実施（平成24年度〜令和４年度）
年度　技術研究本部、将来ミサイル警戒技術に関する研究実施（平成24年度〜令和２年度）

２０１３年（平成25年）

７月　防衛省、日英防衛装備品共同開発・技術移転協定締結
12月　日本初の国家安全保障戦略閣議決定（国際共同開発、装備移転の新たな原則）
12月　26中期防（平成26〜平成30年）閣議決定「将来戦闘機に関し、国際共同開発の可能性も含め、戦闘機（Ｆ－２）の退役時期までに開発を選択肢として考慮できるよう、国内において戦闘機関連技術の蓄積・高度化を図るため実証研究を含む戦略的な検討を推進し必要な措置を講ずる」

年度　技術研究本部、ウェポンリリース・ステルス化の研究実施（平成25年度～平成30年度）
年度　技術研究本部、先進RF自己防御シミュレーションの研究実施（平成25年度～平成28年度）
年度　技術研究本部、戦闘機用エンジン要素に関する研究実施（平成25年度～平成29年度）

2014年（平成26年）

3月　米空軍、NGAD（次世代制空戦闘機）5年計画予算要求（米国）
4月　防衛装備移転3原則公表
7月　防衛省、F-2後継機に関する検討チームを設置（次官通達）チーム長：防衛計画課長、航空機課長。後継機のオプションとしては、①国内開発②国際共同開発（新規開発）③国際共同開発（既存機の能力向上開発）④既存機の取得を想定
7月　防衛省、日英防衛装備・技術協力運営委員会を設置（年2回定期会合）
年度　技術研究本部、機体構造軽量化技術の研究実施（平成26年度～令和3年度）
年度　技術研究本部、赤外線画像の高解像度技術に関する研究実施（平成26年度～平成30年度）
年度　技術研究本部、ステルス・インテークダクトの研究実施（平成26年度～平成30年度）

2015年（平成27年）

9月　経団連、将来戦闘機の開発事業を含む防衛産業政策の実行に向けた提言取りまとめ
10月　防衛装備庁新設
年度　防衛装備庁、将来戦闘機の技術的成立性に関する研究実施（平成27年度～平成29年度）
年度　防衛装備庁、次世代データリンク高速・高信頼化技術の研究実施（平成27年度～令和2年度）
年度　防衛装備庁、ステルス戦闘機用レドームに関する研究実施（平成27年度～令和2年度）
年度　防衛装備庁、電動アクチュエーション技術の研究実施（平成27年度～令和元年度）
年度　防衛装備庁、戦闘機用エンジンシステムに関する研究実施（平成27年度～令和元年度）

2016年（平成28年）

4月　防衛省、Ｘ－２の初飛行
5月　米空軍、航空優勢２０３０計画（Air Superiority 2030 Flight Plan）発表：次世代戦闘機として、突破型対航空戦闘機（PCA：Penetrating Counter Air）の必要性を明示
7月　防衛装備庁、第1回ＲＦＩ（Request for Information：情報提供要求）の発出：国内外企業参画意思と既存機に関する情報提供を依頼
年度　防衛装備庁、将来戦闘機用小型熱移送システムに関する研究実施（平成28年度〜令和2年度）
年度　防衛装備庁、推力偏向ノズルに関する研究実施（平成28年度〜令和5年度）

2017年（平成29年）

1月　航空幕僚監部、要求性能案を防衛装備庁に提出（防衛装備庁は代替案分析開始）
3月　防衛省、将来戦闘機における英国との協力に係る日英共同スタディに関する取り決め締結（日英双方の要求性能案、機体コンセプト、保有技術に関する情報を交換）
3月　防衛省内に将来の戦闘機体系に関する検討委員会を設置、委員長は事務次官
4月　防衛装備庁、第2回ＲＦＩの発出　国内開発の支援策と既存機の能力向上に関する情報提供及び「機種（機体）」及び「エンジン」に関する情報提供を依頼
7月　独仏首脳が将来戦闘機（FCAS：Future Combat Air System）の共同開発合意
9月　日本航空宇宙工業会が「将来戦闘機国内開発の早期立ち上げに関する要望書」を防衛省に提出

2018年（平成30年）

1月　鈴木防衛装備庁長官訪米（国防省との意見交換等）
2月　防衛装備庁、第3回ＲＦＩの発出（既存機の能力向上案に関する情報提供を依頼）
6月　自民党国防議連、「我が国主導の国内開発」を求める決議文を総理に提出

6月　戦闘機用の大型高出力プロトタイプエンジン（XF9）IHIより防衛装備庁へ納入
7月　ボーイング、ロッキード・マーティン、BAEが防衛装備庁へRFI回答（ロッキード・マーティンはF‐22とF‐35の派生型機構想を提案）
7月　英国、戦闘航空戦略（Combat Air Strategy）を発表。同日、航空ショーでテンペスト構想公表、防衛省へ共同開発を提案
10月　防衛省、将来の戦闘機体系に関する検討委員会及び検討チーム設置。委員長は事務次官、チーム長は委員長が指名する者（検討チーム長は次期戦闘機担当審議官）
11月　岩屋防衛大臣「将来戦闘機開発で重視する5つの視点」公表
11月　自民党「日本の産業基盤と将来戦闘機を考える研究会（浜田元防衛大臣座長）」提言を公表
12月　防衛省審議官等訪米、31中期防の説明（将来戦闘機の記述ぶりについても説明）
12月　31中期防閣議決定「将来戦闘機について、戦闘機（F‐2）の退役時期までに、将来のネットワーク化した戦闘の中核となる役割を果たすことが可能な戦闘機を取得する。そのために必要な研究を推進するとともに国際協力を視野に、我が国主導の開発に早期に着手する」
年度　防衛装備庁、将来戦闘機システム開発の実現性に関する研究実施（平成30年度～令和2年度）

2019年（令和元年）

1月　岩屋防衛大臣、米国で講演（「5つの視点+日米インオペ」）
3月　防衛装備庁、第4回RFIの発出（第3回RFIの詳細情報の提供依頼）
4月　経団連、「新大綱と新中期防の着実な実現に向けて」で改修の自由度を確保できる基本的仕様にすべき等を提言。
7月　深山防衛装備庁長官及び鈴木整備計画局長訪米（日米装備・技術定期協議（S&TF））
8月　防衛装備庁は三菱重工業、IHI、三菱電機、川崎重工、SUBARU、東芝、富士通、NEC及び東京計器と将来戦闘機の技術的成立性に関する研究の支援契約を締結。各社は技術提案書の提出と国内検討委員会へ参加

9月　航空幕僚長、技術開発要求を防衛装備庁長官に提出
9月　将来戦闘機について日米政府間協議（ヘルビー国防次官補代行の来日）議題：①脅威認識 ②日米相互運用性 ③OSA（Open Systems Architecture）④日米企業の共同開発によるリスク・コスト削減
10月　財務省財政制度等審議会財政制度分科会歳出改革部会：将来戦闘機について開発費・開発期間増大のリスクを指摘
11月　将来戦闘機について日英協議が企業を含めた形で開催（ロンドン）され、機体の共通化、搭載品や部品の共用化、日英共同開発計画などを協議
12月　将来戦闘機について日米政府間協議（高橋事務次官、ヘルビー国防次官補代行等）
12月　派生機開発不採用通知（防衛装備庁から米国3社）
年度　防衛装備庁、遠隔操作型支援機技術の研究実施（令和元年度～令和6年度）
年度　防衛装備庁、戦闘機等のミッションシステム・インテグレーションに関する研究実施（令和元年度～令和7年度）
年度　防衛装備庁、戦闘機用エンジンの適用可能性向上性に関する研究実施（令和元年度～令和5年度）

2020年（令和2年）

2月　防衛省審議官訪米、将来戦闘機の日米企業協議について打合せ
4月　防衛装備庁に次期戦闘機開発室（開発官は空将補）を設置
6月～8月　次期戦闘機について日米企業協議（ロッキード・マーティン、ボーイング、ノースロップ・グラマン）
9月　防衛装備庁、第5回RFI発行（インテグレーション支援〔①ミッションシステム②ステルス技術③設計及びモデリング〕に関する情報提供を依頼）
10月　次期戦闘機（F-X）開発担当のプライム企業としてMHIが決定
11月　MHI内に次期戦闘機設計チーム（FXET：FX Engineering Team）設置
11月　行政改革推進本部秋の行政事業レビューで「次期戦闘機の調達」をレビュー

11月　自民党「日本の産業基盤と将来戦闘機を考える研究会（浜田元防衛大臣座長）」提言（2回目）を提出・公表
12月　次期戦闘機設計チーム（FXET）、協力会社と発足式（MHI小牧南工場）。MHI+7社（IHI、三菱電機、川崎重工、SUBARU、東芝、富士通、NEC）
12月　防衛省、RFIの結果及び国際協力の方向性について公表
①ロッキード・マーティンをインテグレーション支援の候補企業として選定
②日米インオペのため米国装備品とのデータリンク連接に係る研究を日米で実施
③エンジン、アビオニクス等のシステムについて、米国・英国と協議、協力の可能性を追求
12月　英国、スウェーデン、イタリア国防相はテンペスト（Tempest）開発に関する覚書に調印
年度　防衛装備庁、次世代赤外線センサー技術の研究実施（令和2年度〜令和7年度）
年度　防衛装備庁、ステルス評価装置のフォローアップ実施（令和2年度〜令和4年度）

2021年（令和3年）

1月　FXETに協力会社7社から出向（150人〜200人）本格的に開発開始
1月〜8月　F-X開発計画についての検討（防衛省、MHI、ロッキード・マーティン）
7月　日英国防相会談、エンジンシステムに重点を置きつつ、サブシステムレベルでの協力追求のための議論の加速について合意
9月　鈴木防衛装備庁長官訪米、国防省関係者とインテグレーション支援について協議
9月　英国防省関係者及び英国企業来日、エンジンなどの日英協力について協議
9月　英国DSEI展示会において、BAEがテンペストの模型の後ろに英国、スウェーデン、イタリアの国旗に加え、日本の国旗も展示
年度　防衛装備庁、高機能レーダー技術の研究実施（令和3年度〜令和5年度）日英共同研究
年度　防衛装備庁、インターオペラビリティ（相互運用性）に関する日米共同研究実施（令和3年度〜令和5年度）：FMS契約

略語集

ＡＡＭ（Air-to-Air Missile：空対空ミサイル）
ＡＢＭＳ（Advanced Battle Management System：米軍開発中の先進戦闘管理システム）
ＡＣ（Actual Cost：実績コスト）
ＡＥＤＣ（Arnold Engineering Development Center：米空軍アーノルド技術開発センター）
ＡＥＳＡ（Active Electronically Scanned Array：アクティブ・フェーズド・アレイ・レーダーの欧米での呼称）
ＡＥＷ（Airborne Early Warning：早期警戒）
ＡＩ（Artificial Intelligence：人工知能）
ＡＭＲＡＡＭ（Advanced Medium-Range Air-to-Air Missile：米軍の中距離空対空ミサイルＡＩＭ‐１２０）
ＡＭＴ（Accelerated Mission Test：エンジンの加速運用試験）
ＡＯＡ（Analysis of Alternatives：代替案分析）
ＡＰＡＲ（Active Phased Array Radar：アクティブ・フェーズド・アレイ・レーダー）
ＡＳＥＡＮ（Association of Southeast Asian Nations：東南アジア諸国連合）
ＡＴＦ（Altitude Test Facility：エンジン高空性能試験施設）
ＡＴＦ（Advanced Tactical Fighter：１９８０〜９０年代の米空軍戦闘機開発プログラムの呼称、先進戦術戦闘機計画）
ＡＷＡＣＳ（Airborne Warning and Control System：早期警戒管制機）

ＢＡＥ（ＢＡＥシステムズというイギリスの国防・情報セキュリティ・航空宇宙関連企業）
ＣＣＶ（Control Configured Vehicle ：操縦装置が機体形状を決定するという１９７０年代の航空機設計概念）
ＣＦＤ（Computational Fluid Dynamics：計算空気力学技術）
ＣＦＲＰ（Carbon Fiber Reinforced Plastic：炭素系複合材料）
ＣＩ（Classified Information：機密情報）
ＣＭＣ（Ceramic Matrix Composite：繊維強化セラミック複合材）
ＣＭＭＣ（Cybersecurity Maturity Model Certification：サイバーセキュリティ成熟度モデル認証）
ＣＯＭＩＮＴ（Communication Intelligence：通信情報収集）
ＣＯＴＳ（Commercial off-the-shelf：民間において既製品で販売が可能となっているソフトウエアやハードウエア製品）
ＤＡＰＣＡ（Development and Procurement Cost of Aircraft：ランド研究所の航空機開発費と量産価格の推定方法）
ＤＡＲＰＡ（Defense Advanced Research Projects Agency：米国国防高等研究計画局）
ＤＡＳ（Distributed Aperture System：Ｆ‐35搭載の３６０度全方位の赤外線探知装置）
ＤＭＵ（Digital Mockup：デジタルモックアップ）
ＤＰＡＳ（Defense Priorities and Allocations System：米国国防優先割当システム）
ＤＳＡＡ（Defense Security and Assistance Agency：米国防省のＦＭＳ等の対外支援を実施していた機関、現在は、ＤＳＣＡと改称）
ＤＳＣＡ（Defense Security Cooperation Agency：米国防省のＦＭＳ等の対外支援を実施している国防安全保障協力局）
ＤＳＥＩ（DSEIという名称の国際兵器展示会）
ＤＴＳＡ（Defense Technology Security Agency：米国国防技術情報保全管理庁）

DX（Digital Transformation：デジタル技術による生活やビジネス等の変革）
ECM（Electronic Counter Measures：電波妨害機能またはその装置）
ELINT（Electronic Intelligence：電波情報収集）
ESM（Electronic Support Measures：電波探知機能またはその装置）
EV（Earned Value：実績出来高）
EVM（Earned Value Management：プロジェクトの進捗とコストの状況を把握する管理手法）
FACE（Future Airborne Capability Environment：オープン・システム・アーキテクチャの一体系、米海軍等が中心）
FACO（Final Assembly and Checkout：最終組み立て及び検査施設）
FADEC（Full Authority Digital Engine Control：コンピューターによるエンジン制御）
FCAS（Future Combat Air System：仏独が主導している次世代戦闘機開発プロジェクト。スペインも参加）
FEM（Finite Element Method：有限要素法）
FI（Fighter Interceptor：要撃戦闘機）
FLIR（Forward Looking Infrared：赤外線捜索探知機能またはその装置）
FMS（Foreign Military Sales：有償供与、米国防省と防衛省との契約により米装備品等を購入するシステム）
FSET（FS‐Xエンジニアリング・チーム）
FS‐X（Fighter Support-neXt Generation：F‐2戦闘機開発時の仮称）
FTB（Flying Test Bed：試験用航空機）
F‐X（Fighter-neXt Generation：次期戦闘機開発時の仮称）
FXET（F-X Engineering Team：次期戦闘機設計チーム）

ＧａＡｓ（Gallium Arsenide：ガリウム砒素）
ＧａＮ（Gallium Nitride：窒化ガリウム）
ＧＤ（General Dynamics：ジェネラル・ダイナミックス社）
ＨＭＤ（Head-mounted Display：頭部装着ディスプレイ）
ＨＯＪ（Home on Jam：電子戦の一方法、ホーム・オン・ジャム）
ＩＦＰＣ（Integrated Flight and Propulsion Control：統合操縦推力制御）
ＩｏＴ（Internet of Things：物同士がインターネットで相互に情報交換する仕組み）
ＩＲ（Infrared：赤外線）
ＩＲＡＮ（Inspection and Repair As Necessary：定期修理）
ＩＲＳＴ（Infrared Search and Track：赤外線捜索追尾機能またはその装置）
ＩＳＯ（International Organization for Standardization：国際標準化機構）
ＩＳＰ（Integration Support Partner：インテグレーション支援パートナー）
ＩＳＲ（Intelligence, Surveillance and Reconnaissance：情報収集、警戒及び偵察機能）
ＩＴ（Information Technology：情報技術）
ＩＴＡＲ（International Traffic in Arms Regulations：米国の国際武器取引規定）
ＩＴＯ（Indium Tin Oxide：酸化インジウムスズ）
ＪＡＤC^2（Joint All Domain Command and Control：米軍の陸海空海兵隊宇宙軍全軍を含む指揮統制システムの構想）
ＪＡＳＳＭ（Joint Air-to-Surface Standoff Missile：ロッキード社の統合空対地スタンドオフミサイル）
ＪＤＡＭ（Joint Direct Attack Munition：無誘導爆弾に精密誘導能力を付加する装置）

JNAAM（Joint New Air-to-Air Missile：日英共同研究で行われている空対空ミサイル・プロジェクト）
JV（Joint Venture：ジョイントベンチャー）
KHI（川崎重工業株式会社）
LCC（Life Cycle Cost：生涯経費）
LINK16（米軍等で常用されているデータリンク）
LRIP（Low Rate Initial Production：初期少量生産）
LTAA契約（License and Technical Assistance Agreement：ライセンス技術支援契約）
MADL（Multifunction Advanced Data Link：F - 35固有のデータリンク）
MAP（Military Assistance Program：米国の対日軍事援助、無償供与も一環）
MD（McDonnell Douglas：マクドネル・ダグラス社、現在はボーイング社に吸収合併された）
MDR（Missile Defense Review：ミサイル防衛見直し）
MEA（More Electric Aircraft：航空機電動化）
MELCO（三菱電機株式会社）
MHI（三菱重工業株式会社）
MOU（Memorandum of Understanding：了解覚書）
MRJ（Mitsubishi Regional Jet：三菱重工傘下の三菱航空機が開発しているリージョナル・旅客ジェット、現在はMSJと呼称）
MRM（Medium-Range Missile：中距離空対空ミサイル）
MRO&U（Maintenance, Repair, Overhaul and Upgrade：維持修理分解整備能力向上作業）

ＭＳＩＰ（Multi-Stage Improvement Program：多段階能力向上計画）
ＭＳＪ（Mitsubishi Space Jet：ＭＲＪの改称後の呼称）
ＮＡＳＡ（National Aeronautics and Space Administration：アメリカ航空宇宙局）
ＮＡＴＯ（North Atlantic Treaty Organization：北大西洋条約機構）
ＮＤＳ（National Defense Strategy：国家防衛戦略）
ＮＥＣ（日本電気株式会社）
ＮＧＡＤ（Next Generation Air Dominance Aircraft：米空軍の次世代制空戦闘機）
ＮＩＣＴ（National Institute of Information and Communications Technology：情報通信研究機構）
ＮＩＳＴ（National Institute of Standards and Technology：米国立標準技術研究所）
ＮＩＰＯ（Navy International Program Office：米海軍国際計画局）
ＮＭＳ（National Military Strategy：国家軍事戦略）
ＮＰＲ（Nuclear Posture Review：核態勢見直し）
ＮＳＳ（National Security Strategy：国家安全保障戦略）
ＮＳＳ（National Security Secretariat：国家安全保障局）
ＯＦＰ（Operational Flight Program：運用飛行プログラム）
ＯＭＳ（Open Mission Systems：オープン・システム・アーキテクチャの一体系、米空軍等が中心）
ＯＳＡ（Open Systems Architecture：オープン・システムズ・アーキテクチャ）
ＰＣＡ（Penetrating Counter Air：米空軍の突破型対航空戦戦闘機）
ＰＦＩ（Private Finance Initiative：民間の資金と経営能力・技術力〔ノウハウ〕を活用し、公共施設等の設計・建

設・改修・更新や維持管理・運営を行う公共事業の手法）
PKO（Peacekeeping Operations：国連平和維持活動）
preMSIP（pre Multi-Stage Improvement Program：多段階能力向上計画を適用していない航空機）
PV（Planned Value：計画出来高）
RBS（Risk Breakdown Structure：作業分解構成図）
RCS（Radar Cross Section：レーダー反射面積）
RF（Radio Frequency：電波）
RFI（Request For Information：情報提供要求）
RFP（Request For Proposal：提案要求）
SA（Situational Awareness：状況認識）
SAM（Surface-to-Air Missile：地対空ミサイル）
SDB（Small Diameter Bomb：米軍製の小型胴径爆弾）
SEW（Satellite Early Warning：人工衛星早期警戒）
SIGINT（Signals Intelligence：電波、通信、信号等の情報収集）
SMS（Store Management System：ストア・マネージメント・システム、武器管制システム）
SM-3ブロックⅡA（エージス艦搭載の弾道弾迎撃ミサイル）
SPC（Special Purpose Company：特別目的会社）
SPE（Special Purpose Entity：特別目的会社の別名）
SPO（System Program Office：米国防省においてそれぞれの装備システムを扱う部局）

ＳＴＯＬ（Short Takeoff and Landing：短距離離着陸）
ＳＴＯＶＬ（Short Takeoff and Vertical Landing：短距離離陸垂直着陸）
ＴＢＯ（Time Between Overhaul：オーバーホール間隔時間）
ＴＳＣ（Technical Steering Committee：日米共同技術運営委員会）
ＵＡＥ（United Arab Emirates：アラブ首長国連邦）
ＵＡＩ（Universal Armament Interface：米軍が提唱している汎用武装インターフェース規格）
ＶＭＣ（Vehicle Management Computer：機体関連制御コンピューター）
ＷＢＳ（Work Breakdown Structure：作業分解構成図）
Ｘ-２（先進技術実証機の名称）

第1章〈討論〉次期戦闘機開発、その経緯と展望

討論のはじめに

森本（敏）：ここでは、次期戦闘機の開発構想が策定されるに至った経緯とその間に議論され、検討されてきた主要問題について、討論したいと思います。おおよそ、この10年にわたり次期戦闘機の開発構想を策定する事業は複雑な経緯をたどってきました。この開発計画を策定するための基礎的な研究や検討は政府内で２００９年頃から始められたものです。その後、この基礎的な研究や検討をもとにして開発に必要な運用要求や基本的な構想が出来上がりました。

その結果として、次期戦闘機の開発を「国際協力を視野に入れつつ、我が国主導で行う」ことが決まったのは２０１８年12月のことであり、現中期防衛力整備計画の中に明記するという形で決まりました。

その後、国際協力をどのように行うかを検討するため政府はＲＦＩ（Request For Information：情報提供要求）を出して回答を求め、米国や英国の企業も想定して、技術面での実態調査を行いました。

米国と英国との政府間協議も行われました。また、日米間と日英間で国際協力の枠組みを作るための企業協議も行われ、その結果を踏まえて開発パートナーに関する基本的枠組みが作られ、２０２０年（令和２年）10月末にはプライム（三菱重工）が決まり、２０２１年（令和３年）から次期戦闘機の開発計画の構想立案・基本設計作業が始まりました。

本書は、２００９年の年末以降、約10年以上にわたり開発計画の基本構想がどのような経緯を経て作られてきたのか、その間に議論され、検討されたことは何であったのか、いかなる考えに立って開発事業が出来上がってきたのかをまとめたものです。

そこで、まず本書を読んでいただく前に、執筆者を中心としてこうした問題について討論した内容を記録しました。各章の内容と重複しているところもありますが、本書の内容をよく理解していただくために、話し言葉で分かりやすく解説したつもりです。

本書の執筆者は、すべてのメンバーが今まで戦闘機開発に何らかの分野から関わってきた専門家ですが、次期戦闘機開発は極めて秘匿性の高い業務でもあり、また、それらのすべてを知悉しているわけではありません。さらに政治的考慮もあり、明らかにできなかった箇所もあります。しかし、読者に理解していただくために、できる限り率直に討論することとしました。

そもそも、次期戦闘機とは日本が現有するF‐2戦闘機の後継機のことです。F‐2戦闘機は、2020年末の時点で91機を保有しています。同機は1990年代末から運用が開始され、その間、東日本大震災の際、松島基地で一部の機体が被害を受けたものの、そのほとんどが修復されて任務に復帰し、現在も日本の防空任務を担って活躍しています。しかし、同機は2030年代中頃から退役が始まります。設計において6000時間という使用時間を設定していたことによるものです。

一方、これに代わる次期戦闘機をF‐2戦闘機退役の時期までに開発、設計、試作や実験を経て生産し、運用できるようにする必要がありますが、それにはおおよそ15年を要することになります。すると、2020年頃には開発事業の構想設計、2021年から基本設計を行い、開発事業を進めていく必要があります。このことは2009年頃には理解されていました。

この頃に次期戦闘機の構想について議論が始まったのはこういう背景によるものです。以来、10年にわたる検討が続き、特に2018年以降には検討や協議が本格化してきました。そこで、まずこのような経緯とその間に議論となった主要な問題について討論したいと思います。

FS‐X開発のトラウマ

森本：まず、最初に次期戦闘機の開発構想を議論するにあたり、多くの人がFS‐X（現在のF‐2戦闘機開発時の仮称）開発の体験——トラウマと言ってもよいような苦い体験——を二度と繰り返すべきではないということを強調してきましたが、こういう経験と教訓をもとにして次期戦闘機の開発構想策定にあたり、特に留意したことは何だったのでしょうか？

また、その一方で、現在、第一線で活躍しているＦ－２戦闘機は優秀な性能を持ち、特に改修の自由度を有する使いやすい戦闘機になっていると言われており、Ｆ－２戦闘機パイロットのあいだでも評価が高いと聞きますが、これはどういうことでしょうか？　ＦＳ－Ｘの欠点はＦ－２戦闘機の運用を通じて解決されてきたということなのでしょうか？

田中（幸雄）：この点は主として第３章に詳述されています。多くの人がＦＳ－Ｘの体験――トラウマと言う人がいますが、その多くはＦＳ－Ｘ開発に関与したことがない人たちが伝聞で広まった話を口にしていることです。

確かにＦＳ－Ｘ開発当時、日本は米国と厳しく激しい交渉をしました。それは事実です。しかし、その成果として米国は貴重なＦ－16戦闘機のその当時の最新モデルＦ－16Ｃ／Ｄ型ブロック40の設計データを日本に供与してくれましたし、日本側はそれをベースとして設計することができました。そのデータのお陰と日本が蓄積していたそれまでの最新技術を融合して、非常によい戦闘機ができたと思っています。かえって米国の方では知的財産管理を十分にせず、米国の知的財産を日本に供与しすぎたという強い反省もあり、その一部はランド研究所のレポート（Lorell, M., *Conflicting U.S. Objectives in Weapon System Codevelopment: The FS-X Case*, Rand Corp., RB-20, Aug. 1995）にも示されています。

また、FS‐Xはすべて日本が資金を負担したので日米共同開発ではないという指摘もありますが、これについて触れておきたいと思います。米国も資金を負担するということは、米国も開発した戦闘機を装備するということになり、この場合、戦闘機の運用構想が確定するまで日米で協議するということになります。その際、米国は世界のどこでも運用できる戦闘機を追求しているのに対し、日本は自国周辺で運用する戦闘機を念頭に入れていました。日米が全く同じ運用構想を持つことは、現在の日米同盟の状況下でもあり得ません。したがって、我が国独自の運用構想に基づき我が国が装備する戦闘機を開発するには日本が自ら資金を負担せざるを得なかったと思います。

FS‐Xの教訓として重く残ったことは、対米交渉を進める場合、日本側にしっかりとした司令塔になる人が必須であるということです。当時は、西廣整輝防衛事務次官がこの役を務め、米国と確実に話ができるチャンネルを持っていましたし、西廣次官は防衛庁内局・空幕（航空幕僚監部）・技本（技術研究本部）を束ね、外務・経産省とも十分に話をすることができる人でした。

また、日米間の立場の違いをまとめるには、常に落としどころを考えながら協議を進めていく必要があり、その結果は日米にとってウィンウィンになるものでなければなりません。西廣次官は常にそれを追求していました。そうでないと、後日、米国から不公平や不満が表れて、話が蒸し返される可能性があるからです。

日米交渉の争点は大きく2つありました。1つ目は「ワークシェア」、すなわち作業分担率のことで、米国が開発作業、量産作業の何パーセントを分担するかです。開発作業を分担してもらうには、ワークシェアが相手側が納得することのできる、それ相応のパーセンテージ、内容である必要があります。共同開発の相手国は、国内雇用がどの程度守れるかの観点からこれを重視します。

2つ目は「技術移転」で、どのような意味のある技術が日本に供与され、それに対応して米国側にとってそれ相応の価値ある技術が引き渡されるかです。技術移転は、共同開発国相手側は移転された技術により自国の技術を伸長させようとしますのでこれも大切な事項であり、双方にとってバランスのとれた内容でないとなかなかまとまりません。結果として、このプロジェクトではF‐16戦闘機をベースに本格的な戦闘機を作ることができましたし、また日米同盟を強化することができたと思います。

付け加えますと、FS‐Xについては、量産配備当初、レーダーに問題があるとマスコミに取り上げられましたが、自衛隊、国内の技術者がいろいろ苦労し、最終的に解決できました。また、搭載するミサイルがFS‐X開発後に追加されましたが、これもFS‐X開発中に取得した技術力に基づき、量産されたF‐2戦闘機からうまく発射できるようになりました。

新戦闘機実用化への過程と教訓

岩﨑（茂）：F‐2戦闘機を運用するパイロットの側から見ると、まず同機の実用試験は岐阜基地で飛行開発実験団が行い、実用に供することを確認した上で、その後、運用試験は航空総隊隷下の第3航空団（三沢基地）が行いました。当時、私の同期生がこの運用試験に関わっておりました。その彼が、時々「F‐2は多くの問題を抱えていて部隊の運用には向いていない」とまで言うこともありました。しかし、私は「装備品の多くは運用開始時にはいろいろな問題が出てくるものだ。現有のF‐1（F‐2の前任の支援戦闘機）よりは性能がよいのでは？」と説得することがたびたびでした。

確かに運用試験時にはF‐2に求めていた運用要求や要求性能を満たしているのかという疑問を持つこともあったようです。しかし、問題が起これば、そのつど、第3航空団、飛行開発実験団、航空幕僚監部（以下、空幕）、技術研究本部（以下、技本）、三菱重工などが日夜、協力して不具合の改善に努め、一つひとつ改修・改善していきました。

第3航空団は三沢基地に所在しておりますが、三沢基地は米軍の基地であり、第3航空団はそこを間借りをしている立場でした。米軍もF‐2に関してはかなり興味を持ち、情報収集していたようです。日米共同開発を決定した当時は、米国はF‐16のほぼすべての技術を日本側に開示する旨を約束していましたが、結果的に米国はフライト・ソースコード（電気式操縦装置のソフトウェア）を開示することはありませんでした。このため、戦闘機の心臓といわれるソースコードを我が国独自で開発せざるを得なかったのです。しかし、結果的にこのことが功を奏することになりました。F‐2にいろいろな不具合があっても、米国に伺いを立てることなく、我が国が自由にソフトに手を加えることができたので、比較的早く、かつ自由に改修することが可能だったのです。

このことは運用が開始され任務に就いた後でも、予算処置さえできれば、不具合の改修や必要な能力向上、そして搭載ミサイルの拡張などができて、運用の幅が大きく拡大されることになったのです。そして、運用開始から20年経過し、現在では世界に誇れる優秀な戦闘機に育ってきたのです。

先ほどご指摘がありましたランド研究所や国防省の複数の報告書にも記述がありますが、米国は当初はフライト・ソースコードを日本に提供しなかったことを妥当と考えていたようですが、結果的には日本に改修の自由度を与えることになり、日本が戦闘機の開発・維持などに関わるいろいろな技術能力を向上させることになったのではないかという点が指摘されました。米国もFS‐Xに参加することによっていろいろな反省と教訓を得たのではないかと考えられます。

山﨑（剛美）：F‐2の開発の体験をトラウマと評する人がいるのは事実です。そのため、今でも米国との協力にネガティブな反応をする人が少なからずいます。F‐2開発について問題が多かったとする意見を大別すると、①開発開始前後の日米間の交渉が激しかったことやワークシェアと技術移転で日本側が不利になったこと、②運用開始時にレーダー性能などに不具合がありパイロットの評価が低かったことです。

トラウマは克服すべきもの、教訓は学ぶべきものですが、前者の日米交渉については、量産MOU（Memorandum of Understanding：了解覚書）から維持MOUへの移行時期にその締結の日本側代表として交渉した経験から言えば、交渉は円滑に進んだと記憶しています。交渉はもちろん利益のぶつかり合いの面があるのですが、日本側が交渉に慣れたことや日米の交渉担当者間に連帯感が醸成されていたことなどにより円滑にいったと思います。たとえば長期間勤務していた空軍及びロッキード・マーティン社の交渉担当者が、過去の経緯をよく知っていて、空軍の交渉代表の厳しい意見に対してもフェアな（日本の立場を承知した公平な）意見を述べていました。

①のF－2開発が（防衛省が定義する）日米共同開発になった技術的背景は、当時、日本にはエンジンの開発能力がなかったことが挙げられます。防衛省は、この教訓から「技術実証機構想」や「将来戦闘機の研究開発ビジョン」を作成し、戦闘機用エンジンを含む次期戦闘機の開発に必要な技術的課題について各種研究を予め実施しました。なお、ワークシェアや技術移転の問題については、次期戦闘機でも課題になると予想されることから、防衛省は、中期防で「我が国主導の開発」と明記し、また重視する5つの視点として「改修の自由度」などを設定しました。これらは、交渉の枠組みとしても十分に機能したと考えられます。

②のレーダー性能の不具合については、日米交渉とは別の問題です。開発には不具合発生は不可避ですが、ソースコードを我が国が独自に開発したことにより、また、空自（航空自衛隊）、技本、防衛装備庁およびメーカーの関係者の努力によりレーダーの改善が実現し、現在のようなF－2に対する高い評価につながっています。防衛省は、次期戦闘機開発の初期段階にプランニングフェーズを設け、開発計画についての予想可能なあらゆるリスクの分析・評価、コスト削減についての評価をMHI（三菱重工業）とロッキード・マーティン社の協力を得て実施しました。これにより複雑な第5世

代戦闘機の開発完了時の不具合を局限することが期待できます。これらのことから、我が国はF-2開発の教訓に学び、F-2開発のトラウマを脱しつつあると言えます。

桐生（健太朗）：F-2はF-16とは似て非なる機体と考えています。外見上はよく似ていますが、中身、つまり、適用している主要な技術はほとんど日本独自のものになっています。日本側はF-16の技術データを参考にして、空自の要求に合致する戦闘機を設計したという認識です。F-2は技術的にも枠組みとしても我が国が自由に能力向上や改修を実現できる独自の戦闘機になっていると思います。2021年は次期戦闘機に関する対米交渉が本格化しつつありますが、それにあたっては、政官民が認識を同じにして事にあたることが重要で、やはりこれを束ねる司令塔となる人が必要だと思います。

次期戦闘機は第5世代機か？

森本：そこで次期戦闘機の話に入りますが、結局、次期戦闘機は第5世代戦闘機を目標にしており、第6世代戦闘機という目標は考えていないと理解しています。ただ、無人機を開発して次期戦闘機と統合運用するという構想は、まだ明確に決まっているわけではありませんが、次期戦闘機にAI（人工知能）の技術を組み合わせて運用し、次期戦闘機との緊密な連携活動によって無人機を含めた次世代のクラウドシューティング（各戦闘機が持っているセンサー情報やウェポン情報を僚機間データリンクで共有し、最適な位置にいる戦闘機が目標を攻撃する）の能力を発揮できる可能性はあると思います。すなわち次期戦闘機を今までと全く別のコンセプトに基づいて開発する必要はなく、次期戦闘機の開発に専念すれば、その技術成果とＡＩを応用して無人機との共同運用が可能になるということだと思います。

一方で、米空軍は最近、次世代制空戦闘機（NGAD：Next Generation Air Dominance Aircraft）とＢ‐21戦略爆撃機をともに開発する計画を進めていることを明らかにしています。ＣＳＩＳ（Center For Stragic & International Studies）が公表した「U.S. Military Forces in FY 2021 - Air Force, Mark F Cancian. CSIS」（２０２０年12月）にもそのことが書かれています。

これとの関連でいえば、２０２０年９月15日、米空軍ウィル・ローパー調達開発担当次官補がＦ‐15Ｃ／Ｄ戦闘機とＦ‐22Ａ戦闘機の後継として開発しているＮＧＡＤの技術実証機をすでに飛行させたことを明らかにしました。これは、米空軍が進めてきたデジタル・センチュリー・シリーズ（デジタル設計技術と最新技術を使って、約８年ごとに新戦闘機を開発し、すでに就役している戦闘機を16年ほどで退役させる）というコンセプトのもとで開発しているということです。

ＣＳＩＳ論文の指摘はこの実証機のことを示しているものと考えられます。しかし、これを第６世代戦闘機とは言っていないのです。つまり、米国は第何世代戦闘機という固定的な考え方をやめて、技術開発の進展度に応じて現有機を常続不断に開発し、一定期間で改修し、モデル変換を行い、旧式機を退役させ、常に航空優越を維持するというシステムにする考えでしょう。おそらくF-35は既存のコンセプトに基づく最後の戦闘機なのかもしれない。そうだとすれば、F-22を早く完全なモデルチェンジをしたいと考えているのではないかと思います。

有人戦闘機プラス無人戦闘機共同運用の可能性

田中：そのとおりで、日本の次期戦闘機は、第5世代機を目指しています。第5世代機の特徴は、ステルス性（レーダーなどの電波探知装置による発見を困難にする特性）とミッション・システムにおいてセンサーによる広域のデータ収集及びデータ・フュージョン（いくつかのデータを融合して計算し正しい情報を取得すること）です。日本は、実機によるこの点での実績がありませんので、次世代機を開発するためには、第5世代戦闘機開発を通り抜けなければ、第6世代戦闘機には到達できません。

確かに、米国では第6世代戦闘機の開発ということが取り沙汰されていましたが、次も有人機なのか、あるいは中国の長距離ミサイルに対抗するために戦闘機が有効なのかという点などが議論されており、このプロジェクトがペンディングになったものと推測しています。

我が国も次期戦闘機は将来的には森本さんが述べられたように無人機と共同運用することになるでしょう。米国の哨戒機P-8においてはP-8開発完了後、MQ-4Cトリトン無人機を開発したように、次期戦闘機を開発中、またはのちに有人機補完の無人機の運用構想をじっくり精査し、しっかり開発すればいいと考えます。MQ-4Cは、P-8ができない低高度の広域監視を行い、攻撃対象の潜水艦などを発見した際にはP-8が駆け付けて対処するという運用を想定しています。

米国防省DARPA（国防高等研究計画局）では、有人戦闘機がウイングマン（編隊長）として、無人戦闘機を指揮するという構想は「Air Combat Evolution」という名称でフィージビリティ・スタディ（実現可能性調査）が行われており、2023年頃、小型ジェット戦闘機をAI戦闘機として飛行試験をするようです。また、米空軍では無人機そのものを試作しており、飛行試験を始めています。ただし自動車の自動運転で、レベル4（完全自動運転）を達成するために大企業を含め全世界中の企業が競い合っている現在の技術競争状況を踏まえると、米空軍も有人機を補完する無人機は非常に技術的に困難な事業であると認識しており、慎重に進めようとしています。

岩﨑：これは運用構想や運用要求にも関係してくることですが、いろいろな開発様式が考えられます。端的に言えば、最初から考えられるすべての能力を保有するその時点での完璧な戦闘機を開発するやり方と、開発時点で適用可能な技術を盛り込んだ戦闘機をできるだけ短期間で完成させ、開発しながら逐次適用可能になった技術を採用するやり方があると思います。そして、開発完了後も随時に能力向上を図っていくやり方です。F-35シリーズを見ても、最近の技術革新の現状を考慮すれば、後者のやり方にならざるを得ないと考えます。しかし、我が国のこれまでの開発方式では、当初の運用構想や運用要求の変更は仕組み的にハードルが高く、この壁を破ることが必要です。この逐次能力向上的な開発は、開発期間の短縮や当初開発費を低く抑えることができ、大変有効な開発のやり方だと思います。

これからの空での戦闘を考慮すれば、無人機をいかに活用するかという問題がありますが、開発開始にあたって必ずしも確定的な結論を得ておく必要はないと考えています。次期戦闘機を開発しながら、無人機の出来具合や無人機への搭載可能な機器等々から運用構想を逐次見直し、最終的には無人機を採用すべきか否かを決めていけばいいのです。

次期戦闘機は2030年代中頃以降の運用開始が求められております。そして部隊配備後、少なくても30年以上運用されることになるでしょう。この間に技術革新もあるでしょうし、脅威の変化も考えられます。まずは、2030年代後半から運用開始できることを第1優先目標と考えて開発し、その後、逐次バージョン・アップしていくやり方での開発がよいと考えます。これにより、たとえばこのF-Xのいずれかのバージョンを海外移転させることもできやすくなります。

田中：そのとおりだと思います。米国では先ほど述べたP-8哨戒機の例があります。P-8は民間旅客機ボーイング737から改造したので、低空哨戒ができない。当初から無人機の構想はあったようですが、P-8の完成後に無人機を使った低空哨戒をどうするかという具体的な話になり、結局、無人機グローバルホーク（Global Hawk）の派生型MQ-4Cトリトンを組み合わせた形のミッションになりました。

山﨑：米海軍では2020年の2月にF／A‐18スーパーホーネットによって2機の無人機のEA‐18Gグラウラー（電子戦機）をコントロールする実証試験を実施したそうです。海軍は無人機を戦力倍増（フォースマルチプライヤー）の手段と考えているようです。また、空軍は無人機のXQ‐58Aバルキリーに Gateway One（Freedom というソフトウェア無線機の技術を応用した、異なるデータリンク間の通信〔データ及び音声〕を可能にするゲートウェイシステム）を搭載し、F‐22やF‐35の第5世代と第4世代戦闘機とのデータ共有（中継）に使用する試験を実施中です。このように無人機といっても電子戦機、攻撃機、警戒監視機、通信中継機と任務も多様で、大きさも戦闘機のような大型なものから小型なものまで出てくる可能性があります。

したがって、無人機は次期戦闘機の拡張性の中で考えていくべきだと思います。実際のところ、防衛省も開発リスクとコストを抑えつつ将来の技術動向と脅威の変化に対応できるように、「将来戦闘機の研究開発ビジョン」の「次期戦闘機の5つの視点」でも、拡張性を考慮した段階的な開発及び能力向上を計画してきました。

無人機については、2019年度予算で遠隔操作型支援機技術の研究を開始しました。次期戦闘機はF‐35と同様に単座タイプの戦闘機になる予定ですが、無人機の遠隔操作のために派生機として複座タイプの製造もできるように予めプロビジョンとして設計しておくことも必要だと思います。

次期戦闘機の基礎研究と先進技術実証機X-2

森本：そこで、次期戦闘機の開発構想が政府内で議論され始めた、おおよそ10年前に遡りたいのですが、最初の研究や検討が始まったのはいつ頃ですか？　その頃は、どのようなことが議論の中心だったのでしょうか？

田中：次期戦闘機に関する検討が始まったのは2000年頃からです。その頃は、すぐに次期戦闘機とはいかないだろうということで、新規製造の（改造機でない）研究機を作ろうということになりました。それがのちの先進技術実証機のことです。

いちばんの論点は、エンジンの推力でした。1基の推力を5トンにするか、8トンにするかです。まだまだFS-Xは開発中で激しい交渉の余韻が強くある時期でしたので、5トン程度の推力の低いエンジンであれば米国による日本の実証機潰しにはあわないだろうという配慮によるものでした。8トンは戦闘機としての性能を確認するには最低限の推力（機体規模として米海軍F／A-18A／B戦闘機クラスを想定）が必要だという考えでした。日本ではこの両論について2、3年議論し、対米考慮を優先事項として、5トンエンジンXF5の研究試作に取り組むことにしました。このエンジンが成熟して、実証機にも搭載されたものになりました。

また、防衛装備庁千歳試験場の空力推進研究施設では、5トンエンジンを想定して、エンジン高空性能試験装置（ATF）の建設が開始されました。実証機の設計・試作については、飛行可能なものを試作するには1000億円程度かかるということでしたので、前半・後半に分け、前半は「高運動飛行制御システムの研究」という名称で実証機のコンセプト設計を行いました。この間、ステルス性の確認のため、米国のステルス性確認試験設備を使用したかったのですが、米国側からは一向に回答がなく、米国の施設を使うことは諦めました。フランスに施設利用の可能性を打診したところ、フランス国防省国防装備庁のソランジRCS（レーダー反射面積、ステルス性の大小を決める指標）測定施設が使えるということで、その施設で実大模型のRCSを測定しました。後半は、実証機の試作と飛行試験を行いました。

F-2後継機国産化を後押しした「ビジョン」

山﨑：防衛省における次期戦闘機の開発に関する各種研究と検討はいつ開始されたかとしばしば質問されるのですが、これに対しては2つの回答があります。①技術研究本部が「先進技術実証機構想」を作成した1990年（平成2年）と、②防衛省が「将来の戦闘機に関する研究開発ビジョン」を作成した2010年（平成22年）です。いずれも、次期戦闘機の開発に大きな影響を与えた作業だったといえます。

まず1990年の「先進技術実証機構想」についていえば、1980年代末にFS－XがF－16をベースにした日米共同開発に決定した直後から、防衛庁（空幕、技術研究本部）、MHI及びIHIの技術者の間で、国産の技術による戦闘機開発ができないなら、なんとか自分たちの手で研究用の技術実証機を飛ばせないものかという熱意が芽生えました。そして、1990年にFSET（FS－Xエンジニアリング・チーム）が発足した直後に、技術研究本部に「技術実証機構想」が立案されました。この構想をトリガーに、第5世代戦闘機に欠かせないステルス技術と、F－2の国内開発断念の技術的原因となった戦闘機用エンジン技術の研究を始めることができました。

技術実証機そのものの試作は、はっきりした年度は不明ですが、F－2戦闘機の開発が技術実用試験段階に入った後の1998年（平成10年）頃から、空幕内での年度予算審議において、早期に技術実証機を製造したいと当時の技術部から何度も提案がありました。しかし、これは空幕内審議で不採用になっていました。実際、技本要求の技術実証機の試作の予算が認められたのは、2009年度（平成21年度）でした。

2つ目の「将来の戦闘機に関する研究開発ビジョン」の背景と意義について言えば、2007年（平成19年）1月9日に防衛庁が防衛省に移行したのと同じ時期に、主要装備品である航空機の構成品メーカーの中から防衛事業から撤退する動きが出始めていました。当時、空幕装備部で、撤退する企業などからアンケートをとったところ、「防衛予算の縮小、輸入の増大、競争入札の拡大などにより利益確定と将来計画の作成が困難であり、事業の継続は困難」というのが主な撤退理由だということとが分かりました。これを受けて空幕装備部は、2008年（平成20年）3月に「防衛生産・技術基盤確立のための7つの提言」を作成し、防衛省内での検討に提供しました。同年7月に航空宇宙工業会は、防衛生産・技術基盤に関する講演会を開催するとともに、12月に「戦闘機の生産・技術基盤維持」について防衛省に報告しました。

そして、防衛省は、航空宇宙工業会からの提案も受ける形で、2009年（平成21年）6月に「戦闘機の生産技術基盤の在り方に関する懇談会」を設置し、同年12月に「中間とりまとめ」を公表しました。この懇談会では、システム・インテグレーション技術や複合材技術などの技術についての検討や、生産中断が技術に与える影響も検討しました。中間とりまとめの主旨は大きく分けて2つあり、第一は戦闘機の研究開発ビジョンを作ることの必要性であり、第二は装備品全般の生産と、技術基盤についてのさらなる検討の必要性でした。

中間とりまとめを受けて、防衛省は2010年（平成22年）8月に「将来の戦闘機に関する研究開発ビジョン」を公表しました。この「ビジョン」はF‐2戦闘機後継機の取得を検討する所要の時期に開発を選択肢として考慮できるように、次期戦闘機のコンセプトと必要な研究事項について整理したものです。これによって、防衛省は次期戦闘機に必要な予算要求を実施し、各種研究の開始が可能となりました。

当時の状況を振り返ると、この「ビジョン」がなかったら、技術実証機の試作で終わって、次期戦闘機に必要な各種研究が実施できず、結果として、次期戦闘機の開発を検討する時に国内開発は選択肢に上らなかったと思います。「ビジョン」ができたことによって、財務省も装備化が決まっていない研究を認めざるを得なかったし、経産省も大型鍛造プレスによる航空機等鍛造品製造会社の設立への補助金助成をできなかったと思います。これこそが、当時防衛省技術研究本部が「ビジョン」に託した思いでした。

川上（孝志）：F‐2後継機について防衛省内で具体的な研究が始まり、それが本格化したのは結局、2009年頃からではないかと思います。2009年度予算で、我が国初のステルス機である先進技術実証機（X‐2）が予算化されました。2010年から大型戦闘機用エンジンの本格的な研究が開始されます。FS‐Xで米国に妥協せざるを得なかった最大の教訓は国産エンジンができなかったことだと思います。エンジン開発へのこの一歩は国産戦闘機開発への防衛省の意思の表れだったと思います。また、同時に先進レーダーの研究も開始されました。

そして、この年の8月には「将来戦闘機ビジョン」が公表されました。その後、2012年10月には官民合同研究会が発足し、将来戦に必要不可欠となるネットワーク戦闘の研究も開始されました。

この頃、開発の機運が高まった背景には、F‐2戦闘機の生産終了が迫っており、国内の戦闘機技術の基盤の維持強化が課題となっていたこととF‐2後継機の国産化を目指す場合はその耐用命数（戦闘機などの寿命）を考慮した場合、この頃から様々な研究に着手する必要があったということがあります。

山﨑：この技術実証機は技術研究本部独自要求の研究事業ですが、2008年（平成20年）に予算要求する頃には、防衛省においても戦闘機の生産・技術基盤の維持の必要性が認識されつつあり、2009年度（平成21年度）予算の概算要求に計上された経緯があります。この時には、財務省から、技術実証機の研究は戦闘機の開発を約束するものではないと念押しされたことを記憶しています。ビジョンの作成によって、2010年度（平成22年度）からは、開発官室の担当者は淡々と財務省への説明をしていました。その後、技術実証機も将来戦闘機に関連する各種研究の1つとして整理されることになりました。

森本：すでに10年ほど前に、我が国は技術実証機X‐2を開発し始め、2016年4月にはテスト飛行にも成功し、現在は技術研究本部に納入されています。この技術実証機はよくできた飛行機だと思いますが、これが次期戦闘機の開発モデルにはならなかったのですか？　それでは技術実証機を作った目的・理由は何だったのでしょう？　この技術実証機が次期戦闘機の開発構想策定にとって有益な技術基盤を与えたとすれば、それはいかなる分野の技術ですか？

田中：これは技術実証機以前の経緯の話ですが、FS‐Xを開発している時期に、次の戦闘機こそ国産でいくと関係者では同じ考えを持って進んでいました。しかし、FS‐Xを開発している最中ですから、次期戦闘機は20年後だろう。そうすると、世界の技術は進歩するだろうし、我が国では戦闘機を開発できる技術者が絶えてしまう。その危惧から、中継ぎとして戦闘機開発の技術者を養成するとともに、新しい技術を開拓しようということになったわけです。

その頃、米国ではYF-22、YF-23など戦闘機のプロトタイプの競争開発が行われており、新しいステルス技術が使われているのも見えてきていました。我が国のFS-X（F-2）にもごく限られたところにステルス技術が使われています。そこで戦闘機としての運動性とステルス性及びエンジン技術の確立という三本柱で研究機（技術実証機）開発を始めたわけです。

技術実証機の開発にあたり、そういう意味ではこの三本柱を追求したということはよかったと思います。ただ、34回の飛行試験というのは、これだけ多くの技術を盛り込んだ研究機としてはあまりに少なすぎます。もっと多くのフライトをして、技術実証機をとことん使い切らなければいけません。デジタル操縦装置技術のみを確認するためT-2練習機を改造したCCV研究機でさえ、110回フライトしたわけです。ですから、FS-X開発の時、米国側が日本側にF-16の操縦装置をライセンス生産させないという提示があった際、日本側はこれでデジタル操縦装置は国産でいけるとむしろ喜んで受け入れたわけです。

もう1つは、もともと技術実証機はステルス性、運動性及びエンジンの研究のフェーズIというこれまでのフェーズの後にフェーズIIというのがありました。これは、レーダーを搭載し、データリンクなどの搭載電子機器を試験用に積む計画でした。F-2開発で難航した戦闘機としてのレーダー技術（どのような天候事象においても、また自他がどのような姿勢においても、また電波雑音妨害の多い環境でも敵機を捜索追尾できる機能）を熟成するとともに、ステルス機でどのようにレーダー、データリンクが電波を出すことがステルス性に影響を与えるかを試験する計画でした。残念ながら、その後、計画は変更され、このフェーズはなくなりました。しかし、今後、ステルス戦闘機にレーダーなどの電子機器を搭載する時、ステルス性と電子機器との相互の併立性、種々のアンテナがステルス性にどう影響を与えるかなどが大きな技術課題になると思います。

川上：X‐2を開発製造した目的は、F‐2生産終了後の戦闘機の技術基盤維持と、次期戦闘機に必要となる技術、すなわち戦闘機のシステム・インテグレーション、ステルス性、アフターバーナーのついた戦闘機用エンジン、コンピューター制御による高機動性の確保などの技術実証にあったわけです。

X‐2は1機しか製造されなかったため、初飛行及びその後の試験飛行は極めて慎重に行われました。1年数カ月にわたり試験が行われましたが、非常によい成果が得られました。

F‐2開発時の試作機は様々な不具合が生じ、すぐに赤ランプが点灯したと聞きますが、X‐2は赤ランプがつくような大きな不具合はなく、シミュレーションどおりの飛行性能を示しました。特に国内企業のみで戦闘機のシステム・インテグレーションを実現したことは大きな経験と自信になりました。

また国産初の戦闘機用エンジンは極めて快調で、ステルス性もF‐35をしのぐ高い数値を示したといわれています。初飛行で操縦したテストパイロットは「全く違和感がなく安定していた。今後大いに期待できる」とコメントし、数十回の試験を終えた後、開発担当者は「これだけの成果が得られたのだから、次期戦闘機に生かさなければあまりにももったいない」と述懐していました。

また、X‐2は技術面だけでなく政治的に我が国主導開発への大きな弾みとなりました。メディアにもしばしば取り上げられ、当時の安倍政権や与党自民党に、国産戦闘機開発への関心を高め、大きなモチベーションを生むことになりました。これが次期戦闘機開発の大きなきっかけになったと思います。

桐生：X‐2の開発では、各社ともFS‐Xの開発時に入社数年を経て参画した世代が年代的にチームリーダーや各設計室長など、設計チームの中核でした。また、彼らに続く世代もまんべんなく設計チームに配属され、この両世代の間でFS‐Xの開発ノウハウを伝承することができたと思います。

また、ステルス性、高運動性といったFS‐Xでは経験してこなかった技術要素を獲得できたことも次期戦闘機に向けた大きな収穫でした。さらに戦闘機タイプの機体としては我が国で初めて国産の機体とエンジンとのインテグレーションを成し遂げた技術的な価値は言うまでもありません。日本の官民の機体とエンジン技術者の間で深い人的交流がなされたという側面からも次期戦闘機に向けた大きな財産になったと思われます。

次期戦闘機開発に関する政府の体制と開発構想

森本：次期戦闘機の開発作業が政府内で実務的に動き始めたのは、2016年後半以降になってからであり、結果として開発の基本構想が2018年末に決まるわけですが、それは2017年に防衛省内に検討チーム（事務次官を長とする）が発足したことと関連があると思います。

それまで防衛省では防衛政策局、防衛装備庁、空幕とそれぞれが開発に関わる業務を担当し、調整もなされてきましたが、全体として統一された活動になっていなかったこともあり、これにより統一された組織が設置されました。はじめは当時の事務次官中心の局長以上のレベルと審議官中心の課長レベルの2段階になっており、審議官は次官を長とする検討チームにも参加するという形態になっていました。その後、2つの組織は基本構造を維持しながら混然一体になって活動しているように見えました。

川上：確かに、2016年7月に第1回RFI（情報提供要求）が出されましたが、開発事業が本格化したのは2017年に入ってからです。これ以降の開発事業の進め方を振り返ると、当時は、まだ防衛省内の不統一を感じました。2015年10月に防衛省改革として大きな組織改編が行われ、内部部局においては、日米関係をはじめとする「防衛政策」と中期防策定など「主要予算」の双方を担当していた防衛政策局が分割され、主要予算を担当する整備計画局が新設されました。

また、内部部局の装備部門、技術研究本部、装備施設本部及び各幕僚監部の技術部門を統合した防衛装備庁が誕生しました。F‐2を巡る開発検討の際は、内部部局の防衛局（防衛政策局の前身）が、その権限の下、強い指導力を発揮し日米交渉や開発計画を主導していました。

しかしながら、現在の防衛省では内部部局の整備計画局が取りまとめ部局ではあるものの、組織が分割され縦割り感が強くなっています。思惑もバラバラで、２０１６～２０１７年頃、防衛装備庁は国内開発、整備計画局は外国機の導入か、よくても米国主導の開発、航空幕僚監部も財政当局からF‐35の追加調達と戦闘機開発の両方はできないと言われ、苦しい立場に追い込まれていたと聞きます。こうした状況の下で、時の防衛大臣も政治的に断を下す余地はなかったと思います。

２０１７年3月以降、動き出した事務次官を中心とする検討チームは、当初は内部部局（整備計画局）主導で発足しましたが、航空幕僚監部は入っていたものの防衛装備庁は入っていませんでした。当時、防衛装備庁は国産化など、我が国主導の開発を目指していましたが、内部部局は国産化には否定的だったからです。このような防衛省内の立場の違いも開発着手の作業が遅くなった原因の1つと思われます。

一方で、米国とは２０１６年頃から戦闘機に関する協議が始められていました。当初は次期戦闘機に関する日本側の考え方や研究成果を米国側に一方的に説明する努力をしていましたが、日米双方の議論はかみ合わなかったと思います。米国は日本が脅威認識をどのように考えているのか、将来どのような日米の役割分担の下で航空戦闘を遂行していくべきなのか、そもそも将来のネットワーク戦の中心となるのは戦闘機というアセットでよいのかといったより大局的な観点に注目していました。一方、日本は従来のF-2後継機の開発をどのように進めていくべきかという考え方が基本にあり、技術検討の成果やF-2の退役時期などを説明していたからです。

また、当時の段階では米国側には主体的な責任部局がなく、空軍省や国防省政策担当局であったり、装備研究関係部局がばらばらに意見を表明するといった状況で、米国側の窓口も責任者も一本化されていなかったことがあります。

国際協力による共同開発か、純国産開発か

森本：次期戦闘機を国産するというのは戦後の日本にとって長く、期待された夢です。国産化するためには国内独自の技術も整っていなければならない。防衛産業界にとってもこれは大きな目標であると思います。次期戦闘機を国産するという国家の意思をはじめて明らかにしたのが、2018年12月の新たな中期防において「将来戦闘機について戦闘機（F-2）の退役時期までに、将来のネットワーク化した戦闘の中核となる役割を果たすことが可能な戦闘機を取得する。そのために必要な研究を推進するとともに、国際協力を視野に我が国主導の開発に早期に着手する」ことが決められたことです。

その前に、2018年11月、防衛省は戦闘機開発の視点ということで、①将来の航空優勢に必要な能力、②次世代技術を適用できる拡張性、③改修の自由度、④国内企業の関与、⑤開発・取得のコストを挙げて説明したのですが、これには開発に必要な包括的な要素が含まれる内容になっていました。

これをこの時点で明らかにした背景理由は、2018年12月に中期防を策定するための考え方を示したということにとどまらず、その後の日米協議や国内における政策決定に大きな指針を示すためであったと考えます。

むしろ、この5点に及ぶ視点から、この時点ではすでに内定していたものの、閣議で決めることになっていた「我が国主導の開発」を決定した理由が明確になっていると思います。特に拡張性と改修の自由度を指摘して国内産業の関与を強調していることは、我が国主導の開発を進めたいという意図の表れであるとともに、国際協力を進める際にも、これらの諸点を重視していくということが明らかになっていたと思います。

ただ、この時点では「国際協力を視野に」入れる具体的な方向性は明確になっておらず、米国か、英国か、米英共同かなどと選択に迷っていた時期があったと思います。

川上：確かにこの時期、米国、英国のほかに純国産という考え方もありましたし、むしろ国内産業側はこれを望んでいたように思います。エンジン、レーダー、ミッション・システム、ステルス性、そして機体のインテグレーションなど、F-2戦闘機での苦い経験を経て、この20数年間、幅広い戦闘機技術が国内産業に蓄積されてきました。技術実証機X－2も技術的成功を収め、自信を取り戻した産業界の気持ちはよくわかります。

他方、防衛省では、最新の戦闘機開発の経験・技術を有する米英の技術的支援が得られれば、よりリスクが小さく、より能力の高い戦闘機が開発できるとの思いがありました。

ただ、米英では共同開発する場合の観点が異なっていました。米国は、世界で最先端の戦闘機技術を有していることに加え、日米同盟の強化、運用面でのインターオペラビリティ（Interoperability：相互運用性）やデータリンクの緊密化などに有益です。

一方、英国は、米国にはない、費用分担、両国同じ機体使用による生産機数増、すべての情報開示、そして技術レベルから見て対等な関係で協力ができそうだとの雰囲気も感じられました。最終的には、米国の政治的プレッシャーもあり、高度な技術の導入と日米同盟・運用面での強化という要素が米国との協力を優先させつつ、必要に応じて英国との協力もありうるという判断を導いたのだと思います。

拡張性、改修の自由度への対応

田中：次期戦闘機について、防衛省の姿勢が当初の段階ではっきりしていなかったことがこのプロジェクトが当初の段階で円滑に進捗しなかった原因だったと思います。このプロジェクトは、日本のプロジェクトですから、「我が国主導の開発」と銘打つのは当然です。現在、各国で計画されている戦闘機開発は、トルコであれ、インドであれ、「自国主導の開発」を謳っています。将来の航空優勢に必要な能力を具備することは当然の施策です。脅威分析がしっかりされていれば自ずと回答は出てきます。

しかし、心配な点は、これだけ大きな装備品の開発量産計画の中で、インターオペラビリティ以外に日米同盟をどう考えるかという視点が入っていなかったことです。ある米国軍人は、自分の息子が米空軍最新のF‐35戦闘機のパイロットとなり、これから開発される日本のF‐Xと共同運用される姿を想像しているよと楽しそうに話をしてくれていました。

ステルス性を持った航空機は、基本設計で形状は固定されるので、外見的な（構造的な）改修はできず、改修の自由度は全くありません。したがってセンサー、データ処理の搭載電子機器の追加アップグレード、搭載のミサイル、爆弾の増強などが、拡張性、改修の自由度になります。そこは、今や一般的になってきたオープン・システムズ・アーキテクチャ（OSA：Open Systems Architecture：搭載電子機器などの機体への連接において、基盤となる中枢コンピューターのソフトウェアを中心とし、それに特定のインターフェース・ソフトをつなげて、このインターフェース・ソフトにより、搭載装備品を機体につなぐというシステムのことであり、このインターフェース・ソフトにより、搭載装備品を新たにつなぐ場合には、中枢のソフトウェアを改修する必要がなくなる）に基づいて設計をしていけばほとんどが対応できます。

パソコンでは、プラグ・アンド・プレイという機能があり、パソコンの規約どおりの周辺機器（ハードディスク、USBメモリー、ディスプレイなど）を簡単につなげて使うことができます。オープン・システムズ・アーキテクチャの機能を取り込めば、その後の搭載電子機器、搭載武装の追加などはシステムの独立を保ちながら可能になります。これは当初の基本設計で、システム・アーキテクチャを拡張性、改修の自由度を確保しつついかに作っていくかということが問題になります。

開発計画が遅れた背景と理由

森本：ところで、当初から次期戦闘機の開発構想を概ね2018年頃までに策定して開発事業を本格化させる必要があるという一般的認識が防衛省にはあったにもかかわらず、結果を見ると、2018年12月の中期防において「国際協力を視野に我が国主導の開発に早期に着手する」ことが決まったことには違いないのですが、構想設計や基本設計に着手するのは2021年以降になりました。すなわち全体として2年ほど遅れたのではないかと思います。2018年前半当時、自民党や経済団体、防衛産業界はこれを大変気にしていましたし、いろいろな提言が出た最大理由もこの点にあったと思います。これは誰に責任があったというわけではないと思いますが、その背景理由を今、振り返ってみると、原因は全体の機運と体制がまとまっていなかったということに尽きるのではないかと思います。

川上：2014年に開かれていた官民合同研究会では、防衛省は2016年の夏頃には開発を判断する旨の見解を述べ、産業界もこの認識を共有していました。しかしながら2016年に開かれた官民合同研究会では、防衛省側より2017年夏にこれを判断するとして1年、延期するとの発言がありました。

しかし、2017年になっても判断されず、結局、2018年12月の中期防で方向性が示されることになります。この時も、防衛省は方向性を示さないというのが原案でしたが、結局、自民党や官邸のプレッシャーによって、ようやく方向性が決まりました。

このように意志決定が遅れた理由には、防衛省の組織が縦割りで意見集約ができなかったことと、実務的な司令塔がなく政治決断もできにくい状況だったことが挙げられます。

また、戦闘機の独自開発については財政当局でも賛否両論があったことも背景にあります。緊迫する北東アジア情勢の下、イージスアショアをはじめとするミサイル防衛や、F‐35など米国製装備品が急増し、一方、古くなってきた装備品の維持整備などで、伸びていたとはいえ防衛予算が逼迫していたこともあります。また、日本の技術力への強い不信感も露わにしていました。

さらに意思決定が遅れた理由には、将来の戦闘機体系が決めきらないという理由もありました。航空自衛隊が導入したF‐35は、2016年9月に初号機が米国でロールアウトし、2018年1月から三沢への配備が始まりました。航空自衛隊では、今までF‐35はカタログデータしかわかりませんでしたが、実機を目の当たりにして驚きの連続だったと聞きます。将来どのように任務を担っていけるか、航空自衛隊の戦闘機体系の中でどのように位置づけられるか検討する時間が欲しかったこともあります。

桐生：正直に言えば、2016〜2018年頃は産業界にとっては大変フラストレーションが溜まった時期でした。官民合同研究会では、産業界は官側の要請に応じる形で各種検討結果を発表したり、産業界の要望を述べる場を与えられていましたが、次期戦闘機に関する防衛省内の検討状況についてはほぼシャットアウトの状態でした。その中で開発判断の延期だけが知らされる状況となりました。

当時、各社ともFS - Xの開発に参画した技術者のリタイアが始まっており、開発判断の延期やその後の見通しに関する情報の少なさに対し、産業界は大きな危機感を抱いていたと思います。

RFIの提示と米国企業の反応

森本：防衛装備庁はこの開発プロセスの中で、開発を実際に担当する企業側に基本的な考え方、意向や開発技術の内容・レベルについてRFI（情報提供要求）という形で質問し回答を求めました。1回目は2016年7月、2回目は2017年4月に発出されました。特に3回目のRFIは2018年2月に出され、その回答は7月に出されましたが、その要点は、ロッキード・マーティン社については、「F‐57」派生型（F‐22をベースとしてF‐35のソフトを加えた派生型機構想）、ボーイング社はF‐15近代化の派生型、英国のBAE社はタイフーンの派生型をベースにした共同開発を回答してきたものと理解しています。

川上：防衛省では、当初、第3回目のRFIの回答には有意義な内容を期待していなかったと聞きます。既存機を改造するベースの取得オプションを消すのがその目的だったからです。米国側と英国側には政府を通じて情報保全を施し、次期戦闘機に求める性能などを示しました。その上であくまでも「既存機」をベースに提案し得るかという質問でした。既存機で想定されるボーイング社のF‐15やF／A‐18、BAE社のタイフーンでは日本側が求める高いステルス性を持たせることは機体構造上不可能でした。また、ロッキード・マーティン社のF‐35では日本側が求める航続距離や搭載量を満たすのは不可能でした。

その際、ボーイング社はF‐15の能力向上の可能性を回答してきましたが、次期戦闘機よりはむしろ航空自衛隊が有する既存のF‐15の能力向上に力点を注ぎたいとの思惑が感じられました。BAE社は日本側が要望するならタイフーンの情報はすべて開示し、要望に応じた改造は可能だという回答でしたが、既存機ベースではなく日英で新しい機体を開発したいとの思いが強く感じられました。

ロッキード・マーティン社は、ミラクルな案を提案するとしてF‐22とF‐35の派生型機構想（F‐57派生型機）を提案してきました。この案は、日本側が求める性能をほぼ満たしていました。そして極めて能力の高い戦闘機をリスク、コスト、開発期間を短縮して開発できるため、ロッキード・マーティン社は当初かなり自信を持っていたように思います。当初、防衛省もこの案には驚いていましたが、後になって、システムの中枢を日本企業が握れない点などが選択をする際に大きなネックとなりました。

F‐22生産打ち切りの影響

岩﨑：米軍の戦闘機の事情を述べれば、米国では戦闘機を空軍だけでなく海軍、そして海兵隊が保有しています。これまで米空軍はF‐15、F‐16を保有しており、米海軍はF／A‐18、米海兵隊はF／A‐18とAV‐8を運用してきています。ここに第5世代戦闘機としてF‐22が登場し、米空軍が調達を開始したのですが、かなり高額なこともあり、年間取得機数が制限される事態となっていました。そこにF‐35が開発を終え、部隊配備がされることになったのです。

この時、ロバート・ゲイツ氏が米国防長官に着任し、「これからの米国の敵は正規軍ではなくアルカイダなどの非正規武装組織である」と言明し、空軍の意向に反し、F‐22生産の打ち切りを決定するとともに、空軍・海軍・海兵隊の戦闘機は経費削減などを考慮し、F‐35シリーズとすることを決定したのです。

各軍種は現在保有する戦闘機を逐次F‐35シリーズにしていくことが決められたのです。空軍がF

・35Aを、海軍がAタイプの翼を大きくして空母での運用（離艦／着艦）が可能なF・35Cを、そして海兵隊はSTOVL機のF・35Bをそれぞれ導入することになったのです。これを整備すればF・35シリーズ全機で2500〜3000機になる極めて大きなプロジェクトです。

単一の戦闘機の整備は極めて効率的なことは確かですが、軍の強靭性や坑堪性、そして運用の柔軟性などの観点からは大きな問題を孕《はら》んでいると言わざるを得ない判断です。すなわち、F・35の基本構造（胴体や翼など）に何らかの不具合が生じた場合には全機が飛行停止になるのです。何らかの不具合があっても決死の覚悟で飛行することは可能ではあるものの、同種事故が起きた際に部隊長や指揮官、長官が責任をとれるのかという、問題を孕んだ判断ではなかったかと考えております。

このゲイツ国防長官の判断時点で米空軍がすでに調達契約していたF・22は187機でしたが、ここで生産打ち切りとなってしまいました。当時の空軍は少なくともF・22を240機、可能であれば360機導入したいという意向を持っておりましたが、政治判断ですから諦めざるを得なかったのです。そして、戦闘機を運用している各軍種が運用の柔軟性を確保するために考えたのが、それぞれが保有する戦闘機を延命しつつ、F・35の導入速度をゆるめていくことでした。また、時間が経過すれば、次の第6世代戦闘機が出てくることも考えられるからです。

このような中で、米国は、現在までにF・22を187機生産・運用しておりますが、先ほど述べたとおり、もともとの米空軍のF・22に関する構想では、より多くのF・22が必要で、かつ長期運用を考えていたと思います。そして、将来の運用環境を考慮すれば、現有のF・22の抱える各種問題点を改善し、能力向上を図りつつ、経費的により安価なF‐22バージョンアップ型を模索していたのです。そして、そのようなタイミングで、日本のF‐X開発計画が出てきたのです。日本にF‐57派生型機構想（F‐22＋F‐35）を提示し、ここで得られたノウハウをF‐22改（バージョンアップ型）に適用できないかという、米国にとっては〝渡りに舟〟的な存在であったのでしょう。

我が国は、F‐4の後継機選びをする際、F‐22は最有力候補機種でした。しかし、ゲイツ国防長官の判断でF‐22の生産停止が決定されたことから、F‐22を諦めざるを得なくなりました。そうした事情を米国は十分に承知していたので、F‐22の技術が入ったF‐57であれば、日本が飛びつくのではないかという考えがあったと思われます。ですので、米国としてはF‐57派生型機構想に絶対的自信を持っていたのです。

田中：どの米国側関係企業の提案に対しても、いろいろ異論があったと思いますが、日本の技術レベルを考えれば、このF‐57派生型機構想は非常にいい案だと思いました。もちろん、非開示部分が多くなることは予想されますが、日本は最新鋭の戦闘機に直接触れて開発できるわけですし、この内容であれば、ロッキード・マーティン社も本腰を入れて日本の開発に対応することになると思いました。米空軍もこの案からF‐22を近代化するためのいろいろな選択肢を得ることができ、米空軍が受けるメリットはたくさんあり、日米同盟の強化につながると思いました。

たとえばF‐22の外表面の整備性の向上（ステルス性維持のための整備には非常に手間がかかって

いる様子でした）は、米空軍が強く望んでいるものであり、また、この特性は空自の運用構想にも合致すると思いました。

ロッキード・マーティン社の案をベースにして、日本のエンジンを搭載したり、レーダー、その他の搭載電子機器を日本製にするなど、いろいろ日本側にとって有利になる案が可能だったと思います。

現在、戦闘機を運用する部隊が国産開発の装備品で悩んでいるのは、開発しても、後の改善・改良が自由に実施できないことです。維持整備経費が逼迫しているので、なかなか国産装備品の改善・改良に経費が回ってこないためです。米軍との共通装備品に近いものであれば、前述したオープン・システムズ・アーキテクチャが実現できます。パソコンにたとえれば、プラグ・アンド・プレイという汎用の接続方法でいろいろなメモリー、センサーをパソコンへつなぐのと同じ考え方です。これにより米軍の最新の搭載装備品を入れることも可能だったと思います。

なお、米空軍のＦ‐22については、最近、オープン・システムズ・アーキテクチャにより能力向上する試作プロジェクトが始まり、２０１９年２機が改修を終え飛行試験に入ったと聞いています。

採用されなかったＦ‐22＋Ｆ‐35派生型機構想

山﨑：防衛装備庁は今までに合計5回のＲＦＩを発出しています。政府は２０１３年12月、閣議決定の26中期防に「将来戦闘機に関し必要な措置を講ずる」と記載しています。つまり、防衛省は遅くとも2017年夏までに次期戦闘機の取得オプションを決定し、2018年度（平成30年度）予算に事業を計上することを計画していました。ちなみに、次期戦闘機の取得オプションには、①国内開発、②国際共同開発（新規開発）、③国際共同開発（既存機の能力向上開発）、④既存機の取得という4つがありました。

防衛省は、4つのオプションから1つを決定するために、米国や英国などの外国政府当局との意見交換や国内外の航空機関連企業から情報収集することになるわけです。この情報収集の一環として発出するのがRFIで、3回目までは森本先生が述べたとおりのタイミングで発出されています。さらに、第4回目は2019年4月（3回目のRFIの詳細情報の要求）、第5回目は2020年9月（インテグレーション支援についての情報追加要求）に発出されました。

その中で、防衛省に最もインパクトを与えたのが、2018年2月発出の3回目のRFIだったと思います。当時、防衛省は中期防の最終年度（2018年度）の夏までには、オプションを決定しなければならないと考えていて、オプションのうち、①国内開発、②国際共同開発（新規開発）及び④既存機の取得について検討するための情報を持っていたが、③の国際共同開発（既存機の能力向上開発）についてのみ情報がなかったので、これを要求することになったわけです。

防衛装備庁を中心とするワーキンググループはブラックスボックスがないことや輸出が可能なことから、国内開発か日英共同開発を好ましいと考えていたようで、既存機の能力向上案をオプションから外すつもりであったように思います。

ところが、ロッキード・マーティン社から、F‐22とF‐35の派生型機構想が提案された。その提案は、RFIではなくRFP（Request For Proposal：提案要求）への回答のようなほぼ完成された提案でした。個人的には、今でもNGAD（次世代制空戦闘機）を除けば最強かつ低コスト・低リスクの開発オプションだと思っています。

2030年代後半以降の我が国周辺の軍事環境を予想すると、日米のインターオペラビリティはさらなる強化が不可欠で、この観点からも最適なオプションだと言えます。F‐35を超える戦闘行動半径を実現するために、翼形状を大きくし、燃料搭載量を増やしたのが派生型機としての特徴です。米空軍標準OSA（Open Systems Architecture）のOMS（Open Mission Systems）をベースにしたデュアルブレイン（米搭載装備品と日本の搭載装備品の2系統のシステムのために2個の中枢コンピューターを搭載していること）のミッション・システムを採用しているため、空自が希望する搭載電子機器や兵装を装備することが可能です。ただし防衛装備庁としては、次期戦闘機開発の5つの視点の1つである改修の自由度について限りなく100パーセントを求めていることから、改修に米国政府の許可が必要な可能性もあり、結局、派生型機構想を採用しなかったということになります。

次期戦闘機開発方針の転換期は2019年末

森本：日本側にも事情はあると思いますが、米国の対応がはっきりしないものであったことも全体の作業が必ずしもうまく進まなかった理由の1つでしょう。とりわけ、米国は2018年初め頃にはまだ日本の次期戦闘機開発について基本的に関心がなかったように思います。

米国政府には、そもそも米国として次の戦闘機を開発する動機や理由が明確にあったわけではなく、日本との共同開発は日米同盟のもとでインターオペラビリティ(相互運用性)の観点から重要だとは分かっていたと思いますが、そのために米国政府が本気で取り組む理由を見出すことはなかったと思います。したがって、この段階では米国の対応も日本側の意見を聞くという程度で、米国が明確な方針を示すということもなかったと思います。

一方、日本が米国企業にRFIを出して回答を求めるたびに米国政府の意向を聞く必要が出て、米国政府はようやく2019年9月になって担当の国防次官補代理が来日して日米相互運用性、改修の自由度、コスト削減などについて米国側としての統一された考え方を示したという状況でした。

この背景には日本が単独で国産開発をするかもしれないので、米国政府としてどのように関わるかを意思表示する必要に迫られたこともあります。また、日英協力が進んでいることを見ると、今までの日米装備品協力が後れをとるかもしれないという心配があり、米国軍需産業にも同様の懸念が起こったという背景があったように思います。

山崎:全くそのとおりです。当時から、米国防省は日本と新しい戦闘機を共同開発するという考えはなかったと思います。それは今でも変わらない。米空軍は、2014年(平成26年)に開始した

ＮＧＡＤ（次世代制空戦闘機）計画のもと、２０１６年（平成28年）５月に公表した「AS2030：Air Superiority 2030 Flight Plan（航空優勢２０３０計画）」に基づいて２０１７年から２０１８年にかけて「PCA（Penetrating Counterair：突破型対航空）の能力のための代替案分析（ＡＯＡ：Analysis of Alternatives）」を実施しており、併せてＰＣＡ開発までのつなぎとしてＦ‐22のような既存機については能力向上を実施する考えを持っていました。このＰＣＡ開発は２０１８年にウィル・ローパーが米空軍調達開発担当次官補に就任してから大きく変更され、10年ごとに50機～１００機のＮＧＡＤを開発製造する計画となりました。私はリアルタイムで聴いていましたが、２０２０年の米空軍協会主催のカンファレンスでＮＧＡＤ実証機はすでに飛行していると発表しました。したがって、米空軍は日本の次期戦闘機開発について関心がなかったというのが実情でした。

つまり、２０３０年代における高度に競合する戦闘環境において航空優勢を確保するには、既存機の後継として次期戦闘機を開発するのではなく、航空優勢確保の機能の1つとして戦闘機を捉えており、開発の目的がＦ‐２の後継プラス産業基盤維持とする日本の次期戦闘機の開発に付き合う雰囲気にはなかったと思われます。

他方、防衛省が２０１８年2月に、米英の企業3社（ボーイング、ロッキード・マーティン及びＢＡＥ）に対し、既存機種の能力向上開発案に関する3回目のＲＦＩを発出した頃から、米国企業は日本が派生機をベースとする開発に関心があるかもしれないと理解し始め、真剣に検討を実施して、同年7月に回答しました。また、3回目のＲＦＩ発出直後に防衛省は米国政府に対し協力要請を行いましたので、米国政府も防衛省が派生機ベースの開発に関心があると理解したと思われます。当時の米国政府の反応について、一部には様々な意見があったようですが、米国政府全体としては、日本の戦闘機開発に本気で参加する考えはないにせよ、日米相互運用性が必要との観点と米国の持つ技術情報の管理の観点から日本の開発計画に関与せざるを得ないという考えだったと思います。

森本：米国側の問題は、米政府の中で戦闘機開発の主管となる責任者が明確でないということは当初からの問題でしたし、その後も、日本側の事務次官のカウンターパートが国防次官補代理、次官補代行ということでランクが合わない。これは米国側の事情なので仕方がないといえるでしょう。

一方、米国政府は特定の企業に肩入れすることには消極的な対応にみえるが、実際には退役した多くの高級軍人が軍需産業に入っていて、米国政府とも近く、米国の国益と自社の利益をどうやって調和しながら追求するかという意識が強く、日本とは相当に政府と産業構造の関係が異なる。そこで、米国政府は日本の戦闘機開発に大きな動機は見出せないものの、日本が協力を求めてくれば、米国企業にとっても利益を得られるであろうから、日本の開発計画に参加するという意向を示す必要があると思うようになってきた。すなわち米国政府は日本の戦闘機開発に大きく関わらないが、米国企業の利益を追求する形で、日本との相互運用性を向上する分野については特に重視して参画するという対応を固めてきたのではないかと思います。戦闘機開発を巡る日米関係はこうした背景もあって、ぎくしゃくした時期があったと思います。

日米双方の思惑と認識の差

川上：それは、日米双方に問題があったと思います。日本側は、米国の協力なしに開発はできないと考える者から、日本単独でも開発は可能であるとの考える者、そしてFS-Xの苦い経験による米国側への警戒感などもあり、当初は米国に対する態度が統一されていませんでした。

　米国側も日本が何を望んでいるのかわからないとの声が強くありました。一方、米国においても国防省の政策担当部局と装備技術担当部局、空軍、FMS（有償供与）担当部局、米企業とで統一的な対応ができず窓口もばらばらでした。空軍は相互運用性や将来的な東アジアの防空体制を考え、企業側は経営的側面に力点を置いています。FMS担当部局は情報保全の徹底を訴えていました。また、国際的には企業側はどのメーカーと協力するかなど企業連合の形を整え、開発計画を政府に提案するため、ロッキード・マーティン社をはじめとする米企業は三菱重工をはじめとする日本企業にアプローチしてきました。しかし、日本企業は単独開発への思いと、そもそも貿易管理令などの法令上、一般的な内容以上の事項を含む協議は日米間の取り決めや経産省の許可がないとできないため否定的な対応をとりました。これも米国側の不満を大きくする一因になったと思います。

田中：まとまりのないこのような状況にあった時期にうまく米企業・米政府と日本との間でウィンウ

インの関係に結論を収斂し、プロジェクトを推進すればよかったと私は思います。米国側としては、知らないうちに結論に持ち込まれていたが、損はしていないと認識させることができたと思います。日本側も内部でここまで譲るのかという譲歩案になると思いますが、日米間の交渉課題となり、それに人と時間を注ぎ込むよりずっと賢明な策だと思います。

また、日本側はF－35の技術の水準を知らないと思います。F－35については、技術開示されているものは少ないですが、それでも米国航空宇宙学会が出版している『F－35ライトニングⅡ：コンセプトからコックピットへ』(Hamstra, J.W. *The F-35 Lightning II: From Concept to Cockpit*, AIAA, 2019)を読めば、F－22戦闘機より数段進化していることがわかります。我が国の技術水準を踏まえ、米国の戦闘機技術をしっかり評価する必要があると思います。

心配なのは、現在、日本側は米国側の本音を把握しているようには思えないので、いつ米国政府や議会から本プロジェクトについて直訴され、そんなことに予算を充当するより中国の脅威は増しているのだから米国製装備品を購入せよと迫られるようなことになることです。米政権も、トランプ大統領からバイデン大統領に代わりましたので、米国側の対応には常に注意を要します。購入せよという事態になれば、100パーセント米国製装備品になってしまう恐れがあります。

森本：米国とのやり取りは、当初から米国政府というより米国企業を相手に進めるというように進んできたと思います。2018年2月に3回目のRFIが出された時、米国企業の中ではロッキード・

マーティン社がF‐22、F‐35の第5世代戦闘機開発という実績もあったので、当初、F‐22を主体とする機体構造とF‐35の持つソフトウェアを活用する派生型機構想案を提案してきましたが、日本側から見ると、これはF‐22の改造のための構想のように見えたこともあり、我が国主導の開発を目指す日本としては受け入れられないとして結局、断りました。FS‐Xの思い出がよみがえるような感じを持った人もいたと思います。他方で、米国は日本と戦闘機を共同開発することは考えていないが、日本が主体になって製造する戦闘機が日米相互運用性（インターオペラビリティ）にとって効果的にならない、つまり日本が北東アジアにおける航空作戦で米国の邪魔になるような戦闘機は作って欲しくない。したがって米国の最大関心事は日米相互運用性に役立つ戦闘機を作って欲しい。その限りにおいて協力するというのが方針であったという印象を持ちます。

岩﨑：米国は、我が国とは異なり、国家として軍産複合体的な面を持っています。米国の製品、武器であろうが市販品であろうが、それらの売り込みには政府や官、民間が一体となって協力して他国にアプローチします。このF‐57派生型機構想（F‐22＋F‐35）はロッキード・マーティン社の提案ですが、これは当然のことながら同社だけの考えではありません。国防省としても承知の上です。なぜならこの中にはかなり高度な機密秘が含まれるからです。F‐22はもともと米国の国内法で「国外に提供しない」と規制されています。F‐22の技術が入った装備品を国外に出すためにはこの法律に基づく許可が必要です。それは企業だけでできることではありません。

F‐Xは我が国主導の開発ですが、これから国外の企業をどのような形で受け入れるかについては今後の交渉によりますが、FS‐Xの二の舞にならないように注意することが必要です。一般的には外国との約束は、国内法よりも上位と考えられますので、国内法を改正してでも、外国との約束を守る必要がありますが、時々米国は、他国と交わした約束事でも、米国議会を通過できないなどと、約束を反故《ほご》にすることもあり得ることを肝に銘じつつ交渉に臨む必要があります。F‐16のフライト・ソースコードなどはその典型です。それはすでにご指摘のとおりです。

田中：日本側ではいろいろ異論があるでしょうが、現在の小型民間旅客機開発MSJを見てもわかるように、日本における現状の航空産業の技術力のレベル、それから日米交渉を取り仕切る指揮官がいない状況ではF‐57派生型機構想案に乗っかった方がよかったと思います。その中で、米国側にも寄与し、日本側も今までの研究開発の成果を有効に反映できるプロジェクトを追求すべきだったのではないでしょうか。拡張性、改修の自由度もその中で追求すればよかったと思います。既存機の改造というだけで中味の議論もせずに案を消去してしまったのは、非常に残念です。

リスクとコスト低減のための検討

森本：しかし、2019年12月までに、日本が明確にF‐57派生型機構想を拒否したことから、開発の動きが変わってきたと思います。ロッキード・マーティン社としてはF‐57派生型機構想の代替案を出さざるを得なくなってきたということがあります。もう1つの大きな変化は、日本はこれまで「我が国主導」を強く意識してきたが、リスクの管理や低減、コストの削減などを考えると、技術や経費の点でも本当に自力開発でやっていけるのかという疑念が日本側の中にも出てきたことです。

米国のノウハウを活用してリスクやコストを減らす努力をするべきではないのかという意見が出てきて方向転換が2019年12月以後になされたと思います。この新しい方向とは開発のリスクとコストを低減するためには、たとえばF‐22、F‐35の設計や開発にあたって取り組んできた問題を繰り返さないよう今までの知識を教訓として取り入れ、相互運用性についても最適な技術やアセットを日本側企業と共有し、海外移転する場合のコスト削減に努める。そのためには日本側企業に第5世代技術の支援をしつつ、下請けとしてサブシステムやパーツの製造を担当し、米国のサプライチェーンを活用して、日本側が支払うFMS（有償供与）契約を減らすこともできるという考え方だったのではないかと思います。

そこで2020年1月頃の日米協議では、リスク低減、コスト低減の方策について議論が交わされたのだと思います。

すなわち、まず日本側は米国の提案であるF‐57派生型機構想案はダメと伝えた。次に開発にかかるリスクとコストを低減することについて日米で検討した。その際、日本政府の中には依然として英国と共同開発をやっていけると思っている人がいたのは確かですが、英国は利益中心で考えており、日本の資金と技術を活用して欧州中心の共同開発に日本を参画させようと考えているようなので、この時点では少し冷めた感じになっていたのではないかと思います。

ともかく、日本としては次期戦闘機を日本主導で開発するという目標を持ちつつ、日米共同開発以外に日英共同開発を進めようと日英間で協議してきましたが、これには何か背景理由があったのでしょうか？ 日英間の協議については、当初、政府間協議の内容はほとんど分からないという状況でしたが、企業間協議になって少し英国の意図が見えてきました。

山﨑：英国から米国に重点が移ってきた転換点はやはり、2019年12月です。当時、日英で何をどこまで協議をしているのかについて実務者レベルから高官に細部報告が上がってこなかったこともあったようです。

政府部内で日米同盟と日米相互運用性の重要性を肌で感じている部局は米国の協力の下での開発は必須と考えていましたが、実務者の中にはもう少し現場的な見方をしていた人もいました。つまり、日英間で2017年から企業も交えて搭載品の共通化などの協議をしていて、実務者側は、日英協力で何とかいけるし、困難を伴う日米協力より優れていると考えていました。ただし同時に、もう少し具体的になってから報告したほうがよいと思っていたのではないかと思われます。

他方、防衛省としては、2020年には開発に着手するとともに具体的な協力枠組みを決定する必要があり、そのためにはできるだけ早期に日米間で企業協議を開始する必要があると認識していました。両者に共通していることは、日本独自での第5世代戦闘機の開発にはリスクがあり、先駆者の協力が不可欠だということでした。

２０１９年12月後半には既存機の改修案の不採用を米国企業に通知したことにより、日本主導の開発を明確にすることができたことなどから、防衛省内では実務者に至るまで、次期戦闘機の開発は英国ではなく米国と協力して実施するという合意形成がなされたのだと思います。２０２０年１月以降の防衛省の動きを見ると、２０１９年12月が転換点だったことがよくわかります。

日英共同開発のメリット

川上：日英間で装備品の共同開発する下地はできていました。米国以外で防衛装備品の輸出や共同開発に必要不可欠となる「装備移転協定」をいちばん最初に結んだのは英国です。また、日英の防衛装備当局間では「パネル」と呼ばれる協議枠組みもあり、空対空ミサイル「ミーティア」や化学防護衣などの共同研究・共同開発も進められていました。

英国側の事情として、英国産業界はユーロファイターの後継戦闘機を開発したいとの強い意向がありましたが、特に資金面で一国では戦闘機の開発はできない状況です。独仏はすでに将来戦闘機の共同開発を行う発表をしており、これに参加するとすれば、英国は開発参画国の１つとなるに過ぎず、事業分担も減り主導権も握れません。英国はスペインやイタリアにも声をかけていたようですがうまくいきませんでした。

結局はお金があって主導権が取りやすく、双方の新戦闘機のコンセプトも類似していることから日本とできればよいと考えていたと思われます。日本側が煮え切らないと要求性能などはすべて日本の言うとおりにするといって日本へプッシュしてきました。

一方、政府部内では、政策的見地に加え、米国の技術水準と過去の共同開発の実績などから、関係部局の多くが、当然、日米だと考えていました。ただ英国だとすでに協力枠組みがあり、日本の技術を相当活かすことができるうえ、生産機数が増えるメリットもあります。さらに膨大な開発経費を賄ううえでも費用負担を減らせる可能性もあります。このため防衛装備庁の実務者側には英国との協力を推進したいとの意向もありました。

英国とは2017年から2019年にかけて3年間くらい協議を続けていましたし、英国との開発を推していた高官もいたという背景もあったと思います。結果として、英国とはエンジンの共同開発が進むことになりそうで、この点では開発コストの削減という点でメリットがあると思います。

岩﨑：防衛省の中の体制にも問題があったと思います。防衛装備庁が創設される以前は、要求を提示する各幕僚監部と内局の主として防衛政策局が中心になり、緊密な調整が行われ、各幕僚監部と内局の間にプロジェクト・チームを組織し、ここが一元的にプロジェクトを進めていました。この体制は極めて効率的で、円滑な計画運営ができていました。しかし、次期戦闘機は、防衛装備庁が新設されて最初の大規模な開発プロジェクトです。防衛事務次官をヘッドに検討チームが発足したものの、特に発足当初は、要求を出す空幕と内局、防衛装備庁が一体となっているように見受けられませんでした。特に国外との関係構築に関し、それぞれの考え方にズレがあったと思います。

これには、FS‐Xの教訓、すなわちトラウマ的なマイナスを感じている人たちと結果的にはプラスであったと考えていた人たち、また米国とのSM‐3ブロックⅡA開発の成功体験や英国とのミサイル開発協力の成功体験等々が複雑に絡み合っていたものと考えています。そして、このような意見の相違があることもある程度認識されながら、必ずしも徹底的に議論されずに進み始めていた印象があります。

国際共同開発における日本の選択肢

森本：実際には、あくまで我が国主導の自力開発に重点を置いていた人と、日米共同開発でないとうまくいかないし、リスクもあり、また日米同盟維持の観点から相互運用性を高める設計にする必要があるという人がいたと思います。防衛省の中でも中心的な役割を担っている人は初めから日米共同開発を主体として、できる部分は我が国主導、あとは米国の協力を得るという考えでした。一方、防衛装備庁には日英協力ができるのではないかと考える人が中心にいて、それぞれにウエイトのかけ方が違っていたような印象です。

このように日本政府の中で幅広い意見があったことは結果としてみれば、全体がよい方向に進む契機になったのではないかと思います。

川上：開発方針の方向づけについては政治の役割が大きかったと思います。当時の安倍総理や麻生副総理は国産開発に大変前向きで、日本の技術で素晴らしい戦闘機を作りたいとの思いが強かったと聞いています。中期防で我が国主導と決まったのも政治の力が大きかったのは事実です。

関係省庁、経済産業省は産業振興の観点からも我が国主導開発にポジティブで協力的でしたが、予算はすべて防衛省であり航空自衛隊の運用やニーズが最優先ということは分かっていたのでやや控えめにサポートしているように見受けられました。外務省はほとんど関与しておらず、国家安全保障会議事務局（ＮＳＳ）は状況を把握しながらも対米関係に留意していたように見えます。

田中：日本側で英国との協力を進めようとしている人は、長距離空対空ミサイルの研究で、日本側のダクテッドロケットの技術（アクティブ・フェーズド・アレイ電波シーカ搭載を構想）と英国のミーティア・ミサイルの共同研究（フィージビリティ・スタディ）が意外に円滑に進んだので、英国とは組みやすいと考えたのだと思います。しかし、英国は運用構想になるとなかなか譲らないと思います。その後、日英共同のミサイルを作る実証試作段階に入り、ミサイルの胴径が日英の間で決まらないとも聞こえてきていました。胴径は、どういう戦闘機に搭載するか直結する問題なので、なかなか決めることができないと思います。

また、日米同盟を踏まえれば、戦闘機の開発を英国のみと協力するという選択肢は考えられません。また、日本のマネージメントの実力・経験で日米英3カ国の共同開発を日本主導で実施するというのは、自国の実力を把握できていないと思います。

もう1点、付け加えておきたいのは、英国は何としても日本が資金を負担して戦闘機開発に参加してもらいたいし、開発した戦闘機を外国に輸出したいと強く考えています。その際、日本の「装備移転三原則」などが足枷になることを非常に懸念しています。英国との共同開発はこの点でも非常に難しいと思います。また、戦闘機は戦域で実際に活躍して、その成果が世界に誇示できると輸出できるようになります。英国のタイフーン、仏国のラファールも2000年代に入り、NATOの軍事行動における地上爆撃戦闘での実績によって輸出の道が開かれました。買う方にしてみれば戦闘機は高価な装備品なので、実際の戦闘での実績がないと買ってくれません。

山崎：防衛省は2019年春頃には、次期戦闘機の開発について官邸にも報告をしたようです。防衛省は、国内開発は技術的には可能であるが、インターオペラビリティの確保やリスク低減のために開発は日本主導を貫きつつも米英の協力を得て進めたいとの趣旨を説明し、安倍総理まで報告内容は了解されたようです。このように防衛省の進め方が了解されたことにより、防衛省は、米国との政府間協議を加速させることになったのではないかと思います。

次第に固まっていった日本主導の日米共同開発

森本：この時点では、政府内には国産主導重視と日米共同開発重視の両方があり、防衛省は中枢にいる者は日米共同開発、防衛装備庁は2年ほど前まで日英共同開発派が中心にいて、防衛省にも若干、そういう人がいる状況でした。一方、空幕は日米共同開発派でしたが、改修の自由度を主張する勢力は多い。防衛産業界は国産主導派が多く、少数のリスク削減を訴える人がいる。財務省はコスト削減の観点から日米共同開発派が多く、経産省には日米派も日英派もいるし、国産主導派も混在し、NSを含む官邸スタッフは勉強している人が多いが、今までのところ、この問題に大きなイニシアチブをとっているようには見えない、という感じでした。

2019年の1年間は、日米協議や日英協議が進み、技術的な問題についてのやり取りを通じて日本が「国際協力を視野に」という内容と方向性がほぼ決まってきた1年であったと思います。その結果、最も大きな転換期が2019年末から2020年初頭にきたという感じです。

まず、ロッキード・マーティン社は派生型機提案について日本側に拒否されたので、改めて社内の意向を統一して代案を出さざるを得なくなり、第5世代戦闘機の開発に成功した実績を評価して、ここから得られる教訓と技術をできる限り高く売って、機体・アビオニクスの部分の共同開発や開発インフラや装置を使って行う訓練や開発試験の支援をすることによって利益を追求する。しかし、ノウハウだけを売り物にして、家庭教師的なコンサル支援をせず、実績を活用して開発のリスクとコストを低減するビジネスを追求して利益を上げるという方向に切り替えました。

もう1つの大きな変化は、日本はこれまで「我が国主導」と強く意識してきたが、リスクの管理や低減、コストの削減などを考えると、技術や経費の点でも本当に自力開発でやっていけるのかという疑念に対して答えを示す必要が出てきました。そこで米国のノウハウを活用してリスクやコストを減らす努力をするべきではないのかという意見が出てきて方向転換がされたと思います。ロッキード・マーティン社の意向もそこに取り入れられた。そこで2020年初頭に担当者が訪米して協議し、リスク低減、コスト低減の方策について議論をしました。

すなわち、この2年ほどを振り返ると、まず日本側はロッキード・マーティン社の提案である派生型機構想案はダメと伝えた。次に開発にかかるリスクとコストを低減することについて日米で検討したいという意向を示した。また英国との共同開発にも可能性を模索しながら、英国は日本の資金と技術を活用して欧州中心の共同開発に日本を参画させようと考えているようなので、その意向を確かめようとして協議を続けてきたのではないかと思います。

このように、日米協力を進めるべきだという意見が主流になってきたものの、日本主導でやるという中心軸は変わっていない。しかし、開発期間や技術的なリスクを減らすために日米共同開発を進めることになれば、米国と日本の分担と役割はどの程度なのか。協力のポイントは何か。コスト削減をどうするか。どこまで開発のワークシェアとするのかで、コストシェアが決まってきます。政府部内から、いろいろな疑問が出たことは適切であったと思いますし、その後の日米間のやり取りにとっても意味のある提起であったと思います。

他方、米国企業は共同開発を通じてビジネスの利益を取りたい。共同開発は今まで蓄積した技術や知識やインフラを活用できるし、リスクもコストも低減できる。ただ、日本側から見ると、それをすべて許してしまうと、ワークシェアが50対50になり、我が国主導とは言えない状況になってしまいます。

この時点では、その匙加減が分からないので、それを日米企業間で、まず話し合うことにしたと思います。このように日本が2019年末から2020年初頭にかけて、まず日米共同開発を進めようと舵を切ったことが大きな転換をもたらし、その後の作業を動かす要因になったと思います。

桐生：しかし、今後、英米との協業については多くの要素と各国の思惑が絡むため、協議の行方は予断を許さぬものだと思います。各国の妥協点を探らざるを得ない状況を考えると、協議に入る前に今回の開発での我が国として譲れない一線を明確にし、それを政官民で共有しておくことが重要であったと思います。

田中：その際、共同開発の定義をしっかりする必要があると思います。FS-Xは日本側がすべての経費を負担し、我が国の運用構想に基づき米国側に企業も含めいろいろ協力してもらい開発しました。その当時は、これを日米共同開発と呼び、世間からはこれは共同開発ではないのではないかと指摘されたものでした。米空軍がＦＳ－Ｘを装備するわけでもないし、米政府が経費を負担しているわけでもない。

今回も、状況としては、米空軍がＦ－Ｘを採用するわけでもないし、米政府が開発費を応分の分担をしようというわけでもない。ＦＳ－Ｘ型の日米共同開発を追求する以外、手はないのではないかと思います。ワークシェアと技術移転の内容はこれからですから、これから長い交渉になると思います。次期戦闘機のプロジェクトは、第一関門も通過していません。これからです。

相互運用性の重視とビジネスの両立

山崎：米国政府は、将来の脅威環境下でともに戦う際のインターオペラビリティ（相互運用性）とリスク管理・コスト管理・開発管理をトータルに捉えることを重視しており、日本主導の開発に対して理解を示しつつも、インターオペラビリティの重要性、リスク管理やコスト管理などを重要視していたようです。米国政府は、日本の次期戦闘機開発に協力し最先端の技術を提供する理由が欲しかったのだと思います。他方、ボーイング社やロッキード・マーティン社などの米国企業は、日米協力について積極的に提案するものの、ビジネスにならないなら、撤退もありうると防衛省に伝えていたと思います。

岩﨑：他国との協力を考えますと、山﨑さんが述べたビジネスケースとして捉えることができるか否かということがとても大事な観点です。これまでの防衛省が求めたＲＦＩに応じた企業があるから、その企業がＦ‐Ｘ開発に最後まで参加してくれるかといえば、その企業にメリットがあれば参加しますし、そうでなければ参加しません。企業も国も考え方としては同じだと思います。同盟国だからということは参加理由にはなりません。

まだ我が国の経済規模が小さかった時代であれば、同盟国の庇護の下で援助してくれたかもしれませんが、今や無理です。メリットとは必ずしも金銭的なことではなく、技術やノウハウなども含めた総合的な判断の下でのメリットです。ですから、国外からの協力や支援を期待するのであれば、先方にとってそれなりのメリットがないといけません。いわゆるビジネスとして成り立つことが求められます。

ロッキード・マーティン社が当初、Ｆ‐57派生型機を提案しようとしていましたが、もしこれが採用されれば、米国及びロッキード・マーティン社にとって大きなビジネスになると考えられたからです。これは、日本主導の開発であろうとも実現可能と考えていたと思います。防衛省・装備庁は、ロッキード・マーティン社は当然参加するものと考えていますが、ロッキード・マーティン社は方向転換を迫られたのではないでしょうか。

田中：山﨑さんが述べた「米国企業の撤退はありうる」ということは、非常に危険な話ですね。日本企業は、自分の実力もわきまえずにこれで米国の煩わしい関与がなくなったと変な誤解をする可能性があります。次期戦闘機は、米国の支援がなければ第5世代機として完成しません。第4世代機とか第4・5世代機になってしまいます。つまり米国の支援を受けられなかった韓国の次期戦闘機KF-21（第4・5世代戦闘機といわれている）と同じになります。

森本：結局、ロッキード・マーティン社の考え方は、派生型機の提案は取り下げたものの、既存機の技術を日米共同開発に利用して利益を得るというコンセプトは変わっていない。しかし、既存の技術ベースを最大限に使って第5世代機を共同開発するためには日本のプログラムを支援し、第5世代機を開発するための技術協力により、共同開発部分を多くして利益を追求するというものであると解釈できます。こうした考えに至ったのは、代案を決める過程で、新しい日米共同開発機ができて、それがより魅力のある戦闘機になるとF-35が売れなくなる恐れがある。F-35を3000機生産する計画が途中で頓挫することは避けたい。よって、F-22とF-35の技術、ノウハウ、インフラを売り物にして日本側に活用させるが、それ以上のものを目指すと派生型機構想になるので、日本側に提案する場合には、日本主導の開発のコストとリスクを削減するという観点から共同開発を進めるとの考えで代替案を出してきたと思います。

川上：確かに2020年に入ってから米国の雰囲気も変わってきたように思われます。ロッキード・

マーティン社はF‐57派生型機構想を積極的に推奨しなくなり、基本的なミッション・システムを提供すると言ってきました。コストダウンができる、リスクも減る、開発期間も短縮できる、日米のインターオペラビリティもより強化できる。ただ、これに対しては日本企業も防衛省も戦闘機開発の中枢となるシステムやソフトウェアを握れないために否定的な意見が多い状況でした。一方、防衛省はミッション・システムなどについて家庭教師的な技術支援を期待していましたが、米国側は端的にいうと既存の技術をブラックボックス化して供与するならできるとのことで、折り合いがつきにくい状況でした。

次期戦闘機開発の諸問題―システム・インテグレーション

森本：戦闘機開発では機体やエンジン、レーダーなどのソフトウェアの開発が重要ですが、特に重視されるのは戦闘機のミッション・システムです。戦闘機が目標を監視・発見・識別・追尾して兵器選定・発射・撃破するまでのトータルな戦闘指揮システムのことです。日本側はこれを効率的に作動させるためにソースコード（ミッション・システムを機能させるためのプログラム）の提供を米国に要請し、米国は2019年6月に担当者が来日して、ソースコードは他国に提供しないと断ってきました。英国空軍もF‐35戦闘機を使用しているのですが、米国がソースコードを提供しないことに不満を持っているといわれます。しかし、日本はすでにF‐2戦闘機のソースコードを独自開発しており、米国からの提供がなくても困ることはないと理解していたと思います。

田中：ソースコードについては、日本はしっかりした考え方を持つ必要があったと思います。何のためにどの部分が欲しいかということについてです。センサー管理、データ融合、飛行制御、武装制御など飛行運用に関わるソフトウェアを運用飛行プログラム（OFP：Operational Flight Prograram）と呼んでいますが、そのうちのどのモジュールが欲しいかを明確にしなければいけません。

報道によると、F-35には「コンピューターの中のF-35」（F-35 in a Box）と俗称されているソフトウェアのかたまりがあるそうです。これは、F-35そのものを体現するソフトで、センサーサブシステム、いくつものセンサーデータを融合して確度の高いデータを取り出すシステムなどがあり、その中枢は9個のモジュールでできているようです。2019年11月時点、この9モジュールについて、米国防省とロッキード・マーティン社の間で、このソフトの知的財産所有権の帰属について厳しい争いがあったと聞いています。このような状況を踏まえると、日本はしっかりと何のために何の部分を開示して欲しいと明確に要求しなければ米国側は対応できないと思います。

山﨑：防衛省は2020年の日米企業協議において、ミッション・システムのシステム・インテグレーションの分野でも米国企業のいわゆるアドバイスを得たいと伝えたようです。米軍はすべての兵器システムで国防省が設定したOSA（Open Systems Architecture）の規格を採用するよう求めています。さらに航空機のミッション・システムには、米空軍が開発したＯＭＳ（Open Mission Systems）という規格と米海軍が開発したＦＡＣＥ（Future Airborne Capability Environment）という規格があり、米国企業は次期戦闘機にＯＳＡ規格とＯＭＳ規格の情報を提供するといっています。複雑なミッション・システムにはＯＭＳが適しているそうです。米国側は、提供する規格にしたがって設計図は自由に描けるので、それがそのまま日本独自のものになるという説明をしています。

田中：日本にＦ‐35と同等のミッション・システムを開発する能力はありません。ＦＳ‐Ｘ（Ｆ‐２戦闘機）のミッション・システムは共同開発のパートナーの当時のジェネラル・ダイナミックス社にＦ‐16をベースに開発してもらったものです。それを全面開示してもらったので、日本でいろいろ改修・改善することができるようになりました。そのＦ‐２のミッション・システムは、Ｆ‐35のものと比べると小学生と大人という技術力の差があります。日本は、米国のミッション・システムのソースコードを開示してもらい、それを教科書として自分たちのものを作ろうと考えたのでしょうが、簡単にソースコードの全面開示とはならないと思います。

これから防衛省が計画しているＣ‐２輸送機をテスト・ベッド機として、レーダー、電子戦機器、赤外線探知機器、データリンクを統合したミッション・システム・インテグレーション試験を困難を克服しながら実施して成果を得る必要があると思います。これには、技術者だけでなく、自衛隊で運用にあたるパイロットも乗せて、協同で運用上から見て出てきた結果をどう評価するか、どうシステムを組み上げるかを検討する必要があると思います。そこで、自分たちに不足しているものが明確になると思いますので、米国側に協力を仰ぐということになると思います。

ミッション・システム・インテグレーション試験をいい加減なところで手を打つと、完成した戦闘機は、F‐15プラス（F‐15より少し能力が高い戦闘機という意味、F‐15改造型ではない）程度になると思います。

なお、F‐15についていえば、米空軍では、F‐35の量産納入のペースが遅いこと、また同機の維持経費が相当高額であることから、F‐15EXというF‐15の能力向上型新造機を144機購入することになりました。F‐15の維持経費は、米軍ではF‐35の半分以下だそうです。当時のマティス国防長官がF‐35の敵陣突破型機と後方の位置で待機し、F‐35の目標機情報をもとに攻撃するというスタンドオフ型をミックスすることを指示し、F‐35が突破した後、スタンドオフ型のF‐15EXなどが後に続くイメージを選んだそうです。これは一理あります。

英国との協議、交渉の行方

川上：米国側が既存の技術を提供するということは、現有機をベースとしての開発形態の延長線です。新しい技術を積極的に活用しにくかったり、改修の自由度に制限が生じたり、ブラックボックスが多くなったりと、日本側にはネガティブな意見が少なくありません。また米国側から機微な技術の供与を受けるとなると、米政府や議会の承認が厳しくなるうえ、日米両政府間の覚書の作成が必要であり、内容やコスト、情報開示の度合いなど米国との交渉が相当大変になります。

一方で、米国とは、必要なインターオペラビリティ確保の協力に留めるとの考え方もありますが、どのような形であれ判断するのは容易ではありません。

山崎：英国との共同スタディを推進している人の中には、日本独自の開発には不安があるから米英と組むのがよいという意見がある。一方で、FS‐Xの教訓から、米国との開発協力を進めると米国の言いなりになってしまうという不安があり、英国とであれば対等にパートナーになれると考えている人がいたのではないかと思います。防衛装備庁は英国防省との間で2017年（平成29年）3月に将来戦闘機の協力の可能性に係る日英共同スタディの取り決めに署名してから、このスタディグループは今まで10回をはるかに超える協議を継続し、その中で良好な関係が醸成された結果、英国と組むといいものができると思っている人が多くなっているという状況ができたのではないかと思います。

田中：山崎さんから「米国との開発協力を進めると米国の言いなりになってしまうという不安がある」という開発関係者の雰囲気について話がありましたが、実態は異なります。FS‐Xについては、技術開示の範囲を日米政府間で厳しくきっちり取り決めたおかげで、F‐2の方が改善・改良は非常に容易になっています。F‐15は基本的にはライセンス生産規定なので、改善・改修、能力向上はすべて米国に依頼するような形になっています。やはり、次期戦闘機開発プロジェクト開始前に日米政府間で技術開示の範囲をきっちり規定する必要があります。

なお、英国と次期戦闘機に関する交渉が行われていますが、英国の技術力について日本側に過信がある印象です。タイフーン戦闘機についていえば、いまだアクティブ・フェーズド・アレイ・レーダー（APAR）を搭載しておらず、2016年にクウェートがオーダーしたタイフーンにはAPARを搭載して供給する予定です。すなわちミッション・システムとしては、F‐2の方がやや上の感じがします。ただ英国はアフガニスタンやシリアでの攻撃に米国を支援しており、そういう実戦経験を有していますので、この点では日本より格上だと思います。

川上：英国側からはブラックボックスがないし、情報開示はするし、資金も出すとアピールしています。また機体を共通化する場合、英国空軍も使用することに加え、輸出も念頭に置かれるので機数が増えるとのメリットがあります。米国と組むか、英国と組むかという単純な議論になると、政治的にも安全保障面でも当然のことですが米国となります。現に政府部内にはそのような意見が強い。日本の中での英国との協力を推進する人たちは、米国からも一定の協力を得つつ日英で開発をする、または日米英の共同開発にするという意見が多いように思われます。ただ現時点では、2020年12月にロッキード・マーティン社をインテグレーションのパートナー企業に選定したわけですから、日米共同開発を行うとしたうえで英国とはエンジンやミサイルなど限定的な協力に留めるという方向になっています。

森本：日本が日英協力に前向きになった背景には英国と日本の次期戦闘機選定時期がほとんど一致しているということがあり、また双方の技術的信頼性向上やスケールメリット及びコスト削減の点でも協力の可能性が高いと考えていたことが指摘できると思います。すなわち技術や資金や移転（日本から見ると欧州諸国などへの販路が有望で、サプライチェーンもあるという利点）の面でも有利な選択であると考えたのではないかと思います。実際には、サブシステムの共同開発を日英間で進めるということになり、その場合は日英双方とも出資することになるでしょう。

山﨑：２０１９年12月までは、防衛省内で次期戦闘機の開発全体を日米で実施するか日英で実施するかまとまってなかったわけですが、日米に意思統一ができた背景として、防衛省上層部が日米同盟の重要性や日米相互運用性の重要性を肌で感じていることがあります。同時に英国との協力に対する不安について述べる人たちもいました。主要な航空機関連メーカーで英国企業と協業した経験のある企業からも同様の懸念を聞いています。防衛省はそれから1年間の省内検討、米英との協議及びインテグレーション支援企業の選定プロセスを通じて、２０２０年12月の「お知らせ」にあるとおり、結局、防衛装備庁も含めた防衛省全体の方針として、開発全体に対して日英協力よりも日米協力重視を具体的に打ち出してきたのではないかと思われます。サブシステム及び構成品レベルの共同開発については日英間で進められることについては私も森本さんと同様の予想をしています。

データリンク開発に欠かせない米国の協力

森本：日米協力を進めた場合、不透明なのは米国議会がどこでこの問題に介入してくるかということです。さらに民主党政権が誕生したため、その後に日本は国家安全保障会議を開催して全体方向を決めるということになると、日米同盟協力全体の中で捉える必要があります。そこで、今後の日米企業協議を通じての開発方向の変化を中心に議論したいのですが、インターオペラビリティ（相互運用性）について日米でどのような決着があると思いますか？

山﨑：インターオペラビリティに関しては米国においても、F‐22（IFDL）、F‐35（MADL《マドル》）及び第4世代戦闘機間の情報交換は大きな課題です。これまでも、DARPA（国防高等研究計画局）のDyNAMO、ボーイング社のTalon HATE、ロッキード・マーティン社とL3のChameleonなどの情報交換技術の研究・試験が実施されています。最近ではABMS（Advanced Battle Management System）開発プログラムの一環として、Gateway ONEというソフトウェア無線機の技術を活用し、データ形式を変換してF‐22とF‐35を直接情報交換する技術の研究も実施されていて、2020年12月に試験が成功したという報道がありました。

英国では2017年にノースロップ・グラマン社の協力でユーロファイター（リンク16）とF‐35

（ＭＡＤＬ）をAirborne Gateway（搭載連携装置）によって連接する試験を実施しました。防衛省もこれらの情報を把握していて、ＭＡＤＬをそのまま採用するのではなく、国産次世代データリンクとＭＡＤＬの間でゲートウェイなどによってインターオペラビリティを図る方法がないか検討していました。米国側も日本側の考え方を理解したと思います。

森本：日本側は共同開発に際して、戦闘機のデータリンク（ＭＡＤＬ、リンク16など）についての協力を要請していましたが、実際にはどのようなシステムが望ましいのでしょうか？　日本側企業の技術開発能力からみるとＭＡＤＬについては独自開発の能力があると思われるので、リンク16（Link-16）に関する協力を求めているように思えるのですが。

田中：残念ながら、ＭＡＤＬそのものを作る能力はいまだに日本にはありません。ＭＡＤＬは常時味方機に接続されており、かつステルス性を損なわないように、相手機から探知されないものでなければなりません。日本はまだ試行をしてみたというだけです。

ＭＡＤＬも含めてデータリンクは、運用も含めてどういう運用シナリオの中でどう使うかとの構想設定がいちばん先にあります。ＭＡＤＬも米国は４機間のデータリンクになっていますが、これも運用のシミュレーションを何回も行って決められたものです。

日本で独自にＭＡＤＬ的なものを持つのであれば、高望みせず、まずは２機間で指向性を持った電波で常時接続できるという機能を持ったものでの共有でいいのかもしれません。また国産開発すると、電波の周波数などの使用は電波法の制約を受けます。戦闘機用のデータリンクが電波法の範囲内で機能するのかどうか、しっかり見極める必要があると思います。

システムに関する2つの考え方

山崎：インターオペラビリティを可能とする日本のシステムを作っていくことになると思いますが、防衛装備庁の開発経費によっては、将来的にＭＡＤＬを採用する可能性もあるのかもしれません。空自においても、次期戦闘機とＦ-35は別々の編隊として運用すると考えられますので、同一編隊内より少ないデータ通信をゲートウェイ（Gateway）により可能となるように設計するとも考えられます。

いずれにしても、日本のデータリンク開発に米国の協力を得る形になると思います。実際、防衛省は、２０２１年度予算で、2年間かけて「ネットワーク構成検討」として、米国政府及び米国企業の協力を得て、米国装備品とのデータリンク連接に関する研究を実施する計画です。どのような連接方式を採用するかは、次期戦闘機の設計が進捗する中で、米空軍の連接技術の進捗との兼合いや、技術開示の程度を確認して、より最適な方式が採用されると思います。

森本：開発計画を作る時に、将来の脅威に対しても常に最高度の能力を発揮するために必要な改修を随意に行うことのできる改修の自由度と拡張性を確保することが重視されていると思います。

戦闘機は生産してから30年以上使用することになり、その間、不断に技術進歩に対応して改修・改良を自由に行うことによって生き物のように戦闘機の特性を最高度に発揮することができるのだと思います。

また、これとの関連でいえば、オープン・システムズ・アーキテクチャという問題もあり、戦闘機のシステムがオープン・アーキテクチャになると装備品を統一された方式でつないで交換を容易にすることができるので、技術開発の進度が著しい装備品、たとえばレーダー、コンピューターを改修したり、他社のシステムに交換したりして戦闘機の能力を最高度に維持することが必要となる。ロッキード・マーティン社は２０２３年にＦ－35戦闘機をオープン・システムズ・アーキテクチャにする予定といわれるが、日本側がそれを使用することは、すべてが開示されないリスクもあるので、日本側で独自開発する必要があるし、またその可能性もあるといわれています。

ただ日米相互運用性の中身は２０２１年以降に協議して決めていくことになると思います。この分野は日本側がＦＭＳで入手することになるので、日本が費用を支払うことになると思います。

田中：日本でのオープン・システムズ・アーキテクチャをどう実現していくかについては、大きく２つの考え方があると思います。１つ目は、米空軍の規準（OMS：Open Mission System）をもとに国産開発方式で行い、日本の装備品メーカーの全面的参画を図るというもの。２つ目は、Ｆ－35方式でいく。これは、F‐35の装備品が廉価で連接できるので、三菱重工のMSJ（三菱スペース・ジェット）のように、装備品について米国企業のものがほとんどになる可能性があります。国産方式は当初はよいが、付帯する装備品の開発後のアップグレード、代替品の導入が予算がないという理由でなかなか手当が難しいという問題に直面すると思います。

F‐2についても、予算がないという理由で不具合の解消、能力向上が図られず、部隊の不満が大きい状況のようです。国産装備品は得てして作り放しで、予算の関係からその後の改修・改善がされないことが往々にしてあります。

一方、F‐35型では、ブロック型改善計画（改修・改善をブロックにまとめて、段階的に実施していく方式）という名称で継続的に量産機装備品にも改修・改善が加えられ、アップグレードした量産機が納入されていくようになっています。

この2方式（オープン・システムズ・アーキテクチャとブロック型改善計画）のよい点を取り入れて、なるべくF‐35型機のオープン・システムズ・アーキテクチャに似たシステムを構築し、それに付帯する搭載装備品もそれに合わせて作り、開発完了後は、搭載装備品メーカーは、その装備品が米空軍F‐35の装備品選定にも参画できるように改良・改善を図っていく方針で開発していくのがいいと思います。

日本の油圧機器メーカーのナブテスコが防衛装備品の技術をもとに開発した油圧機器をボーイング社に採用してもらっているのがいい例です。また川崎重工はボーイングの次世代中小型民間機向け発電システムをボーイングとの国際共同開発事業として実施しています。このようなグローバルな市場に向けての方策を機体メーカー、装備品メーカーは確立していく必要があると思います。

次期戦闘機が備えるべき機能

桐生：ミッション・システムは現代の戦闘機の要《かなめ》なので、今の米国が最新のシステムを開示することはないのではないかと思います。FS‐Xの頃とは時代が違います。したがってミッション・システムについてはできる、できないの問題ではありません。そのため、防衛装備庁も各種要素の研究試作を積み上げてきて、その総仕上げとしてこれらをオープン・システムズ・アーキテクチャ（OSA：Open Systems Architecture）で連接する研究を進めています。さらに次期戦闘機の開発の中では飛行試験機だけでなく、テスト・ベッド機も使った大規模なミッション・システムの飛行試験を計画しているようです。

最終的には我が国が実際のフライトで収集したデータを使ってミッション・システムをチューンアップしていくのだと思います。ちなみにシステム・インテグレーション全体として考えた場合、米国の助けは必ずしも必要ではないと思います。F‐2戦闘機ができた後でいわれたことですが、F‐2の時にはF‐16がありました。設計者は白紙に絵を描いたのではなく、F‐16に手を加えるということからシステムをインテグレートしてきました。しかし、技術実証機X‐2では白紙に絵を描いて、飛行機を飛ばす、戦闘機に類する飛行機を飛ばすということを一度実現したので、そういう意味で我が国主体でできると思っています。

森本：戦闘機は科学技術の粋《すい》を結集した生きた芸術品のようなものだと思います。あるいは何十億という細胞と神経で構成された人間の身体のようなものであるといってもよいと思います。こうした複雑な生きる芸術品の構造と機能を熟知して思いどおりに戦闘機を操作できる人しかパイロットにはなれません。

従来、日本はそうした戦闘機に関連する技術開発について企業や防衛装備庁中心に取り組んできました。その内容は各章の中で紹介してもらうとして、次期戦闘機が備えるべき最新技術として企業や防衛装備庁が専念してきた技術分野は、主として、①ステルス性、②大出力エンジン、③複合材を使ったボルトレス構造、④高出力レーダーを使った先進統合センサーシステム、⑤ネットワーク戦闘のための統合火器管制システムやミサイル警戒装置、ＥＳＭアンテナなどであろうと思います。

もちろん、これ以上にソフトの面では詳細な技術開発が行われてきたのですが、大きな枠組みでいえば、機体とエンジンとソフトに分かれると思います。こうした日本の技術は世界レベルにあり、技術の結晶は是非とも次期戦闘機に活用してもらいたいと思います。

ところで、技術力の中でよく理解できない分野があります。それはトータルなシステム・インテグレーションを構築する技術力が日本にはどの程度あるのかという点です。これこそプライムの果たすべき役割ということになると思いますが、これは他国から得ることは困難だと思いますし、これを売ってしまうと外国企業も利益にならない。

システム・インテグレーション、ステルス、モデリングなど3つの分野は、これから国際協力の場に持ち込んで決めていくことになり、これがいちばん大切な国際協力になると思います。

当初は米英両国と協力し、日米協議に基づいてシステム・インテグレーションとモデリング、ステルスの3つの分野について米国と協力するわけですが、どの程度日本が主導し、国際協力をどれくらいにするのかということをエンジニアリングチームで決めていくことになるのではないでしょうか。その結果が、プライムとISP（インテグレーション支援パートナー：ロッキード・マーティン社）の間で契約の内容になる。もっとも米国企業の協力内容は米国防省が輸出許可を与える範囲内で決まるので、そこは日米両国政府が介入することになると思います。

現時点で国防省の輸出許可は下りていませんので、プライムとISPの間の協力も難しい状況になっています。この局面を打開するのは結局、高いレベルの政府間協議が必要になっているということだと思います。

山﨑：2020年12月にインテグレーション支援候補企業がロッキード・マーティン社に決定しました。支援の対象分野は森本さんが指摘のとおりの3分野ですが、防衛省は、支援業務について、あくまで防衛省と三菱重工業（MHI）が必要と判断した範囲内の業務に限定することを明らかにしています（2020年12月自民党国防部会への説明）。このインテグレーションの業務内容については、MHIとロッキード・マーティン社の交渉を経て、2021年末までに契約されることになっています。なぜ「支援候補企業」としたのかというと、優先交渉権が与えられたロッキード・マーティン社との交渉が決裂したら、第二交渉権を持つ企業が次に交渉することになります。

また、MHIの理解は、インテグレーインテグレーション支援企業に求められているのは、たとえていうと家庭教師のような役割で、設計チームに入ることは考えていないそうです。

米国にどのような支援を求めるか

田中：それは、防衛省の考え方だと思いますが、その形では収まらないこともあるのではないでしょうか。日本側が求める家庭教師というのは、米国側からみると何でも与えるという印象になり、米国防省や米企業もそうだろうと思うが、そんなに安い代価で秘匿度の高いものを出すとは思えない。前もって出して欲しいもの、開示して欲しいものを個々に交渉することはあり得ますが、それ以外は国防省も商務省も国務省もOKを出すとは思えません。

山崎：私も、インテグレーション支援で重要なことは、単なる家庭教師でよいのかということです。家庭教師では、日本の情報セキュリティ要求のため限定された情報しか開示されなかったり、開示手続きに時間がかかったりすることが予想されます。さらに田中さんの指摘にあるように、開示された限られた情報でロッキード・マーティン社が協力する際に、そのつど米国政府の許可が必要になる可能性もあり、日米双方にフラストレーションが生じる設計協力になる恐れがあります。

反対にロッキード・マーティン社が設計チームに入れば、彼らも責任を分担することになり、設計過程で問題が発生した場合も、詳細にわたる情報共有が可能になり、一緒に解決策を検討することが可能になると思います。

解決策のオプションとして一時的に米国製のサブシステムや構成品、あるいは試験設備を使用する必要が生じた場合も、あらかじめロッキード・マーティン社に米国政府や米国企業と調整してもらっておくことで開発スケジュールリスクやコストリスクを抑えることができると思います。

岩﨑：以前、三菱重工の方々とF - X開発の件で議論した時、「もし外国企業がF - X開発に参入しない場合、どんな問題がありますか？」という私の質問に対して「大きな問題はありません」と答えていました。そこで私は、それは「三菱重工（及び国内企業）だけでF - X開発が可能ということですか？」と問い直したところ、三菱重工の方は「はい。そう考えています」とのことでした。

確かに私も我が国のみで開発は可能と考えていますが、果たしてそのF - Xは運用構想を満たすものになるかどうかについては疑問を持っています。やってみないと分かりませんが、コスト管理やリスクの低減などを考慮すれば、外国企業の参加、それも設計チームからの参加が必要ではと考えています。

特にＦ－22やＦ－35の開発・運用のノウハウを持っている米国及びロッキード・マーティン社の技術者の参加は必要と考えています。仮に設計チームに外国企業が参加しても、当初の方針である「我が国主導の開発」は十分確保できるものと考えています。

試験・評価に欠かせない米国の設備と支援

田中：「三菱重工（及び国内企業）だけでＦ－Ｘ開発が可能」という話は驚きですね。日本企業だけで開発可能ということはあり得ません。米国の支援を数多く受けなければできません。いくつか例を挙げます。

まずステルス性（ＲＣＳ：レーダー反射面積の低減）ですが、日本は戦闘機の機体にレーダー、データリンク、無線機のアンテナを付けた状態でのＲＣＳ評価をしたことはありません。多数のアンテナは相手レーダーの電波をよく反射します。このレーダー反射の低減技術、すなわちアンテナを設計し、計測しながら改良アンテナを再設計し、また計測するということを繰り返していかなければ得られない技術です。

日本は、実大模型機のＲＣＳを計測する施設を持っていないので、米国にこの施設を借りなければなりません。仮に借りられたとしても、そこでの模型の設置、計測のやり方を教わらなければなりません。

さらに、これがいちばん機微なところですが、得られたＲＣＳ計測データの善し悪しを評価しなければならず、この技術は米国にとって秘中の秘です。

また、パイロットの射出座席については、パイロットが安全に脱出できるかどうかを確認するため、実大機体の前胴を米国に送り、パイロットのダミーを載せて、地上滑走試験を行わなければなりません。ホロマン米空軍基地の施設が有名ですが、まっすぐな地上軌道の上を台車に前胴を乗せ、ロケットモーターで加速し、パイロットのダミーを脱出させます。これで射出座席の安全性をいろいろな速度で確認します。

さらに、エンジンについては、防衛省の東千歳のエンジン高空性能試験装置では能力が足りないので、米空軍のアーノルド・エンジニアリング開発センター（ＡＥＤＣ）のエンジン高空性能試験施設を使って、高空高速飛行状態のエンジン性能試験を何回も行わなければなりません。

このように米国の支援がなければ、できないことがまだほかにもあります。岩崎さんの言われるとおり、米国の支援を得て、日本が主導で開発するのがあるべき姿だと思います。インテグレーションには、大きく２つがあります。戦闘機トータルのインテグレーション、それからミッション・システムのインテグレーションです。

戦闘機トータルのインテグレーションは、機体規模、機体形状、重量重心、空力性能、ステルス性のコントロール、エンジンとのインターフェイス、アビオニクスとのインターフェイス等々、従来の概念のインテグレーションです。その中にミッション・システムのインテグレーションも含まれます。この戦闘機トータル・インテグレーションは、それぞれの項目の数字を想定した時になかなか要求をすべて満足しないので、すなわちあちら立てればこちら立たずなので、何回も何回もトレードオフ・スタディをやり、決めていく作業です。日本はそれなりの開発を継続してきたので、現在でもそこそこの実力はあると思います。ステルス性は苦労すると思いますが。

問題は、ミッション・システム・インテグレーションです。これからは、このミッション・コンピューター（F-2のミッションコンピューターとSMSやF-15のセントラル・コンピューターに代わるもの）が、レーダー、赤外線センサーなどの自機搭載センサーからのデータと、外部からのデータリンクを通じて受信したデータなどを使って、データ・フュージョン（各種センサーのデータを元に相手位置を確定・識別すること）を行い、正確な状況を把握し、パイロットに伝達するとともに、その状況でRCSをいちばん低くできる姿勢や操縦舵面の使い方、エンジンの制御を行います。

攻撃時には、ミサイルなどの通常武装、電波妨害装置に加えてレーダーを使ったエレクトロニック・アタック（相手レーダーを妨害する手段）などがあり、ステルス性を保ちながら最適な攻撃を選択します。残念ながら日本は機体センサー、外部データ、武装などのシステム・インテグレーションの設計や経験がないので技術的な対応は非常に困難だと思います。

森本：トータルなシステムを開発・設計する際に、日本だけでできるかという問題があり、日米企業間協議を通じて、その点が日本側の大きな関心であったと思います。

一方で、米国政府の考え方を全く理解しているわけではないですが、要するに、日本の次期戦闘機開発に積極的に全面協力する動機はないが、開発された次期戦闘機と米軍の戦闘機が東アジアで共同作戦をする際に、日本のシステムが米国のお荷物になったり、共同運用に不都合が生じたりすることは避けたい。したがって、インターオペラビリティ（相互運用性）に必要な協力はするが、そのためのシステムは日本がＦＭＳ（有償供与）で買えという対応ではないかと思います。

田中：Ｆ‐２戦闘機の時も、ＳＭＳ（ストア・マネージメント・システム、武器管制システム、すなわちＦ‐15でいうセントラル・コンピューターであり、武装・システム全体を統御するシステム）をジェネラル・ダイナミックス社に分担として製作してもらった。これが日本側に開示され、改修可能だったので、Ｆ‐２戦闘機はそれなりの戦闘機になりました。

現在の日本の構想は、第４世代戦闘機の域を出ていない気がします。形だけ、セントラル・コンピューターからオープン・システムズ・アーキテクチャにしようとしている感じがします。噂によると、イスラエルは中東で自国民の血を流して集めた貴重な脅威データを米国に開示することで、Ｆ‐35にイスラエル独自の電子戦装備品を組み込むための改修データを入手し、独自に改修したといわれています。

このような非常に強力なバーゲニング・パワーがなければ、ミッション・システムのソースコードは手に入らないでしょう。やはり自前で前述のＣ‐２輸送機テスト・ベッドで試作のミッション・システムの飛行試験を徹底的に行い、ミッション・システム・インテグレーションの技術を習得するよりほかないと思います。なお、韓国の次期戦闘機KF-21は現在試作中ですが、米国の技術支援が得られず、マスコミなどでは第4・5世代機（F-16並み）だと酷評されています。

次期戦闘機の生産機数と開発コスト

森本：コスト低減ということは、何機作るかということと相関関係があります。開発コストを考えると何百機か作らねばならない。日本が取得するのはそのうち200機以内になると仮定して、あと200~300機ほど作って地域の安定にとって有効な国に適正な価格で販売するには、日米でブランド色を高めて売れるような製品を作らなければなりません。結局、次期戦闘機を何機生産し、開発予算がどうなるかという問題はこれからの大きな課題でしょう。

田中：機体と価格についていえば、現在、新聞などで報道されている要求性能は、航続距離が600~700マイルと長く、そのうえ目的地で戦闘を終えた後に帰ってくるということになっています。このままでは、大量の燃料を搭載しなければならないので、F-22より大きな機体になってしまいます。機体が大きくなれば量産価格とRCS（レーダー反射断面積）に大きく影響してきます。

量産価格については、企業は米国のランド研究所の統計式を使って試算をしているかもしれませんが、現時点では部品1点1点を、たとえばF‐2をベースにして積み上げて合算し、量産機体価格の見積りをしていかなければなりません。防衛装備庁が公表し、想定している想定図では相当高くなると予想しますが、それに誰も気がついていないのではないでしょうか。

ランド研究所の統計式は「機体重量は量産価格に正の相関を有する」というものです。米国各社はそれぞれの企業の多数の経験データを入れながら修正を重ねて見積ることができますが、日本はF‐2、F‐1戦闘機だけですので、誤差が大きいのです。

F‐2の量産最終号機（2011年納入）は150億円でした。F‐2の最大全備重量22トン、F‐22は39トンですから、F‐22より大きい次期戦闘機は相当高額になる可能性があります。重要なことは、機体重量と量産価格は連動するということです。

また、機体が大きいとRCSが大きくなり、ステルス性が減少します。新聞などで公表されているものは大きな機体モデルですので、ステルス性が確保されているのか心配です。私の想定では、F‐2のエンジンを双発にした機体規模で1機200億円か、それ以下でできるイメージを持っています。技術サイドと運用サイドが要求性能についてよく調整して性能、機体規模、量産価格について適切なものにする必要があります。

いずれにしても、陸上自衛隊のAH‐64戦闘ヘリコプター、OH‐1観測ヘリコプターのように量産に入って価格が高騰したために、途中で調達が中止されるような事態は絶対に避けなければなりません。

川上：Ｆ‐２は教育用の機体も含め約１００機ありますが、次期戦闘機は高性能・高コストが見込まれるため、教育用の機体は効率化し、また能力向上も考慮され、80～90機程度になると考えられます。さらにＦ‐15の近代化機約１００機の後継機種とすることも視野には置かれているかもしれません。この後継も次期戦闘機になれば生産機数は１５０機を超える可能性はあります。

しかし、Ｆ‐15の後継機も次期戦闘機にすると、航空自衛隊の３機種運用がＦ‐35と次期戦闘機の２機種となるため、その選定はまだまだ先の議論になると思われます。

日英共同開発の場合であれば、日英で約２００機、さらに英国は輸出を強く念頭に置いており、スウェーデンなどの参加なども見込まれるので、かなりの数が生産できそうです。これが英国の売りでもあります。

一方、日米で共同開発する場合、米空軍が採用することは想定していないので、ベースは空自のみとなります。輸出については、米国のブランド力や販売力、世界的な整備拠点の活用なども期待できますが、米国の技術が供与された場合、米国の規制（ＩＴＡＲ）に縛られることになり、日本主導の開発による戦闘機であっても、米国政府や米議会の承認が必要となってきます。

輸出のための参考となるのは、韓国のＴ‐50／Ｆ‐50でしょう。Ｔ‐50は韓国のＫＡＩ社がロッキード・マーティン社の技術支援を受けて開発した練習機で、Ｆ‐50はＴ‐50から派生した軽戦闘機です。米国の技術が取り入れられているため輸出には米国の許可が必要ですが、開発当初から輸出を前提に米国とも契約が結ばれていました。フィリピンなどにも輸出されています。

一方、次期戦闘機の開発経費は1兆円から1兆5千億円と報じられています。ただ開発には予期せぬ困難がつきものであり、開発途中に仕様変更なども行うと、さらに開発経費は膨らむ可能性があります。

1機あたりの単価は、航空自衛隊の求める能力が高いため、優に200億円は超えると思います。F-35よりひと回り大きい機体でエンジンも双発、高度なネットワーク機能とミッション・システムを有するため200億円でも国際的には決して高くはないと思います。しかし、生産機数が少ないほど単価が上がり、このままだと300億円近くになるかもしれません。これでは空自が買えなくなり、スペック（能力や仕様）を落とし、コストを下げていくとだんだん陳腐な戦闘機になってしまいます。

性能とコストのバランスは難しく、またコストの観点からはやはり機数増のための輸出や共同開発も考えるべきだと思います。

次期戦闘機の所要機数

森本：すると、次期戦闘機としてはまず100機弱の要求があり、F-15のいくつかの飛行隊を次期戦闘機に代えて予備機も含めて200機以内にします。それだけでは開発トータルのコストがとても高くなるということですか？　そうするとあとは何機くらいになるか分かりませんが、輸出用の機体を作ることになるのでしょうか？

岩崎：日本の戦闘機の数はトータルで３５０～３６０機です。そのうち１４７機はF‐35のA型とB型になります。あとはF‐15とF‐2で、現在までのところ、F‐2の約90機が次期戦闘機に置き換わる計画です。またF‐15は保有機数の半数の約１００機を能力向上させる計画です。これで、F‐35A／B型機、次期戦闘機、F‐15能力向上機の３機種体制がそろいます。

次期戦闘機の調達機数をどの程度にするかは、次期戦闘機が部隊に配備される２０３０年代後半以降の我が国の戦闘機体系を考慮しながら見極める必要があると考えます。航空自衛隊は、創設当時を除き、3機種体制をとってきました。これは、戦闘機の開発や導入期間、戦闘様相への適合性、不具合があった場合の代替性などから、この3機種体制が最も我が国に適していると考えていたからです。

これまでに、すでにF‐35約１５０機、F‐15能力向上機約１００機、F‐2の後継機としての次期戦闘機約90機との運用の柔軟性を重視した方針が出されていますので、この枠組みを基本と考えた方がいいと思っております。防衛力整備にはコストや経費の抑制や効率性も重要な要素ではありますが、コスト低減のためだけに取得機数を多くすることには反対です。

次期戦闘機のコスト低減を求めるのであれば、せっかく苦難の末に策定した「防衛装備・技術移転」をフルに活用した方策を考えるべきと思います。完成機の国外への移転は困難と思われますが、機体構成部品、搭載機器など、移転が比較的しやすいものも多いと思います。

山崎：これまでの防衛省の説明からすると、次期戦闘機の生産機数はF－2の生産機数94機を基準に決定されるようですが、戦闘機体系などを踏まえて予想してみたいと思います。

F－2生産機数94機の内訳は、戦闘飛行隊60機、教育飛行隊21機、予備11機、術科教育2機です。次期戦闘機は拡張性に必要な改修を定期的に実施すると思われますので、予備機（在場予備機）は機数増になる可能性があります。したがってF－2後継用としての次期戦闘機の生産機数は約100機と見積れます。

F－2後継用以外の所要としては、まずF－2の当初計画にあった飛行教導隊8機について、この後継機を次期戦闘機にする可能性があります。また、25大綱で13個飛行隊への増強（現在はF－35で増強予定）が決まっていますが、周辺諸国の第5世代戦闘機の増強への対応や、対領空侵犯措置任務の負担軽減の必要性から、いずれ各基地に2個飛行隊の計14個飛行隊が必要になると考えます。加えて、無人機やドローンによる攻撃への対策の一手段として、新規に電子戦機型派生機を保有することも考えられます。これらは機数としては12機程度が見込まれます。安倍政権の時にもEF－18Gグラウラーの導入が議論されました。

さらにF－15の能力向上事業は改修経費の増大が問題になっていて、改修機数が限定される可能性があります。改修しないF－15近代化機を次期戦闘機で更新する可能性もあります。仮に3個飛行隊を改修し、1個飛行隊を次期戦闘機で置き換えると仮定すると、これらすべての所要は約60機になります。つまり、次期戦闘機の国内での生産所要合計は最大で約160機となります。F－15近代化機の後継機は第6世代戦闘機を充てるのがよいというのが私の考えです。いずれにしても200機を超えることはないと予想します。

2020年から防衛省においてT‐4中等練習機の後継機の検討が始まっています。教育飛行隊の21機を軽戦闘機タイプのT‐Xで更新する案を空幕が採用した場合、次期戦闘機は約70機となります。

森本：いろいろな補給・整備態勢を考えて最大200機以内として、1機150億円になると開発生産の総経費は3兆円近くになるでしょう。

調達機数と量産価格の適正化

山﨑：次期戦闘機を輸出する案もありますが、次期戦闘機はハイスペックで、航続距離が長く、機体が大きい。内部搭載の兵器も多いので、F‐22より大きくなると予想します。海外輸出を考えるのであれば、韓国のKF‐21のように中型の第4・5世代戦闘機の方が売れると思います。特に東南アジア諸国は関心があるようです。

森本：オーストラリアやニュージーランドの場合、戦闘機の航続距離が必要なので、輸出できる可能性はないのでしょうか？　シンガポールなどASEAN諸国ならあまり航続距離は必要なさそうですが。

桐生：戦闘機は機体規模が大きくなると開発費も量産単価も高くなります。さらに対抗機を凌駕するために強力な装備品を搭載するため、さらにコストアップします。将来、次期戦闘機に当初のF‐2後継機以外のどのような需要が見込めるのか、現時点では定かではありません。

しかしながら、どのような需要に対応するにしても機体そのものを変えることは難しく、生産機数増の機会を逃さぬためコスト低減しようとすれば、その余地は搭載装備品の換装しかないと思います。したがって開発当初から容易に装備品の取り外しや載せ換えが可能なシステムを実現できるように意識することが大事です。

田中：要求性能、機体規模、量産価格との関連について防衛装備庁で認識されていないのではないでしょうか。防衛装備庁は空幕から求められたとおりに検討し、空幕に価格についての話がフィードバックされていないのではないでしょうか。

川上：防衛省内でも企業と相談して様々な価格低減策を検討していると聞きます。「高度な電子戦能力は我慢しよう」とか「○○は削ろう」というように要求を減らすことになる。すると性能が落ちて、中途半端な戦闘機にならないか懸念があります。

田中：調達機数は量産機体価格が適正かどうかによって決まります。陸上自衛隊OH‐1観測ヘリコプターは当初200機予定であったのが、量産価格が高騰し、36機で終わり、陸上自衛隊AH‐64戦闘ヘリコプターも62機の生産予定が同様に価格が高騰して13機で終わってしまいました。さらに調達機数が減ったことで価格が想定より上昇するという悪循環に入ってしまいました。

米国では「アフォーダビリティ」といって、装備品開発時に想定される総量産調達数の予算枠があらかじめ想定され、その制約の中で量産価格の上限を設定する考え方を採っています。これは、F‐22が高性能な機体でもあるにもかかわらず、当初の量産機数451機から187機で生産が終了した経験から、米軍ではこの言葉が使われるようになったそうです。

話は変わりますが、F‐2の耐用命数（何年使えるかという寿命）はまだ決まっていません。これは今までの航空機開発計画にはないことです。開発計画にはさまざまな事態が数多く起こるため、耐用命数が決まっていないこと自体は悪いとは思いません。耐用命数を決めるとこれを守るために開発計画がぎくしゃくしますので、今のようにゆるめに耐用命数を仮設定して、導入する時に正式な耐用命数を決める方がよいと思います。ただ耐用命数については財務省が厳しく見るので明解に説明できるようにしておかなければならないと思います。

山﨑：開発経費と量産単価について、防衛省は公表していませんが、2010年に「将来戦闘機に関する研究開発ビジョン」を作成して以降、次期戦闘機の概念設計として、MHIとの契約により、空戦シミュレーション、防空シミュレーション、バーチャルビークル（仮想機体構想検討）などを用いて、次期戦闘機の4種類の機体モデル案（DMU：デジタルモックアップ）及び派生機案から基準となる機体モデル案を求め、これにより機体規模の適正化を図るとともに、開発経費と量産単価の低減も図っていったようです。

防衛装備庁主催の技術シンポジウムの発表後、2011年から10年間、構想研究や技術的成立性の研究と称してミサイル内部搭載、ステルス性能、各種センサー、航続性能などの要求性能と機体規模についてトレードオフスタディを実施してきたことが分かります。

関係者の話を総合すると量産単価としては、150億円を目標に設定しているようです。開発経費については、2020年11月に河野行革担当大臣主催の行政事業レビューが実施されましたが、共同通信は1兆2千億円かかると見込まれると報道しています。

今後、構想設計作業の進捗に応じて見積りが示されると思いますが、防衛省も自覚しているように、開発費の高騰やスケジュールの遅延などのリスクを低減することが重要です。

インテグレーション支援企業を活用し、開発のプランニングと構想設計の段階で、徹底的にリスクを洗い出すとともに、要求性能、機体規模のさらなるトレードオフを実施し、量産ブロック1の機体に対する要求を過度に高く設定しないことなどが大切です。参加する企業においても、従来の原価プラス利益モデルから、ベストバリュー（アフォーダブル）モデルにパラダイムシフトすることが求められます。

次期戦闘機の海外輸出

森本：いずれにしても、次期戦闘機はある程度の機数を諸外国に輸出する必要があるということになりますが、どのような国が輸出先になるのか。また、その場合、国産機として輸出することになるのか。この場合の法的問題をどう考えるかという問題があります。

川上：戦闘機を含めた防衛装備品（武器など）の輸出は、法的には「外国為替及び外国貿易管理法」に基づく「貿易管理令」で規制されており、輸出には経済産業省の許可が必要となります。一方、法令ではなく政策決定の場である国家安全保障会議において、防衛装備移転三原則及びその運用指針が定められています。

現在は、厳格に審査するため、個々の案件ごとに装備移転の政策に合致するか否か、国家安全保障局、防衛省、外務省、経済産業省で協議し、必要に応じて国家安全保障会議（総理大臣、副総理大臣、防衛大臣、外務大臣、経済産業大臣）に諮り、輸出などの適否が判断され、その結果に基づき経済産業省が許可を出す仕組みとなっています。

運用指針では、防衛装備品のうち輸出できるものを限定列挙していますが、直接戦闘に供するような装備品、すなわち銃砲火器、ミサイル、戦車、戦闘機などは輸出できないこととなっています。他方、安全保障上の意義などいくつかの要件は必要となりますが、他国と共同開発した装備品の共同開発国への輸出は可能です。なお、移転三原則や運用指針は法制度ではなく国家安全保障会議での決定事項なので、関係省庁・関係大臣が合意、すなわち時の政権が政策的に了とすれば、戦闘機輸出は可能となります。

したがって、細かい条件を抜きにして考えれば次期戦闘機の場合、共同開発国への輸出は可能です。また、国産機でも共同開発機でも、輸出をするのであれば、国家安全保障会議で運用指針の改定などが政策決定されれば、輸出はできます。ただし、実態として政策の変更には、自民・公明両党の与党調整と了承も必要となってくるのでハードルが高いのも現実です。

一方、日米で共同開発を行った場合、米国の厳しい輸出規制が課せられるため、米国政府や議会の承認が必要となります。ただ国外での維持整備、パイロットなどの教育、さらに輸出のノウハウやブランド力などを考えると、外国の大手企業と共同して輸出するのが現実的です。

山崎：防衛省が開発する航空機は機体単価が高くなりがちです。次期戦闘機については、かなり大型の機体になると予想されることから、現時点では、輸出は難しいと思います。ただし、ロシアは航続距離の長い戦闘機を開発していますが、ステルス技術がさらに進化すれば、各国ともステルス性能と航続距離に優れた大型戦闘機を求めてくる可能性はあります。

輸出仕様機を製造するのは２０４０年代になってからの話ですので、オーストラリアやニュージーランドに輸出できる可能性はあるかもしれません。いずれにしても機体価格を低く抑えることが必要です。

ところで、2021年2月17日、米空軍参謀長のブラウン大将が、F-16の後継機として第4・5世代戦闘機を新規開発する考えを公表しました。デジタルエンジニアリングにより相当早く開発可能だそうです。輸出という観点からは、次期戦闘機の競争相手は多いといえます。

防衛装備庁には国際装備課があり、装備移転のマーケティングも行っていますが、戦闘機のマーケティングは実施していないのではないでしょうか。

実績のない戦闘機は売れない

川上：自民党の中では、生産機数を増やすとの観点から、米国と一定の協力をしながら英国などと資金を出し合い開発すべきとの意見もあります。日本の独自開発だと、輸出実績、実戦経験、維持整備、教育訓練などから現実的には極めて困難と思われます。ユーロファイター・タイフーンの開発・輸出経験のある英国のノウハウを取り入れた共同開発機を輸出するか、日米共同開発なら、ロッキード・マーティン社などを深く巻き込んで、よい戦闘機ができればその派生機や搭載装備品などを米空軍にも採用してもらうことなどが考えられます。

田中：輸出についてそのような考えは安易だと思います。戦闘機は、実戦で運用され、その戦果が実証されない限り、売れません。英国のタイフーン戦闘機にしろ、フランスのラファール戦闘機にしろ、2000年に入ってアフガニスタン、シリアなどの攻撃で能力が実証され、このところ中東諸国に輸出ができるようになりました。今まで20年近く、売り込み相手国からレスポンスのないBAE社のタイフーン戦闘機の販売攻勢を見てきましたが、日本が初めて作る実績のない戦闘機は売れませんし、どの国も買いません。

ただし装備移転として戦闘機そのものは売れなくても、中に積み込む装備品、たとえば高性能な電子機器、無線機やレーダーならあり得ると思います。それを前提に装備移転可能なものを作るべきだと思います。

もう1つ付け加えると、装備移転を考えるなら、まず各国がどのような戦闘機を求めているか、最初にマーケット・リサーチしなければなりません。各国が求めているものは、空対空よりも地上攻撃用戦闘機といわれていますから、地上攻撃用の各種ミサイル、爆弾を搭載できるように取り揃えなければならないと思います。この点から見ても、この能力を備えていないと、なかなか他国から見て魅力のある戦闘機には映らないだろうと思います。

韓国のKF‐21の話になりますが、KF‐21については米国からの支援が得られなかったため、ヨーロッパの国から搭載武器を導入することになり、地上攻撃用ミサイル、爆弾などがなかなか揃わないようです。そのため、共同開発国のインドネシアは熱が冷め、開発分担金を支払わないうえフランスのラファール戦闘機を購入する話が出たりしています。

岩崎：国外への輸出に関しては、大変難しいと考えています。田中さんは実績のことをいわれましたが、実戦での戦果がある方がいいのは事実ですが、必ずしも実績はマストとは思っておりません。東南アジアの国々にとって最も重要なのは導入コストです。実績がなくても韓国製の比較的安い装備品を購入している国もあります。

しかし、我が国がこれから開発する次期戦闘機（F‐X）は輸出が可能か否かは分かりませんが、F‐Xは国内運用を基本と考えていますから、どうしても1機あたりのコストが高騰してしまいます。

たとえば、バージョン1.0、1.5、2.0とか、ブロック10、20、30のような開発であれば、初期段階のタイプや我が国が運用した中古品の比較的安価なタイプを東南アジアなどの開発途上国へ、そして、ある程度洗練されたタイプはヨーロッパやオーストラリアなどの先進国への売り込みが可能ではと考えています。野田政権で防衛装備技術移転を可能とし、安倍政権でさらに拡大しましたが、２０２０年8月ようやくフィリピンに警戒管制レーダー4基の契約がなされました。しかし、これまで努力しているP‐1哨戒機、潜水艦、C‐2輸送機、US‐2救難飛行艇では実績を上げていません。

我が国は、政府と防衛省・経産省・外務省、そして民間が一体となって防衛装備品及び防衛技術の移転に努力を傾注すべきと考えています。F‐Xがもし移転されれば、当該国の第一線で運用されることになります。これが実現すれば、F‐Xのコスト低減もさることながら、我が国と導入国との信頼関係が大きく進展するメリットも考えられます。F‐Xはいいチャンスであり、最大限の努力をすべきと考えています。

田中：ある著名な米国のコンサルタント会社の人に装備移転の目的について聞いてみたのですが、一番目の目的は、当方の装備品を使用すれば、当方に敵対することはない。二番目は、装備品の導入のために当該国の運用要員、整備員などが教育・訓練に来るが、その要員の技術力、運用力、統率力などから当該国の軍事力のレベルがわかる。三番目は、相手国との信頼醸成が図られるというものでした。まさに国際情勢の縮図だと思います。

山﨑：次期戦闘機の海外移転について、先ほど完成機としての輸出は困難だと話しましたが、機体構成品（部材）、構成品（エンジン、搭載電子機器など）、部品（デバイスなど）、素材及びこれらに関連する技術、製造設備については、F‐2と同様に海外に装備移転する価値のあるものがあると思います。ファスナーレス構造、エンジンに使用されている各種素材、GaN（窒化ガリウム）などです。

搭載電子機器などの構成品については、次期戦闘機のミッション・システムに米空軍の標準規格であるOMS（Open Mission Systems）を採用すれば、標準規格に適合した構成品を開発することになり、将来、米空軍の事業に参加できる可能性が増大するはずです。

また英国との技術協力の調整が進んでいますが、次期戦闘機「テンペスト」との構成品などの共有化や素材、デバイスの提供が可能なら、当該構成品、素材及びデバイスのマーケットは大きく拡大すると期待されます。

桐生：次期戦闘機の海外輸出は現状ではハードルが高いように思われますが、10年、20年先の環境は大きく変わっていると思います。その時のことを想定し、少なくともシステムとしては海外輸出に対応できるよう、開発当初から設計上の配慮をしておくことは拡張性や能力向上の容易性と合わせて無駄ではないと思います。

次期戦闘機開発のための企業連合と防衛産業

森本：開発について大きな問題は戦闘機開発に関わる企業連合をどうするかという問題です。とにかく次期戦闘機の開発は従来の航空機開発とは全く比較にならないくらい規模も大きく、複雑です。国内の関連産業を総結集して国家の総力を挙げて開発に取り組む必要があります。従来の防衛産業の態勢でそれが可能になるとは思えません。国家を挙げて次期戦闘機開発の専門企業を組織する必要があります。

将来、中国が日本の産業サプライチェーンにいつの間にか参入するという事態になれば、日本の戦闘機技術が中国に盗まれる可能性があることを考えておくべきです。日本の技術を守る手立てを自ら進めるためには特別なステータスを有する会社を作っていかないと、技術の窃取を防ぐのは無理だということに尽きます。

そのためには共同出資会社か、特定企業体を作るのかなどの議論があり、政治家はこの案に前向きですが、政府の意見は賛成と反対で半々で、企業は消極的です。与党や官邸からは、ある種のＳＰＣ（Special Purpose Company：特別目的会社）を作ることについて前向きな感触も伝わってきますが、要職にある人たちが全面的に賛成するかどうかは疑問です。

この問題は、２０１９年当初から日本企業の連合体を構築するかどうか、もし作るのであればどのような体系が望ましいか、実現可能性があるのかなど、関係企業間や企業の連合体で協議してきました。

コンソーシアム（共同事業体）であれ、ＳＰＣであれ、ＳＰＥ（Special Purpose Entity：特別目的会社の別称）であれ、ジョイント・ベンチャーであれ、人材・人事・設備・責任体制などをフェーズごとに変えつつ、開発・設計・試作・技術実用試験・量産機製造・運用試験・輸出といった工程ごとに組織や人材を変えていく制度設計は難しいものがあります。さらに資金はどうするのか、最高責任者はどういう人材が望ましいのか、独占禁止法上の問題をどうするのか、契約をどうするのか、秘密保全をどうするのか、輸出上の規制をどのようにクリアするかなど、解決すべき問題が多岐にわたります。結局、当面は現体制のまま日米企業間協議を開始することになりました。

田中：現在、弱体化した日本の航空産業において力を集結するには、プライム（主担当）企業のもとに各社から設計技術員を派遣して企業合同設計チームを構成し、開発にあたる従来のプライム方式しかないと考えます。

産業界は、この方式をT‐2練習機、T‐4練習機、F‐2戦闘機、P‐1哨戒機、C‐2輸送機の開発に採用し、この方式に慣れていますので、プライムを決めれば、日本企業の技術員はすぐ集まり、活動を開始することができると思います。

このプライム方式だと、各社もメンツがあるので優秀な人材を派遣するので、すばらしい設計チームができると思います。新型コロナウイルスの影響で、各社減産していますので作業が減り、その反動で優秀な設計技術者をかえって集めやすいと思います。

川上：企業連合の在り方、開発体制ということについては、SPCなどいろいろなオプションが考えられ、それぞれ一長一短があります。従来の方式は、防衛省が競争入札によりプライム企業を選定し、プライムが下請けを選定して開発を行ってきました。ただし、エンジンやレーダーなどの独立した大型搭載品は防衛省が別途エンジンメーカーなどと契約し、防衛省からプライム企業に官給品（防衛省が購入し、機体メーカーに供給する品目。エンジン、レーダーなどが対象）として提供しています。

次期戦闘機開発では、日本の多くの企業が有する高度技術を結集する、すなわちオールジャパンの体制を作るべきでしょう。現在、三菱重工業がインテグレーションのプライム企業に防衛省から指名され、同社に関係各社が集められ、設計チームが設置されています。これはよいことだと思いますが、今後、今までに経験のない形の共同開発を行うことや場合によっては輸出も前提にした開発になる可能性もあり、臨機応変に対応する必要があるでしょう。

一方、政治的な観点からは従来のプライム方式を見直そうとする動きもあります。今は設計段階ですが、試作機製造となり、開発が本格化する段階からSPCなど強固な企業連合体制を作ろうとする意見です。設計、企画、事業管理、国際戦略などのヘッドクオーター的なSPCを新設することも魅力的です。

また、政治の場では、戦闘機開発を契機に防衛産業の再編・統合を図り、国際競争力を強化すべきとの意見もあります。ただ、SPCでさえ、独占禁止法との関係、各社の出資比率、製造責任、人事管理、量産機製造や情報管理に関する各種の許認可を得ることなど実務的な課題も山積みです。現在の設計体制や時間的制約を考えると、従来のプライム方式をベースにした開発方式が続いていくように思います。

オールジャパン体制の理想と現実

岩﨑：何かの研究開発を進める場合、特に次期戦闘機開発のような超大規模プロジェクトの場合、我が国が持てる最大限の技術、ノウハウを結集するためには、コンソーシアムを作るという考え方もあ

ります が、各社の事情を考えれば、かなり難しいと思います。

戦闘機の開発は長期の場合でも10〜15年、短ければ数年で開発フェーズが終了します。装備品の維持などを担当しないコンソーシアムであれば、開発終了とともに解散しないといけません。これは、我が国の企業風土、組織社会にとってはなかなか受け入れられません。

なぜかと言えば、技術者たちはあえてコンソーシアムに参加するより、それぞれの本社に残りたいと考えるのではないでしょうか。三菱重工がＭＲＪ（国産初のジェット旅客機）の開発を決心し、三菱航空機（株）を設立しました。当初、希望者がかなり少なかったと聞いています。新型航空機には夢がありますが、個人差はあるものの、それぞれ出世欲もあります。期間限定の部署になかなか行きたがらないものです。

今回のような大規模プロジェクトで、もしコンソーシアムのような企業連合体を作るのであれば、数年間をかけて、そのコンセプトをよく話し合って、その集合体に与える任務と権限を明確にして、最後はその集合体をどのように収束させるのかなどを明らかにしておくことが必要と考えます。

森本：ＭＲＪの例を見ても、この問題はいかに難しいかがわかります。責任がはっきりとしない寄せ集めは駄目です。明確な責任とマンデート（権利と権能）をもった企業連合体を作る必要があります。

桐生：オールジャパン体制といっても権限と責任を持つ者の下に皆が集結するということでないとうまくいきません。これはどんな組織体を構築する場合でも同様です。プライム方式でも官給の部分で防衛省とプライムの間で権限と責任があいまいとなり、うまくいかなかった事例があったように聞いています。

岩﨑：C‐2輸送機の開発は紆余曲折がありましたが、問題が起こるたびに各企業は相手方企業の責任を追及するようなところが見受けられました。このような反省もあり、今回は三菱重工がプライムとなり、一切の責任は三菱重工がとる体制になりましたので、その面では少し安心できると考えています。官側、特に防衛装備庁は三菱重工と一体となって開発を進めていくべきだと思います。

川上：これまでにも初の国産旅客機YS‐11や国産輸送機C‐1を開発や販売した時に、特定会社を作った実例はあります。しかしながら、責任の所在がはっきりしないことで業務が順調にいかないことがありました。特定会社の設立にも課題は多々ありますが、一方で、三菱重工などプライム企業が主導的に開発や輸出・国際展開を担っていくことに、自民党や政府内に不安や懸念があったことも事実です。

責任の所在とリスク回避

田中：やはり、やる気のある、いい人材をそれぞれの会社から集めるしか方法はないと思います。SPCには三者三様の思惑があります。財務省は、各社が出資して核となる会社（SPC）を作り、本プロジェクトをステアリング（舵取り）するとともに、次期戦闘機製造に関わる主要3社が1つとなるように統合するための第1ステップにしたいと考えています。

防衛装備庁は、開発時の不具合に対して官給品メーカーと機体メーカーの間で不毛な議論が繰り返され、解決策が出てこないのを回避するため、企業混成チームのSPCにその解決を任せようと考えています。

F-2戦闘機開発時のレーダーの不具合では、三菱重工と三菱電機の間でいろいろな議論が交わされ、最善の解決策が何年間も出てきませんでした。また先進技術実証機の時はエンジンが成熟しておらず、いろいろ不具合があり、三菱重工とIHIの間で議論が進まず、時間を空費しました。防衛省が官給品メーカーと機体メーカーをしっかり統御しなければ、SPCを作ったところで、企業間にまたがる不具合は解決できません。

企業にしてみれば、SPCには出身企業を代表した人間を送り込みますが、彼らが出身企業をコントロールすることはありません。SPCの中心企業の考え方として、SPCで起きた問題について本体企業の責任（開発リスク）は回避したいと考えます。SPCが全責任を負うのであれば、本体企業に責任が及ぶことはありませんし、SPCへの出資会社それぞれでリスクに関する経費もシェアできます。企業のメリットは責任回避とリスク・シェアです。

各企業のSPCに対する反応は非常に厳しいものがあります。権限がないのに責任ばかり押しつけられて仕事ができるかという反発です。昔のように官側に気骨のある差配者がおり、責任は全部自分がとるから、しっかりやってくれというのなら話は別ですが、今はそんな時代ではありません。

さらに技術者を派遣する会社の本社部門で、SPCのような責任のとれないところに自社の職員が働くことについて、コンプライアンス上認めることができるのかという問題もあります。

一見、SPCはよさそうですが、このような理由から、開発プライム企業がしっかりとプロジェクトを管理し、全責任を負うプライム方式でなければならないと思います。

岩﨑：MRJはMSJ（三菱スペースジェット）に名称変更しましたが、結果的に開発が停止状態になっています。これは必ずしも三菱重工だけの問題ではなく、世界の航空機産業の現状でもあります。民間機を製造している会社で、政府の援助なく独り立ちできている会社はボーイング社とエアバス社の2社のみだと考えています。小型民間機を製造しているエンブラエル社（ブラジル）やボンバルディア社（カナダ）は各政府の大きな支援の下でようやく生き延びているのが現状です。三菱重工の小型機開発にしても政府の支援が必要だったと思います。

森本：役人や企業だけでは実現は難しいですね。政治家がリーダーシップをとらなければ駄目です。企業だけで資金を集めることは無理でしょう。予算が1兆円を超えると特別会計を組む必要があるため、総理大臣に判断を委ねる案件となります。すなわち大きな政治決断が必要で、長期にわたり責任の所在が明確な体制にしなければなりません。

田中：繰り返しになりますが、ＳＰＣにしたら本来のプライム企業は腰が引けてしまいます。プライムから人材を引き抜いたとしても、プライム企業の全面的バックアップは得られません。三菱航空機のＭＳＪの開発が窮地に陥ったのはなぜか、防衛省は詳細に検討する必要があると思います。1兆円もかけてなぜ駄目だったのか。今後の次期戦闘機開発にあたって、マネージメント上、非常に有益な情報が得られると思います。

岩﨑：新たなコンソーシアムやＳＰＣを設立したとして、そこで勤務する（させられる）人たちは自分のことと、その組織体の将来について考えます。もし短期間の開発でその組織体が解散することになれば、古巣に戻っても自分のポストはなく、同期社員は出世していることだってあり得ます。その道を捨ててまで新しい会社に来る人がいるでしょうか？　いずれにしても、そのあたりの処遇までケアできる態勢がないと機能しないでしょう。

山﨑：ただ、今後はその新しい組織にすべての航空機（練習機やヘリも含め）に開発及び製造・維持を任せるというような意思決定があれば成り立つ話かもしれません。

岩﨑：それは素晴らしいアイデアです。開発だけでなく、練習機、ヘリコプター、対潜（哨戒）機、輸送機など、すべての機体の維持・整備をすべて行うことになれば実現の可能性はあります。しかし、現段階では、そこまでの約束は難しいでしょう。なぜなら各機種によって必要な機能が異なり、開発に際しても何でもできる設計者はいないからです。

仮にF-X開発にロッキード・マーティン社の設計チームを入れようとすれば、最低でも20人を超える設計専門家を入れる必要があります。戦闘機にはいろいろな機能が必要です。1人ですべてが分かる設計者はいません。ヘリコプターの設計も然りです。固定翼の設計とは全く異なります。輸送機も同様です。

開発計画と技術者の持続性の構築

山﨑：開発の設計者はその後の維持・整備では用済みです。開発者は開発が終わればそれで終わりです。

岩﨑：確かに今までの発想だとそうかもしれませんが、最近の科学技術の発展には目覚ましいものがあります。現在、最新でも数年で陳腐化が始まるような状況です。今後の装備品は、逐次の能力向上が必要です。その能力向上もこれまでのような単純な改良ではなく、発想を変えた新たな付加価値の付与が必要です。

山﨑：そのとおりです。次期戦闘機はブロック化開発を採用するので、定期的にアップグレードします。そのためにはシステムエンジニアは必要ですが、空力計算や構造設計のエンジニアは開発当初の人数を必要としません。したがって、会社としては、10年から20年ごとに開発計画がないと、技術者の能力も落ちるし、技術の伝承もできません。困難なことですが、ＳＰＣなどを成立させるためには、防衛省として、次期戦闘機の次はＴ‐４練習機の後継機の開発を担当させるというような仕組みが作れればよいと思います。

田中：それは理想ですが、公平性、透明性を大事にして、競争入札ばかりの現況では無理でしょう。法律も含めて防衛産業を維持・育成する体制を作らなければなりません。現行のやり方では、ＳＰＣは今回の次期戦闘機のプロジェクトだけを担当することになります。

当初の開発設計人員と維持整備段階で設計管理するメンバーは違いますから、人員を入れ替えなければなりません。ＹＳ‐11旅客機は、三菱重工が維持整備、部品供給の面倒をみましたが、結局は、本体の一部であるから開発後50年以上経っても維持整備の作業が実施できたわけです。

山崎：最近、三菱重工は複雑なミッション・システムを設計した経験がありません。一方、川崎重工はP-1哨戒機の開発で、東芝やMELCOと組んで、当初はいろいろ言われましたが、完成させました。経験値が高いということで、英国のBAEシステムズは、川崎重工に作らせればよいのではないかと防衛省に提案していたそうです。

ということは、三菱重工がプライムとして全責任を有しますが、設計チームの中のミッション・システム設計チームに川崎重工から経験者を配置するような工夫をする必要があると思います。幸いなことに、三菱重工はFXET（設計チーム）の発足にあたり、8室ある設計室のうち4室は協力企業から室長を就任させることにして、オールジャパン体制を構築したそうです。

田中：山崎さんの言われるとおり、川崎重工はP-1でミッション・システムを作りました。中央計算機につながっている搭載電子機器も非常に多く、搭載武器も多岐にわたります。ソフトウェアも非常に大きく、オープン・システムズ・アーキテクチャの初期段階のものを組み込んでいます。こういった経験はオールジャパン体制で役立たせるべきだと思います。

岩﨑：いずれにしても、我が国で戦闘機を開発できる企業は三菱重工しかありません。三菱重工にはしっかりとその重責を感じてもらうことと、自分たちの能力を過信せず、様々なノウハウを持っている外国企業との連携を受け入れる度量を持っていただくしかないと思います。

桐生：多くの企業は複数の事業を遂行することで、それぞれの事業の起伏や曲折をカバーして成り立っている部分があります。防衛省の航空機事業は数と規模が大きくないし、起伏の周期が非常に長いので、各社とも民間部門も含めた他の事業と共存する中で経営が成立しています。

したがって、防衛航空機の専業会社を考えるのであれば、防衛省が将来にわたって雇用を維持できる施策を担保しなければその存続は難しいと思います。

森本：企業連合体については自民党に提言する時のキーポイントの一つです。どうやったら実現できるか、あるいは実現する必要はないのか。次期戦闘機を開発するプロセスの中で企業連合体の実現を図っていくにはどうするか。このままでは、我が国の防衛産業のサプライチェーンは壊れてしまいます。F‐Xのテストフライトができるいちばん早い時期、2029年に間に合うように企業連合体を実現する方法がないか。それをターゲットにすべきではないかと思います。その後は製造段階になるので、それまでに新しい制度設計をすることが必要だと思います。

防衛産業を維持育成する環境作りが急務

田中：問題は、日本の防衛産業の衰退・撤退について、ほとんど興味も意識もない人が多いことです。

森本：人事上の問題もあります。２０２９年まで今と同じ部署にいる官僚はほとんどいないと思います。

田中：経産省と防衛装備庁と防衛省が協力して、防衛産業の維持育成にどのような対策をとり、対処していくのかを考えなければいけないと思います。たとえば経産省はこの分野に補助金を出すから、防衛省はこのように対応して業界を指導するといった具合です。経産省と防衛装備庁で一緒になって、具体的なロードマップを作る必要があると思います。

それをしないと企業はどんどん防衛産業分野から撤退して、必要な時にどこも引き受け手がないという状況を心配しています。防衛産業の維持育成のための制度設計と法律整備をしていく必要があります。なんでも競争入札では企業は疲弊してしまいます。最終的には自衛隊の装備品の欠陥や欠落につながります。

岩﨑：長年、防衛省は防衛基盤の活性化や再構築などの研究をやっていますが、なかなか思うような成果が出ていません。そのような停滞状況を解消するため、諸外国に倣って防衛装備庁を新設したのですが、まだ軌道に乗っているとは言いがたい状況です。

F-X開発はいいチャンスだと思っております。せっかく政府が「我が国主導の開発」を決めたのですから、防衛省・防衛装備庁は、ここで踏ん張ってもらいたいと願っております。

桐生：開発する側からすると、連合体の形はどうあれ、プライム、すなわちリーダーに責任と権限が明確に与えられることが重要です。持論ですが、開発はプライムがエゴを出さないと成功しないと考えています。仲良しクラブでは駄目です。責任と権限を明確に与えてくれればどのような形態であってもできると思っています。

森本：企業連合ができるかどうかのいちばんのカギは強力な政治の意思と決定でしょう。ただ、すでに編成されている三菱重工を中核とする国内産業各社のチームは何としても日本独自の国産機を成功させるのだという極めて強い決意があります。むしろ、この次期戦闘機開発に成功することが企業連合の持続性を可能にする引き金になるのではないかと思っています。

さらなる問題は、その企業連合が次の新しい航空機を生産できるか、企業としての将来構想が持てるかどうかということです。

田中：結局は、企業経営者がどう判断するかということではないでしょうか。それを防衛省と防衛装備庁がどうアシストするかということだと思います。もちろん政策的なことは必要ですが、経営者が防衛産業は重要だということを認識して防衛産業事業を社内で重要視していく方向に促すことが必須です。

企業が防衛産業から撤退する理由

岩﨑：確かに政治と官がリードしないとできないことです。先ほど述べたＭＲＪも、政府、各省庁、そして民間が一体となって対応する必要があると思います。このＦ‐Ｘ開発では、政府と防衛省が先頭に立ってリードしていくことがプロジェクトの成功につながるものと信じています。

田中：最終的には、各社の優秀な人材をプライム企業の設計チームに集めることなのではないでしょうか？

森本：ですから、次期戦闘機の開発に成功したら、戦闘機に限らず、その次の航空機があるという仕組みが重要です。日本には航空機を作れる会社が４社ありますが、これが１つになったら、陸海空自衛隊の航空機のオーダーは必ずそこに降りてきます。そこにサプライチェーンがつくようになると思います。

岩﨑：F‐X完成後は、前述のようにバージョンを進化させていくべきだと思います。その進化の度合いは、今までのF‐15の能力向上などとは全く異なる概念で行う必要があります。機体の外観は同じでも中身は全く別物なものになっていくのです。すでにF‐35はそのように発展しつつあります。

森本：はじめから大風呂敷を広げると資金が必要だから難しくなります。インフラや工場だって必要です。たとえば三菱重工が防衛部門を半分切り離すくらいの決断をしなければできません。それでは、とてもできないという話になってしまいます。

田中：現在の少ない日本の防衛産業の受注量からすると、各企業の中枢部門から防衛部門を切り離して、新たに防衛専門企業を作るということでは立ち行かないと思います。最初は試行的な連合体を作って、そこから時間をかけて集約していき、将来的には1つの強い企業に集約していくということがよいと思います。

山﨑：防衛産業から撤退する企業を調査した時、撤退する理由は、将来の見通しが立たないということでした。次期戦闘機の企業連合もその次の開発の見通しがないとなかなか機能しないと思います。

次期戦闘機の兵装拡大や拡張性などの定期的なアップグレードをするなかで、次はT‐4の後継機を国内開発していくことが重要です。

次期戦闘機は、あらかじめ改修の自由度を重視事項に挙げたことから、日本主導の開発を実現することができました。同様にT‐4の後継機も次期戦闘機の改修の自由度に匹敵する項目を重視事項にできればよいと思います。防衛省が予見性を与えるような仕組みを作るべきです。

田中：各社企業が合同したとして、まず今回の次期戦闘機を作り、その後にT‐4のような小型航空機を作って、その間にヘリを入れるような連続性が担保されなければ技術と技術者を維持・継続できません。

ただ、航空機開発だけではとても合同企業を維持することはできず、防衛省の艦船、陸上車両などの分野も手がけることになるでしょう。それでも企業の維持は難しく、さらに多くの仕事量が必要です。

岩崎：このF‐X開発プロジェクト及び完成後のバージョンアップは政府と防衛省が先頭に立って進めるべきです。

山﨑：機体、エンジン、レーダーのすべてが国産で揃った戦闘機の開発は戦後の悲願でした。F‐2の国内開発が実現しなかった技術的な理由は、我が国に戦闘機用エンジンを開発する能力がなかったからです。

我が国は、Ｆ‐２の開発が開始された１９９０年から30年かけて戦闘機用エンジンを開発する能力をつけてきました。次期戦闘機の開発で培ったノウハウを、次のＴ‐４後継機の開発に活かすとともに、電子戦型派生機の開発、無人機管制型複座機の開発、レーザー兵器の搭載なども積極的に進めていけば、企業連合体としても常に仕事が継続していくと思います。

次期戦闘機開発事業の本格化──日米企業協議とＩＳＰ

森本：２０２０年に日米間で共同開発のリスクとコスト低減について話し合いがあり、脅威認識、相互運用性（インターオペラビリティ）、改修の自由度、情報管理、今後の研究開発などについても協議したようです。さらに、こうした共同開発に関する主要問題についての協議を踏まえて、日米の企業も含めた協議も行われたようです。しかし、新型コロナウイルスの影響で日米相互の訪問ができなくなったものの、オンライン会議で日米協議が継続され、２０２０年夏には日米の企業（防衛産業）間で協議を開始することになりました。

この日米の企業協議により、２０１９年12月から２０２０年１月頃にかけて開発計画事業の方向性が大きく変わり、１つの転換点を迎えたということはすでに指摘しました。その意味でこの日米企業協議は大変重要な意味を持っていたと思います。

桐生：FS‐Xのトラウマという視点からお話ししますと、当時はエンジン以外は国内開発が可能だということで意見が一致していました。しかし、いざ始めてみると、米国側がフライトコントロールのソースコードは出さないと言い出しました。このソースコードとは、航空機の中枢である操縦系統のプログラムのことであり、エンジンとともにフライトに欠かせないエッセンシャルなものです。したがって、おそらくFS‐Xの時は、米国側はこのフライトコントロールに不可欠な技術を与えなければ日本はFS‐Xを作ることはできないと考えていたと思います。今回の次期戦闘機開発はエンジンも国内でできます。CCV、X‐2とフライトコントロールは常に新しい技術に挑戦し、相応の成果を得てきました。したがって、米国からフライトコントロール技術を提供しないことで、日本に圧力をかけようとしても、意味がないということにやっと気がついたのではないかと思います。そうすると、彼らの次策としてはミッションシステム分野で主導権を握ろうとしようとしているのではないかと思っています。

確かにミッションシステムは実戦経験がないので足りないところはあるかもしれません。FS‐Xの時は、防衛省、防衛装備庁は、C‐1輸送機に載せて試験しただけで実用化させようとしましたが、F‐X開発にあたり、新しいレーダーなどをF‐2に乗せて飛行実証を行い、試作を進めてきました。さらに2020年からミッションシステムインテグレーションの研究試作にも着手しているので、日本側はこの分野の技術も蓄積しつつあると思います。

森本：ＩＳＰ（インテグレーション支援パートナー：ロッキード・マーティン社）とプライム（三菱重工）の契約は、まず米国政府の技術協力に関する許可が下りてから、実務的な協力内容が交渉されることになると思います。情報提供のみでは可能性がない。結局、共同開発というよりプライム企業が必要とする技術やパーツ、サブシステムをＦＭＳ（有償供与）で米国企業から買うというシステムもあり得ます。その場合、米国政府は、米国の企業が情報やモノを輸出する時には法制度上、許可を与える権限を持っています。この許可がどのような形で下りるかが日米協力の鍵になります。

２０２２年以降に日米でリスクとコストを分析評価するということになっていますが、それはプライム企業と米国企業のワークシェアの大筋が決まってからになるでしょう。

山﨑：次期戦闘機開発の開発プランニングでは開発のリスクとコストの分析評価を行います。防衛省と三菱重工、ロッキード・マーティン社で２０２１年当初から半年の期間で実施する計画です。目的は、開発計画の見直しとリスク及びコストの削減です。開発計画における考えられるすべてのリスクとクリティカルパス（最長経路、臨界経路。プロジェクトを進めていくうえでスケジュールに影響が出る作業経路）を網羅し、リスク及びスケジュール軽減策を検討します。

インテグレーション支援の内容は、開発プランニングの実施を通して、同時に調整され決定されることになると思います。開発はあくまで三菱重工が実施し、ロッキード・マーティン社はインテグレーションの支援で、製造分担するわけではありません。ただし両社の調整の結果、ロッキード・マーティン社が設計・製造の一部を分担する可能性はあります。この時には、ロッキード・マーティン社も設計チーム（FXET）のメンバーに入ることになると思います。

桐生：2021年1月1日、三菱重工名古屋航空宇宙システム製作所にエンジニアリングチームができました。国内各社からも参画を得て、小牧南工場の事務所をシェアする形になりました。

相互運用性の実現と課題

山﨑：ミッション・システム関係の研究はすでに2019年度から実施されています。研究結果を受けて開発に進むようなイメージです。この研究のメンバーと現時点の開発協力メンバーは少し異なります。ミッション・システムの研究の協力企業の8社は川崎重工及び通信・電子機器メーカーです。開発協力企業は現時点では7社ですが、設計及び試作が進むとともに増えていきます。

桐生：2021年1月にできたチームは、純国産で開発するという前提で、構想設計レベルの絵を描き始めていくことになります。契約もそのようになっています。この作業では米国の支援は必要ではありません。ただし、リンク16や米国から持ってこなければならないモノについては協議が必要になると思います。

森本：そこは、3つの分野で協力して共同開発するということになっていますが、あくまでインターオペラビリティは別でしょう。なぜなら、機密度が高ければ企業間ではなく、政府間で協議して、どういうリンク（Link）を作るかというシステムを決めたら機体の中に余積をとっておいて、そこに入れる。企業同士の協力は基本的にはないと思います。

山﨑：P‐1哨戒機の開発では、まず技本及び海自と米海軍でインターオペラビリティの研究を実施しました。米海軍のNIPO（Navy International Program Office）とP‐8SPO（Systems Program Office）が参加しました。開発中にも並行してインターオペラビリティに関する協議を継続しました。もともと海自と米海軍は運用構想を共有していますので、インターオペラビリティを確保するための技術的な事項について協議をしていました。技術開発官の時の部下に聞くと、かなり詳細に協議し、開発は成功したが、それでもていねいに作業を進めなければならない部分があったと述べていました。

森本：仮にシステム・インテグレーション、その他の問題について米国から何か知恵や情報をもらったりするとしましょう。しかし、インターオペラビリティの部分は双方で協力しなければできません。インターオペラビリティを強化するために共同開発を進めることは重要ですが、そのようにして共同開発機を作った場合、それを第三国に売るときには国防省の輸出許可をとる必要がありますね。

田中：インターオペラビリティに関連する部分はすべてクリアランスをとらなければならないと思います。ハードウェアの部分のインターオペラビリティは米軍のオープン・システムズ・アーキテクチャを使用した場合、ミッション・システムの中に入ってしまいます。

たとえば搭載レーダーなどでデータを得る場合、それを画像化するなど情報化してF‐35と共有するためには、F‐Xで得たデータがF‐35で使えるようにするシステムを作らなければなりません。これらのシステムは、F‐35と共通化するため、クリアランスが必要になる可能性があります。

山﨑：日米協議の実施に際して防衛装備庁は日米のインターオペラビリティとして、リンク16を要求していたようで、MADLは考えていなかったようです。米空軍と国防省は、それではインターオペラビリティが確保できないのではないかという意見だったようです。

田中：レーダーなどで取得したデータは全部基地まで持ってくることになっています。それを地上において解析して、そのデータをF‐35とも共通に使えるようにしなければなりません。海上自衛隊のP‐1哨戒機は取得したデータを基地の海上航空作戦指揮統制システム（MACCS）に持ち込み、センサーデータの解析・評価支援をしています。

山﨑：空自及び米空軍が考えるインターオペラビリティは主として戦闘空域での共同運用を考えてい

ます。たとえば次期戦闘機と米軍のＦ‐22やＦ‐35が戦闘空域でどのように共同運用するか、その運用構想を明確にして、そのためにどのような情報を交換するかを協議する必要があります。

田中：空自のＦ‐35のレーダーなどの取得データとの共通化が図れなければおかしい。

山﨑：まさにそのとおりですが、真偽のほどは確かではありません。防衛装備庁がＭＡＤＬの連接について日米で共同研究をすることを持ちかけた際に断わられた経緯があるそうです。

現在は、２０２１年度予算で、２０２１年度（令和3年度）～２０２２年度（令和4年度）の間、次期戦闘機と米軍が連携するための将来のネットワークについて、「ネットワーク構成検討」として、米国政府及び企業の協力を得て、米国装備品とのデータリンク連接に関する研究事業を実施する計画です。

岩﨑：ご承知のとおり、戦闘機は防空戦闘のみならず、ほぼすべての防衛作戦の核になるアセットです。我が国は米国と同盟国ですから米国とのインターオペラビリティは極めて重要な考慮事項です。

インターオペラビリティが確保できなくなると、それぞれが独立戦闘をすることになり、無駄が多くなります。このような観点からもＦ‐Ｘの設計チームに米国を入れるべきと考えていますが、仮に日本が独自で開発することになろうが、同盟国の米軍とは何らかのコミュニケーション手段（無線やデータ通信など）が必要なことは明らかです。

日本だけですべての開発は困難

田中：先ほど日本は国内ですべて開発ができるという話がありましたが、たとえばエンジンは米国で高空高速の飛行状態を模擬した環境で性能試験をしなければ試作機に搭載できません。

高推力の15トンエンジンのテストは日本ではできません。米国の支援は必要ないという日本側の姿勢で米国が本当に協力してくれるのでしょうか。また、ＲＣＳ（レーダー反射断面積）のステルス性についても実機模型を米国のＲＣＳ計測試験設備に持って行って計測しなければ、本当にステルス性があるのかどうかも分かりません。

日本で計算だけを基にして設計したステルス形状の次期戦闘機では、第5世代戦闘機はできず、第4世代機になってしまいます。

森本：コストの面より、リスクの方が大きいということでしょう。リスクがある時には最低限のアドバイスを受けなければならないということになります。

田中：次の問題は、電子機器などの装備品です。日本では、防衛生産分野から撤退した会社が多いので、電子機器も相当限られた範囲しかできません。そうなると、現在供給してくれるものを米国などから買ってくるのか、米国の会社に頼んで作ってもらうのかということになります。たとえば射出座席（ダイセルが新規生産から撤退）やヘルメットのバイザー内にディスプレイを投影表示するＨＭＤ（島津製作所が新規生産撤退を表明）はどうするのでしょうか？

日米間の協力は必須で、いろいろ米国側に協力してもらわなければならないところがあります。ＩＳＰ（インテグレーション支援パートナー）という形になるかは別にして、日米でどうまく協力していくか。第一級の戦闘機を日本が開発することは米国は望まないでしょうが、日本としてはできるだけ第一級の完成度に近づけていく努力は必要です。

山崎：ＩＳＰ、つまりインテグレーション支援は三菱重工の実施する開発のインテグレーションの支援で、これから支援の内容について三菱重工とロッキード・マーティン社が交渉して決定することになります。

三菱重工はインテグレーションを「家庭教師」に限定したいようです。ロッキード・マーティン社は家庭教師ではなく、設計チームのメンバーになって設計そのものの支援をする方が開発のリスクやコストの低減に貢献でき、開発を成功に導くことができると考えています。家庭教師でもメンバーでも1人あたりの経費は同じです。

森本：そうではなくて、家庭教師では米国企業は知識・経験・技術を日本側に提供するだけで金にはならない。それについて米国企業は全く想定していません。米国のＩＳＰは、第5世代機を開発した時に使ったソフト（レーダーや電子戦装備品）を日本側に採用するよう勧めています。その中にはＩＳＰの保有する施設や機材のアクセスも入る可能性はあります。ただ、日本側はこの部分は自主開発したいと考えています。もっともインターオペラビリティに関わる技術はＦＭＳで取得するつもりです。

一方、米国政府は米国企業が日本側に輸出する際の許可権限を有しており、その許可を下ろさないため、日本政府も米国側と協議を続けていますが、なかなかうまく行かないのです。ただ、こうした可能性をあらかじめ想定する必要があったので、日米で政府・プライム・ＩＳＰが協力して開発のリスクとコストを評価する作業を行うということにしていたのですが。

インテグレーション支援パートナーの役割

桐生：ＩＳＰは文字どおり、インテグレーションレベルの支援に関するパートナーであるため、知識・経験・インテグレーション技術・施設・設備などの提供が議論の主体になるのではないかと思います。ＩＳＰは製品には直接つながらないので、ロッキード・マーティン社のビジネスとして大きくはならないのではないでしょうか。設計フェーズがもう少し進んだ段階でサブシステムや部品の議論が出てくるのだろうと推察します。

田中：次期戦闘機の日米交渉はこれからで、まだこれからどうなるかはわかりませんが、うまくいかなかった時のことを予想して幅を持たせて考えておく必要があります。政府も含め、日米共同という意識をもってやってもらわないと、エンジンやステルス技術、装備品が買えなくなり、完成度の低い戦闘機しかできないということになります。

先に述べた韓国の次期戦闘機KF‐21は、米国の支援が得られず、搭載装備品、搭載武器を揃えられず、計画が難航しているようです。こういう状況に陥らないよう、日本も気をつけなければいけません。

森本：これから日本の企業の中で、基本設計の作業をする時に、どこの協力を求めるかということは主体的に日本が考えることだから、実際に協議をする前に日本側がある程度の見積りをして米国側や英国側と協議するということでしょう。ただ、その際、日本主導の開発という方針を維持しつつも、米・英の技術を柔軟に取り入れて第5世代戦闘機の実現に向けた努力をすることが重要です。

田中：三菱重工はこれからプライム企業として自分たちの構想を各社の設計技術者を集めて作ると思います。それと並行して、今回、RFIが出されている3社からの内容を見て、三菱重工と防衛省が選んだISP、つまり米国もしくは英国企業とどのような支援を得るのか交渉していくことになると思います。2021年以降は、日米交渉で参画の形態、ワークシェア、技術移転が激しく議論されることになると思います。以前、FS-Xで米国防省、GDとワークシェア、技術移転などについて議論されたと同じ状況になるのではないでしょうか。

プライム企業が決まり、日本側の各企業が納得できるような体制ができたことはよかったと思います。出向や出張ベースでの作業なので、各社との契約はまだ先のことになるでしょう。

山﨑：ISPの契約はインテグレーション支援であり、是非はともかく、その経緯からあくまでRFIで求めた範囲に限定されると考えるのが妥当です。もしも設計への参加などを米英企業に求める場合には、別途RFP（提案要求）を発出して選定を実施する必要があると思います。

またISPとは別に防衛省はサブシステムや電子搭載品については米国および英国の協力を得る考えです。2021年2月、日英両政府がAGUARという名称の日英共同プロジェクトについて言及したというニュースがありましたが、これは2018年3月から実施されている次世代RF（ラジオ周波数）センサーシステムの共同研究で、次期戦闘機及びテンペストに採用される可能性があるとしています。

日英では、エンジン開発への協力についても協議が進んでいるようです。また日本の構成品メーカーの中には、OMSが採用される可能性があることを前提に、欧米の企業との協業を模索する動きもあります。

いずれにしても、サブシステムや電子搭載品、構成品について米英の協力を得ることにより性能向上とリスク及びコストの低減が実現できるなら双方にとってよいことだと思います。

ただし、エンジンやレーダーのように機体設計に大きく影響を与えるシステムについては、協力内容が早期に決定されないとスケジュールの遅延につながり、コストアップの要因につながります。

共同開発と情報管理

森本：次期戦闘機の開発を通じて日本の防衛産業、特に航空機関連の産業界にとっていかなる影響を与えると思いますか？　また日本の技術開発の在り方にとってどのような意味合いを持つことになるのでしょうか？　今まで日本の防衛産業は戦後の平和主義を依然として引きずっていて、兵器を外国に売ることへの抵抗感が強い。いわゆるレピュテーションリスク（評判リスク）というものです。

その一方で、政府がＦＭＳによって米国から兵器を購入し、その比率が高くなるにしたがって、国内産業への発注が減り、防衛産業が衰退していきます。この問題の突破口は次期戦闘機です。むしろ、そうしないと国内産業も国防も自立性を失っていきます。次期戦闘機はその意味で大きな転換点になると思います。

さらに日米共同開発を進めるに際して、日本の情報管理体制に問題があります。秘密保全は重要です。特定秘密保護法を改正しなければならないかもしれない。あるいは、罰則を含むＭＯＵ（了解覚書）を結ぶか、新たにセキュリティ・クリアランスに関する法律を制定するかを検討せざるを得ない。しかし、これは日本側の問題であり、米国の情報管理システムはかなり厳しいので、これに対応できないといけない。

いずれにしても、日米協議の行方が重要です。これで双方の技術の持ち寄りや協力の仕方が合意されると開発の方向が見えてきます。問題は米国が現行の情報管理システムの中で、どこまで日本側に情報を開示するかはまだ明確ではありません。

田中：企業の情報管理がいちばん大事です。そこは、防衛省もちゃんと経費を負担して、しっかりした情報管理を企業が構築するよう指導することが大事です。特に中堅企業以下の装備品メーカーなどは自分の手持ちの資料の管理だけで手いっぱいで、米政府の情報管理と同等の管理を付加されるのは大変だと思います。

さらに重要なのはサイバー対策です。大企業はしっかりしていますが、中堅企業以下のサイバー対策は脆弱で、そこを踏み台にして親元の主要企業のコンピューターがサイバー攻撃にさらされます。そうやって重要な装備品の中枢の技術データが窃取されます。この点を踏まえて、防衛省、各企業はサイバー攻撃への対策をしっかり立てる必要があると思います。

なお、現在、防衛装備庁は、各防衛関連企業で保護対象非秘密情報（Controlled Unclassified Information）を適切にサイバー攻撃から保護するため、ＮＩＳＴ（米国国立標準技術研究所）が定めたＳＰ８００‐１７１と同等の規則に各企業が対応するよう種々の準備をしているようです。

情報管理に関連して、これまで議論されてこなかったのが日米政府間のＦ‐Ｘに関わるＭＯＵです。通常はここにＦ‐Ｘに関わる情報管理の規則が記載されます。

ＭＯＵの内容には、米国からどのような技術が開示されるか、その開示の範囲、米国側がどのような支援を日本に与えられるか、米国側のワークシェア、日本側の義務（日本の技術の開示も含む）、責任（日本の情報管理も含む）などが記載され、日米間のＦ‐Ｘに関わるバイブルであり、根拠になります。

たとえば射出座席の高速試験を米国で実施する際、Ｆ‐Ｘについて相手側に最初から説明する必要がなく、ＭＯＵに記載されているのでこれに基づいて支援してくれと頼めばいいわけです。

この取り決めを作るのは当初大変ですが、いったん決まるとプロジェクトはスムーズに動きます。ぜひともＭＯＵを取り決めて欲しいものです。

森本：そのためには日本のセキュリティ・クリアランスをどこまで米国側が信用するかということとコストパフォーマンスにかかっています。国防省は最後のクリアランスのカギを握っています。

さらに日本が米英両国と共同開発を進めた時、知的財産所有権の管理をどうするかということも重要です。米英ともそれを気にするでしょう。この問題は簡単に解決がつくものではないと思います。

山﨑：技術情報セキュリティについては英国も同様です。英国側も、テンペストにおける日英協力について日本企業の技術情報セキュリティが脆弱であることが問題だと発言しています。

防衛装備庁は、2021年度にNIST SP800-171及び-53に準拠する新たな企業情報セキュリティ基準を制定する計画ですが、基準を作っても今のような地方防衛局の監督では企業の技術情報セキュリティの状況を確認することはほとんど不可能です。

米国は2020年にCMMCというサイバーセキュリティ成熟度モデル認証制度を施行しました。現在、空幕装備部が同様の認証制度を設けることを検討中です。

川上：たとえばロッキード・マーティン社が開発したF-35のFACO（日本国内での組み立て）において、米国の情報管理は徹底しているため日本の大手企業も四苦八苦していました。人事管理・身元調査から、工場への出入りの認証、厳重な警備態勢、また物理的遮蔽や工具やごみ箱の種類に至るまで、米国側の指導や管理を受けたといいます。ある国内メーカーは、当初、情報管理が甘いとして許可されず、警備に関する相当の投資と保全措置を行い、数年かかって許可を得ました。

次期戦闘機では、大手はともかく中小企業で米国の基準をクリアするのは極めて厳しいと思います。

そもそも米国側は最先端の戦闘機技術は、英国やイスラエルにも供与していません。今の米国は情報管理に極めてナーバスであり、かつ他国との協力には自国のメリットになるか否かの要素が極めて大きいため、機微な先端技術は日本側に供与されない可能性が高いと思います。

ただ、コストはかかりますが、F-35で確立された汎用的な技術や経験の一部は、日本側が望めば厳しい情報管理を条件に提供されることはあると思います。

森本：いずれにしても、日本の情報管理には相当に改善の余地があります。これからの日米同盟やQUAD（日米豪印）や5EYES（米英加豪・ニュージーランド5カ国による機密情報共有の枠組み）への参加や産業発展を考えると、①セキュリティ・クリアランス、②非公開特許、③スパイ防止、④情報機関の統合、⑤装備移転原則見直しといったことを完結しないと国家の体制が整わないことになります。

こうした問題は次期戦闘機の開発を進めるためにも必須ということになると思います。

米・英両国との協議の現況と課題

山﨑：ところで、2021年末は、次期戦闘機（F-X）開発にとって重要な転換期を迎えました。2035年以降にこの時期を振り返った時に、防衛省が正しい選択をした結果、次期戦闘機の開発が成功したと評価されることを期待します。

まず日英協力について、2021年7月に日英防衛相会談が実施され、特にエンジンシステムに重点を置きつつ、次期戦闘機に関わるサブシステムレベルでの協力を追求するため議論を加速し、取り決めに向けた努力を行うことについて合意しました。英国防大臣は「さらにF-X／FCAS（テンペストのこと）のコラボレーション、共同を加速させようという話で合意をいたしました。特に、サブシステムレベルでの協力を進めようということでフォーカスが当たっておりますのが、エンジンシステムです」と共同記者発表で述べています。これを受けて、９月末に英国防省及びＢＡＥ、ロールス・ロイス社の担当者が来日し、防衛省および三菱重工、ＩＨＩと具体的な協力の内容や枠組みについて協議しました。特に、英国側はエンジンの基本設計からの協力を希望しており、どのような日英協力ができるか協議しているところです。

テンペストのエンジン開発・製造にＩＨＩが参加し、たとえば50パーセントほどのシェアを確保できれば、戦闘機用エンジンの生産・技術基盤の確立に寄与します。防衛省の交渉力に期待したいと思います。すでにプロトタイプまで完成しているＦ９をベースに協力することは、防衛省及びＩＨＩにとって、英国防省及びロールスロイス社との交渉を有利に進め、責任ある次期戦闘機の開発管理を可能にする方法であると考えます。そうならない場合には、結果として次期戦闘機の飛行試験が遅れる可能性があります。この意味で今後の日英協議が大変重要な時期に来ています。

次に日米協力については、２０２１年８月末まで実施された防衛省、三菱重工及びロッキード・マーティン社による開発計画における協議の中で、インテグレーション支援を含む開発協力について日本側とロッキード・マーティン社の考えに隔たりがあり、インテグレーション支援のＳＯＷ（Statement of Work：作業範囲記述書）の合意やＴＡＡ（Technical Assistance Agreement：技術援助契約）の取得という課題が残りました。

双方の考え方については、ロッキード・マーティン社が国防省の技術部門が示す枠組みの中でパッケージとして支援したいと考えていること、レーダーやEW（電子戦装備品）などの主要なコンポーネントについて開発初期段階においては米国製を適用し、その後日本製に置き換える手法をとらないと、スケジュール上のリスクがあるとの考えのようです。

一方、三菱重工はロッキード・マーティン社から座学とトレーニングを得られれば日本だけで開発は可能との考えで、設計への参加は期待していません。もちろん、座学とトレーニングだけでは、ロッキード・マーティン社は開発に責任を持てないとともにビジネスケースとしても成立しないと考えていると思います。

このため、防衛省は、日米両政府間で協議する必要があり、同年9月に鈴木防衛装備庁長官が訪米しました。日本側としては、今までどおり、空白が想定する次期戦闘機の役割と運用構想、それに必要な要求性能を前提とした時、将来における拡張性の自由度を確保するためにも、開発当初から機体システム、ミッションシステム及び、レーダーやEWなどの主要なコンポーネントについては日本主導の開発を基本としつつも、米国側の協力を得たいという考えは維持したままです。

したがって、開発リスクを低減するために第5世代戦闘機を開発したロッキード・マーティン社によるインテグレーション支援の枠組みを前提とした日米協力について、米国政府のTAA取得を得たいと考えています。鈴木防衛装備庁長官の訪米時の米国側の反応は伝えられていませんが、基本的には、米国防省は、日米相互運用性（インターオペラビリティ）確保の必要性、技術管理と輸出許可に関する立場と基準を説明したものと想像します。

日英協力については、大臣間の合意ができており、取り決め締結に向けて具体的な協議が進んでいますが、日米協力については、問題を解決していく必要がある状況です。日米両政府がその叡智を結集し、この状況を打開することが求められています。

２０２１年度から国際協力を前提とした構想設計その2が始まることを考えると、日米協力についても、「２＋２」などにおいて協議する必要があると考えられますが、このような時こそ、次期戦闘機及びその開発の意義や目的・目標、予想されるリスクとリスク低減措置、日米協力の在り方について、日米双方の案の比較検討を実施するなど再度検討してもよいと考えます。

本書の第2章以下で、それぞれの課題について分析がなされているので、重複は避けますが、開発が完了し初号機が配備される２０３５年以降の高度に競合する戦闘環境において、次期戦闘機がその能力を如何なく発揮して任務を遂行するとともに、我が国の戦闘機開発の生産・技術基盤が確立されることを希望しています。

第2章　日本の戦闘機開発と次期戦闘機の運用構想

1、航空防衛力の意義—多次元統合作戦を牽引

この章では次期戦闘機には「どのような任務」が期待されており、「どのような能力」を保有すべきなのかなどについて論じたい。

最初に、航空機がどのように戦争で運用されてきたかを振り返り、現代戦や将来の戦闘を予測し、将来における航空防衛力の意義とその中における戦闘機の任務・役割について述べる。

(1) 戦争における航空機の役割

1903年12月、ライト兄弟が初の動力有人飛行を成功させて以来、固定翼航空機は、当初は単に

空中を飛行するのが目的であったが、やがて、戦いの場で使われるようになった。最初は上空からの敵情の監視や偵察が目的であったが、上空からレンガや石を投下して、敵を混乱・攪乱するのに使われるようになり、次第に爆弾を投下して敵兵を死傷させたり、目標物を破壊する目的（攻撃）で使われるようになっていった。

当初の空中からの攻撃は、地上戦の補助的な手段であったが、第1次世界大戦以降、急速に航空機の性能が向上し、いろいろな運用法が研究され、有力な兵器として実用化されていった。第2次世界大戦では、この研究などがさらに多くの戦いの場に活かされ、それまでの戦闘とまったく異なる戦い方が繰り広げられることになったのである。そして、航空機を有効に使った側が戦いを有利に進め、勝利を手中にすることが多くなり、航空機の重要性が認識され始め、いわゆる「航空優勢」の有無が戦いの帰結を左右することになったのである。

第2次世界大戦まではプロペラ機の全盛期であったが、大戦中から研究試作されていたジェットエンジンが航空機に搭載されるようになり、特に戦闘機は朝鮮戦争からジェット機が主流となった。さらにベトナム戦争、湾岸戦争などを経て、航空優勢の確保がますます重要となり、航空作戦のみならず陸上、海上作戦も含め各種作戦を有利に進めるためには「航空優勢」が必須となり、航空優勢を失った側は、成す術がなく、相手方を混乱させるような、たとえば「ゲリラ戦」などの戦法を採らざるを得なくなっていった。

この戦闘機の進化のレベルを分かりやすく示すため、しばしば「世代」という用語が使われることがある。この「世代」という用語には必ずしも明確な定義はないものの、各世代ごとの概略の特徴が言い表されている。この用語が使われ始めたのはF－4が出現した頃からで、この時点から歴史を遡り、たとえば我が国で採用した戦闘機では、F－86F／Dは「第1世代」、次のF－104J／DJは「第2世代」とされ、F－4EJは「第3世代」と分類されている。その後、大出力エンジンと高性能レーダーを搭載するF－15J／DJが出現し「第4世代」と呼ばれるようになった。

そして、次にレーダーで発見することが困難なステルス技術が研究され始め、米国でF－117が1981年6月に初飛行に成功し、ステルス機の幕開けとなったのである。このF－117は主として攻撃（爆撃）機として運用され、湾岸戦争やコソボ紛争に投入され、相手方の防空網に発見されず、自由に行動ができ、敵領域に奥深く侵入し攻撃が可能で、多大な戦果を上げることができた。

このステルス技術をさらに進化させた戦闘機がF－22であり、そしてF－35である。これらの戦闘機は、敵のレーダー網（地上警戒監視レーダーや空中警戒機などのレーダー）に発見されずに敵の領域に侵入し、隠密裏の行動が可能である。そして、統合電子戦能力を有し、ネットワーク能力に優れた戦闘機である。これがいわゆる「第5世代」機である。

これまでの第4世代機までは、世代が進むにつれて、前世代戦闘機の能力をさらに向上・拡張したものであったが、この第5世代機は、これまでの戦闘機の進化とはまったく異なる次元の進化を遂げた戦闘機である。米空軍は、この第5世代機の各種運用研究を進めていくうちに、この戦闘機が開発前に期待していた運用構想の範疇を超える運用が可能との手応えを得ている。

このようなことから、米空軍は目下、運用構想を見直し中であり、さらなる運用及び任務の拡大のための能力向上策も検討している。この第5世代機は、これまでの戦闘機が演じていた航空優勢獲得のための空中戦闘を行うだけではなく、戦い全般の中心・中枢の役割が果たせる機能・能力を有するウエポンなのである。

このような観点から、第5世代戦闘機は、今後の空軍のみならず軍全体の装備体系をも変えていく可能性があるのである。たとえば、先進国の空軍は、戦闘機のほかに爆撃機、AWACS／AEW機（Airborne Warning and Control System：早期警戒管制機、Airborne Early Warning：早期警戒）、偵察機、ISR機（Intelligence, Surveillance and Reconnaissance：情報収集、警戒及び偵察機能）、電子戦機等々を装備している。しかし、この第5世代戦闘機は、このような装備品などの多くの役割を担うことが可能なのである。

現在、我が国が導入を進めているF‐35は、ステルス能力だけでなく、ネットワークやISR能力、SEW的能力（Satellite Early Warning：人工衛星早期警戒的機能）やAWACS／AEW機的な能力をも保有している。すなわち、F‐35を装備することによって、本機の有する能力をフルに発揮させることができれば、多様な運用が可能となり、今後の防衛装備体系全般を見直すことも必要になることが考えられる。これが第5世代機であり、これまでの戦闘機とまったく異なるところである。

我が国が、これから開発する次期戦闘機（F‐X）は、2030年代後半以降の運用が見込まれている。したがって、それ以降の時代の脅威に対抗できる戦闘機であることが必須である。

（2）航空防衛力の重要性

航空防衛力とは、「我が国の領域に、主として空から侵入するあらゆる脅威（経空脅威）を拒否し、もしくは撃破し、必要な地域、時間帯に『航空優勢』を確保し、我の活動（作戦）が自由にできるようにするため」の防衛力である。航空優勢の確保は、前述のように、現代においては陸海空すべての作戦の前提条件である。航空優勢がないなかでの各種作戦の遂行には、かなりの困難が伴うとともに甚大な被害を覚悟しなければならず、その際の作戦の成功率（目的達成率）は極めて低くなることが予想される。このような観点から、航空防衛力はすべての作戦を有利に遂行するため極めて重要な防衛力といえるのである。

２０１８年12月に閣議決定された「平成31年度以降に係る防衛計画の大綱」（以下、大綱）では、「防衛力は我が国の安全保障を確保するための最終的な担保」との考えの下、「我が国の領土・領海・領空を自主的な努力により守り抜く」としている。このために、真に実効的な防衛力として「多次元統合防衛力」（従来の陸・海・空に加え、宇宙・サイバー・電磁波という新たな領域を含む統合された防衛力）を構築することとした。そして今後の戦闘様相と我が国が保有する限られたアセット（資源）での対応を考慮すれば、各領域を横断的に運用できる能力、いわゆる「領域横断作戦能力」

が重要になるとの認識が示された。また「大綱」では、「我が国に対する攻撃への対応」の項で、「海上優勢・航空優勢を確保しつつ各種作戦を行う」との方針が、これまで以上に明確に打ち出されている。四面環海、島国の我が国においては、この「海上優勢」、「航空優勢」の確保は死活的に重要な要件である。さらにいえば海上優勢を確保するに際にも、航空優勢の有無が重要なポイントである。陸上作戦における航空優勢の必要性はいうまでもない。このように、航空優勢の確保は戦いの勝敗を直接左右し、この能力の保持は不可欠なのである。

(3) 航空防衛力における戦闘機の役割

航空防衛力の中にあって戦闘機はいかなる役割が求められているのであろうか。前述のとおり、航空防衛力の最大の役割は、航空優勢を確保することである。

そして、この航空優勢の確保の中心的役割は当然のことながら戦闘機が担っている。ここで我が国の戦闘機の導入経緯を振り返ってみよう。

F-86からF-104へ

第2次世界大戦前から大戦中には、零式艦上戦闘機(ゼロ戦)をはじめとする多くの名機を生み出した我が国は、終戦後、陸海軍は解体され、米国の占領下に置かれた。そして、終戦から3カ月後には、

ＧＨＱにより航空機に関する研究、生産、航空関連事業は民間航空も含め全面禁止とされ、日本の航空業界は、いわゆる〝空白の7年間〟に入ることになったのである。第2次世界大戦中に軍用機生産に従事した航空機の設計者や技術者などは大学の工学系の教職などに、そして航空機製造に従事した職人たちは、自動車産業や各種製造業、その他の業界に転身せざるを得なくなった。１９５０年（昭和25年）6月、ＧＨＱにより日本の航空会社による運航禁止期間が解除され、１９５１年（昭和26年）8月に日本航空が創立され、翌１９５２年（昭和27年）10月から国内線の定期運送が開始され、ようやく、航空関連事業が再開された。なお同年、ＧＨＱは「兵器、航空機の生産禁止令」も解除した。

一方、我が国は陸海軍の解体後、在留米軍の庇護の下、外敵から自身を守る組織がなかったが、１９５０年（昭和25年）6月に勃発した朝鮮戦争をきっかけに、同年8月、警察予備隊が創設され、１９５１年9月のサンフランシスコ講和条約によって主権を回復後、１９５２年10月に保安隊に改組された。

この保安隊は、海上保安庁の海上警備隊とともに１９５４年（昭和29年）7月1日、防衛庁の設置とともに陸上自衛隊（以下、陸自）、海上自衛隊（以下、海自）に改編されるとともに、航空自衛隊（以下、空自）も創設され、現在の三自衛隊の体制が整ったのである。

当初の空自は、保安隊や海上警備隊からの転身者と旧軍（陸海軍）の操縦者や航空機整備員などが中心となり隊員総数６７３８人、主要装備品は米国から提供された航空機１４８機で新編された。

戦闘機は、米軍が朝鮮戦争で使用していたＦ－86Ｆ（武装：ＩＲミサイル・機銃）で、当初は米国から無償供与（MAP：Military Assistance Program）されたものである。のちに全天候戦闘機であるF‐86D（武装：IRミサイル・機銃及び空対空ロケット）もMAPで供与され、この2機種により日本の防空任務が本格的に始動することとなった。

空自には、戦闘機だけでなく、駐留米軍により設置、運用されていた警戒管制用レーダーや通信施設なども徐々に米軍から自衛隊に移管されていった。空自のほとんどの基地（分屯基地も含め）には米空軍が駐留していたが、空自の創設以降は、米軍の基地に空自隊員が少しずつ配置され、1960年代後半頃まで日米双方の隊員が航空基地や分屯基地でいっしょに勤務し、空自隊員は米空軍から直接教育や訓練・指導を受けることができた。そして、米軍の駐留規模が徐々に縮小されるとともに基地や装備品などが空自に移管され、現在の空自の態勢を整えていったのである。

空自は創設当初、所要の防衛力を保有すべく、1960年代には戦闘機33個飛行隊、1300機体制を目指し体制整備を開始し、当初のMAP機以外にも米国からF‐86F／Dを導入、F‐86シリーズは500機を超える機数を装備し、全国の19個飛行隊で運用された。自衛隊の発足当初は、沖縄県はまだ米国の施政下であったことから、全国に3個航空方面隊（北部・中部・西部航空方面隊）を編成していた。F‐86F／Dの主任務は要撃戦闘（FI：Fighter Interceptor）であったが、各航空方面隊の1個飛行隊は、空対地・空対艦攻撃（FS：Fighter Support＝陸自・海自の作戦支援）を主任務にする部隊とされた。これが要撃戦闘機部隊（FI）と支援戦闘機部隊（FS）の始まりである。

F‐86戦闘機は比較的運動性能がよく、格闘戦闘にも強く、朝鮮戦争では大活躍をしたものの、大推力エンジンの出現とともに、戦闘機は徐々に音速を超える時代になっていった。F‐86は、亜音速戦闘機であり、次第に時代の趨勢に適合できなくなり、F-86Dが退役し、超音速戦闘機の導入が議論されるようになった。

そして機種選定の過程では紆余曲折があったものの、1959年(昭和34年)11月6日、次期戦闘機として米国のロッキード社製F-104Cの空自仕様機(F-104J)が選定され、国防会議で取得機数はJ型180機、DJ型(複座、武装なし)20機と決定され、1962年から逐次、部隊に配備され始めた。F-104はその後、J型30機の追加調達が認められ、総計230機が調達され、全国の5基地7個飛行隊で運用されることとなった。以降、F-104Jはその高速性能から、FI部隊として活躍することとなり、F-86Fは戦闘爆撃を主任務とするFS部隊として運用することになった。しかし、F-86Fはもともと1940年代後期に開発された亜音速戦闘機であり、航続距離がそれほど大きくなく、爆弾などの搭載能力にも限界があったことから、FSを主任務とする新戦闘機が必要との声が大きくなった。また、国内の航空産業界から我が国独自で開発をしたいとの要望が強くなり、次期支援戦闘機開発の作業が始まった。これが第1回目のFS-X開発である。

国内開発のF-1

当時の防衛庁技術研究本部(以下、技本)がFS-X開発に乗り出した。我が国が初めて取り組む超音速ジェット戦闘機である。我が国だけで開発ができるのかという疑問も呈されたが、戦前・戦中を経験した航空機設計者や操縦者らは、むしろ未知なるものへ挑戦する強い意志と信念を持っていた。このような、困難に立ち向かうチャレンジ精神は何かをやり遂げるうえで大きな原動力である。

技本は、失敗は許されないとの認識の下、この計画を慎重に進めた。まず第1段階で超音速飛行が可能な高等練習機（XT－2、のちのT－2）を開発し、次に、これをさらに発展させてFS機能（対地・対艦攻撃能力）を付加し、所望の支援戦闘機（FS－X、のちのF－1）の開発を計画した。

三菱重工が主契約企業となり、1968年から基本設計が開始され、XT－2は1971年7月に初飛行、11月に超音速飛行にも成功し、同年末には技本に納入され、その後、岐阜基地での技術・実用試験が実施された。

各種試験も順調に進捗し、1974年7月、防衛庁長官から部隊使用承認を受け、国産の超音速ジェット練習機T－2が完成したのである。

この時期、私はちょうど松島基地でのT－33練習機による基本操縦課程を修了、パイロットの証であるウイング・マークを取得し、幸運にも同基地で始まったばかりのT－2による戦闘機操縦課程に進むことになった。その後、約1年半に及ぶこの課程で、140時間を越える飛行訓練を行ったが、T－2は、私たち新人操縦者にとっても取り扱いが比較的容易で、運用初期ではあったものの大きな故障も少なく、飛行に対する不安もあまり感じさせない、戦闘機操縦者を育成するには申し分ない機体であると感じた。

一方で、当初の目的であるFS戦闘機（FST－2改）の開発も順調に進められ、1975年（昭和50年）6月に初飛行に成功し、戦後初の国産戦闘機F－1として完成、1977年から三沢基地で運用されることになった。

このT－2／F－1の搭載エンジンは英仏共同開発（ロールス・ロイス／チュルボメカ製）のアドーア・エンジンであり、石川島播磨重工業でライセンス生産されたものであったが、機体や装備品のほとんどは純国産であり、我が国の航空産業の技術レベルの高さを世界に示すことになった。

この頃から、空自が創設当初目指していた所要防衛力構想（戦闘機部隊33個飛行隊、1300機体制）の実現は、経費的に無理があり、より現実的な構想を模索すべきとの考えが出始めていた。防衛費は、警察予備隊から保安隊に改組した頃は対GNP比3パーセント弱であった。しかし、防衛費の対GNP比は、徐々に低下し1960年代初頭には1パーセントを若干上回る程度までに縮小していた。そして、1967年度予算では、ついに対GNP比は1パーセント以下となった。

この状態では、とても所要防衛力整備を達成することはできず、1976年（昭和51年）10月29日、「防衛計画の大綱」が国防会議及び閣議で決定されることになった。この「大綱」策定で、より現実路線の「基盤的防衛力構想」に移行することとなったのである。すなわち、平時においては、「基盤的な防衛力」を維持・保有し、有事にはこの防衛力の上にさらなる装備品などの増強を図り、防衛力を拡大させる方式としたのである。

F－4EJの導入

このような状況の中で、1960年代半ばからF－86Fも退役が始まり、1968年にF－4EJ

戦闘機の導入が決定された。F-4は朝鮮戦争や中台紛争などの近代戦の経験から、将来の航空作戦の様相は、中距離や遠距離からのミサイル戦になっていくと考えられ、F-4の当初の仕様は機関砲を搭載しておらず、武装は赤外線ミサイルとレーダー・ホーミング・ミサイルのみであった。

しかし、ベトナム戦では米軍のF-4が北ベトナム軍のMiG-19やMiG-21との戦闘で、いわゆる〝MiGタクティクス（ミグ戦法）〟に惑わされ、接近戦となり撃墜されるケースが多く発生した。空中での「ドッグ・ファイト（格闘戦）」ではミサイルは必ずしも有効でなかったのである。それは、IRミサイルでもレーダー・ミサイルでも、目標機まで一定以上の距離（ミニマム・レンジ）が確保できないと有効な射撃ができないからであり、これは現在でも同様であるが、現用の各種ミサイルのミニマム・レンジは、当時よりはるかに短くなっており、有効射撃範囲が格段に拡張されているが、当時のミサイルは、このミニマム・レンジが比較的大きかったのである。

このような理由で、格闘戦になった場合、機関砲を搭載していないF-4には不利な戦闘だったのである。そこで米軍は急遽、F-4に機関砲を追加装備することにした。しかし、完全な内装化は困難であり、とりあえず機首下部に搭載することになったが、かなり特異な形状となり、空気抵抗も大きかったものの、F-4が当時としては比較的大きな推力のエンジンを2基搭載していたので、運動性能に大きな支障が出るほどではなかった。

F-4は当初、米海軍が艦上戦闘機として採用していたが、比較的能力が高かったことから、米空軍も採用、さらに英国、西独、イスラエル、トルコ、韓国などでも採用され、総計で5000機以上生産された、第2次世界大戦後の〝ベストセラー〟戦闘機である。我が国では1969年末の国防会議で104機の装備が決定され、1971年7月に完成機が2機輸入され、実用試験が開始されるとともに、国内でのライセンス生産が始まった。

この我が国へのF‐4導入に関して、諸外国から見れば異常とも思える議論が、国内で沸き起こった。それはF‐4は「核兵器」が搭載可能であることと、「空中給油」能力を有することが問題とされたのである。F‐4は、空対空ならびに空対地攻撃用コンピューターを装備しており、かつ戦術核爆弾をも搭載可能である。F‐4以前の戦闘機・戦闘爆撃機は、空対地攻撃用コンピューターを有しておらず、爆弾を投下する際には、パイロットが風に対する偏流修正をして、投下していたので、命中率は必ずしも高くはなかった。F‐4は対地攻撃用のコンピューターを装備していたことから、爆撃の命中精度が格段に高かったのである。我が国では「核爆弾」が搭載可能であることと、命中精度が高いことが問題となったのである。

国会での議論の末、この対地攻撃用コンピューターを取り外すこととなった。これにより、通常爆弾の投下計算機能もなくなり、パイロットが推定する風を自分で修正し、爆弾を投下するので、F‐86、F‐104と同じレベルの命中精度となったのである。ちなみにF‐1は対地攻撃用のコンピューターを搭載していたので、爆撃の命中精度は他機種に比較し、はるかに高かった。

また「空中給油」に関しては、正確に言えば「空中受油」機能であり、空中給油機から空中で燃料補給を受けることができる機能である。当時、これが問題視されたのは、この機能があれば専守防衛の範囲を越えてどこまでも行くことができるとの懸念からだった。結果、この機能も封印された。

空自が使用できる戦闘機の数や滑走路がそれほど多くないことを考えれば、この空中受油により戦闘機の滞空時間を大幅に延伸できることなど大きな利点であったが、残念な決定ではあった。だが、シビリアン・コントロールの原則から、防衛省・自衛隊はこの判断に従わざるを得なかった。

F-15の登場

このような経緯を経て、政府決定どおりに改修（?）されたF-4EJが導入され、1973年10月にはF-4EJ最初の飛行隊が新編され、1981年までに追加装備36機を加えて130機を超えるF-4が納入され、全国の6個飛行隊に配備され防空任務に就いた。

その後、米国で制空戦闘・格闘戦のエースであるF-15が登場する。これまでの戦闘機からすれば、F-15は画期的な空中戦闘能力を有する戦闘機であった。搭載ウエポン（レーダー・ミサイルなど）、速度、旋回性能、航続距離、電子戦能力などに加え、維持・整備性、操作性、安全性に至るまで、申し分ない戦闘機であった。

この時期、空自では運用中であったF-104Jが耐用命数（機体寿命）に近づきつつあった。F-104の耐用命数は、飛行時間で2960時間であり、そろそろ後継機を検討すべき時期になっていた。

機種選定の結果、1977年12月の国防会議でF-104Jの後継機としてF-15を次期主力戦闘機とすることが決定され、直後に閣議了承された。1981年には空自仕様（F-15J）の2機がグアム経由で沖縄上空を飛行し岐阜基地に空輸された。

当初の10機はＦＭＳ（Foreign Military Sales：有償供与）で輸入され、以降は三菱重工名古屋工場でライセンス生産された。１９８１年12月にＦ‐15Ｊの最初の飛行隊としてＦ‐15臨時飛行隊（のちの第２０２飛行隊）が新田原基地に編成され、その後、Ｆ‐１０４の退役にともないＦ‐15への機種改編が進み、最終的に航空総隊隷下に7個戦闘飛行隊、1個飛行教導隊、航空教育集団隷下に1個飛行隊が編成された。総計で２１３機のＦ‐15Ｊ／ＤＪが空自に納入され、我が国は米国に次ぐＦ‐15保有国となった。

前述のように、Ｆ‐15はこれまでの戦闘機と比較し、格別な強さを誇る戦闘機である。一般的に戦闘機の強さとは、戦闘機固有の性能と操縦者の練度（技量レベル）により表すことができる。Ｆ‐4までの戦闘機は、機体そのものの能力もさることながら、操縦者の練度が大きく影響していた。Ｆ‐86Ｆは、射撃用の測距レーダーは装備していたものの、捜索・トラッキングが可能な空中レーダーを持っていなかったが、Ｆ‐86Ｆにベテランパイロットが搭乗し、空中レーダーを有するＦ‐１０４やＦ‐4に若手パイロットが搭乗し、対戦闘機戦闘訓練を行うと、Ｆ‐86Ｆが勝つことがしばしばであった。

１９８０年、空自に飛行教導隊が創設されたが、当時はＴ‐2を使用していたが、航空総隊隷下のＦ‐15、Ｆ‐4、Ｆ‐１０４部隊を訓練指導することができた。飛行教導隊には超ベテランの操縦者が配置されていたからである。

戦闘機同士の戦いでは、一般的には遠方で敵を発見できるレーダーを有する側が有利である。しかし、格闘戦になれば、せいぜい十数マイル程度目視できれば十分である。ところが、F‐15の出現により、いわゆる「鞍数」（飛行回数・飛行時間）ではなく、機体固有の性能が戦果に大きく影響するようになった。新人パイロットが乗るF‐15がベテランパイロットが操縦するF‐4と対戦しても、新人パイロットのF‐15が勝つことができるようになったのである。まさにF‐15は画期的な戦闘機なのである。

T‐2戦闘機操縦課程を修了後、私が最初に配置された戦闘機部隊は、F‐104部隊（第207飛行隊：那覇基地）であった。那覇基地では約6年間勤務し、F‐104での飛行時間は約1000時間で、その後、幸運にもF‐15に転換することができた。そして退官するまで約30年にわたり、F‐15に搭乗（F‐15での飛行時間、約1500時間）した。

私は戦闘機操縦者として、2機種の戦闘機に搭乗し、各種訓練や任務に就いたが、任務のなかでも最も緊張するのが、対領空侵犯措置の任務である。私の経験では、この任務の対象機は時には中国機や韓国機、米軍機（SIF〔敵味方識別装置〕を点灯していない米海軍機など）もあったが、多くはソ連機（ロシア機）であった。初めての対領空侵犯措置任務は、沖縄周辺に飛来したソ連のTu‐95で、かなり緊張したことを今でも鮮明に記憶している。この任務を那覇基地ではF‐104で、新田原基地と千歳基地ではF‐15で、合わせて100回近く経験した。

この任務の中で感じたのは、F‐15でのスクランブル（緊急発進）では、余裕をもって対象機に対応することができたことである。これはF‐104当時の私は飛行経験も浅く、実任務の回数も少ないことも理由として考えられるが、機体そのものの安定性や操作性もさることながら、F‐15に対する信頼感の大きさが、このような感覚をもたらしたものと考えている。F‐15は、そのくらい安心感がある素晴らしい戦闘機であった。

空自がF‐15を導入した当時の周辺地域の軍事情勢からすれば、F‐15は周辺国が保有する航空機よりかなり高性能であり、それが我が国の防空能力、紛争抑止力を格段に向上させたのである。

F‐1後継機問題

1980年代末から1990年代初頭にかけて、F‐1支援戦闘機が耐用命数である飛行時間3500時間を迎える時期に差しかかることが予期された。空自をはじめ多くの関係者は国産機であるF‐1の後継機は当然、また国産機をと考えていた。一般的に戦闘機は、機体開発から部隊配備までには10年程度の期間が必要であり、1982年7月の国防会議で「昭和56年度中期業務見積り（56中業）」が決定された。この中に「次期支援戦闘機（FS‐X）24機」が盛り込まれており、これが2回目のFS‐X事業の開始となった。

設計耐用命数が3500時間とされていたF‐1は、その後の機体強度などの再試験により4050時間までの運用が可能との結論を得たことから、FS‐Xの導入時期が先延ばしになった。さらに防衛予算が削減され、パイロットの年間飛行時間も短縮されるなどで、その結果、F‐1の運用期間を延長することになり、機種更新時期がさらに先送りとなったのである。

これらのことから1990年代初頭と見積られていた機種更新時期が大きく後退し、1997年がF－1の減勢中間点（機種更新が開始される時期と終了する時期の中間の時点）と見積られ、後継機の開発に時間的余裕が生まれることとなった。

この延伸された期間にT－2の改造機であるT－2CCV研究機で将来戦闘機に必要な各種技術的要素の研究が着々と進められた。このような背景からF－1の後継機であるFS－Xは国産で、との気運がますます高まったのである。

当時の空自の中には、我が国独自でF－15のような高性能機が作れるのかとの懸念もあったが、国内での整備維持基盤確保や就役以降の機体改修の自由度等々の観点から、国内開発・国内生産を望む声のほうが大きくなっていった。

当時、F－15は性能的にはまったく非の打ちどころがない戦闘機ではあったものの、たとえば国産の装備品を搭載するためには、ほとんどの場合、米国の許可が必要で、その時間もかかった。また、案件によっては米国から許可が下りない可能性もあった。我が国が必要な時期にタイミングよく改修できないことも考えられ、こうした理由からも国産（国内での設計・生産）が望ましいとの意見が圧倒的であった。

しかし、この時期は不幸にも、日米の経済摩擦が大きな政治・外交問題となっており、日米の政府間交渉では米国製品の購入を強要されていた。そして結果的にFS－X計画は、この渦中に巻き込まれ、いわゆる「日米FS‐X問題」に発展した。最終的には米国の要望に沿う結論となり、１９８７年夏頃、FS‐Xを日米共同開発とすることが決定された。

この日米共同開発とは、米国の現用の戦闘機をもとに発展的な改造開発により、FS‐Xを開発する計画であった。米国から即座にF‐15、F‐16、F／A‐18の改造案が提示された。我が国は、単発エンジンだったF‐１０４の事故や運用経験から、FS‐Xは双発エンジンをと考えていた。米国が提案した機種では、F‐16が単発であったが、ほかは双発であった。またこの時点で我が国はF‐15戦闘機の調達数を当初の１００機から１５５機に増加させた時期であり、後述する「３機種体制」の観点から、これ以上F‐15の機数を増やすのには否定的であった。

一方、防衛庁、特に空自内では、F／A‐18は双発であり、提案の3機種の中では最新であり、F／A‐18の改造による開発がよいのではと考えるようになっていった。ところが、不思議なことに米国から「F／A‐18は改造開発に適さない」との見解が示され、意外とあっさりと１９８７年10月、F‐16を改造して開発することで政治決着したのである。当時の日本側の運用者、技術者、政策担当者の中にF‐16案を考えていた人は、ほぼいなかったと思われる。

当時、私は航空幕僚監部（以下、空幕）防衛部で勤務し、主として戦闘機体系に関する計画作成や管理業務を担当していたが、FS‐X事業には直接関与していなかった。しかし、ある日の深夜、１人で庁内に残り、翌日の大蔵省説明資料（F‐15調達要求／F‐４のF‐４改への改修要求）を作成中に突然、上司から「FS‐X開発について、F‐15またはF／A‐18改造案に比較し、F‐16改造案が最適である」理由を示す文書の作成を命じられた。

私は部隊での勤務時に、F-15で何度か米海兵隊のF/A-18との戦闘訓練をした経験から、多くの速度領域での格闘戦では、F-15がF/A-18よりも若干有利ながら、低速度領域ではF/A-18はF-15よりも運動能力は優れていると感じていた。このようなことから、FS-XはF/A-18改造開発案がいいのではと考えていた。

しかし、F-16改造案の決定を受けて、早速翌朝までの数時間でF-16改造案の適合理由を述べた文書を作成し報告した。その要旨は以下のとおりであった。
①F-16は米空軍の中では空対地任務が主体の戦闘機として運用されていた（F-15は空対空任務が主体の制空戦闘機）ことから、我が国のFS-Xの運用目的に合致する。
②F-16は3機種の中で機体がいちばん小さく、空中での被発見率が最も小さい。F-15やF/A-18は正面からの面積は比較的小さいので、目視でもレーダーでも発見されにくいが、翼面積などが大きく、ひとたび旋回すれば20マイル先から目視でも発見が可能である。F-16の被発見率が小さいことは、空中戦闘でも有利であり、残存率も高くなる。
③（当時の）空自の戦闘機構成は、F-15、F-4、そしてF-1であり、もし、F-1の後継機にF-15改造機を選定すれば、機体構造上は2機種となってしまう。引き続き、3機種体制を維持するのであれば、F-15以外が適当である。
この三つの理由はその後、国防会議に諮られ、すぐに公表された。多くの空自操縦者は納得してお

らず、私はとても自分が書いたとは公言しがたい状況であった。今でもその記憶が鮮明に脳裏に残っている。私の自衛官人生で初めて、シビリアン・コントロールをじかに感じた出来事であった。

今になって考えると、当時、米国は当初からF‐16で決着したいとの意向を持っていたのではないかとも考えられる。F‐16はジェネラル・ダイナミクス（GD）社製であり、F‐15、F／A‐18はマクダネル・ダグラス（MD）社製である。当時の米国の戦闘機メーカーの景況は、MD社の一人勝ち状態で、一方のGD社は業績が伸び悩んでいた頃である。あの時点で米国政府はGD社を何らかのかたちで支援したいとの意図があったのでは、とみるのは考えすぎであろうか？

成功したF‐2戦闘機開発

1987年10月以降、本格的にFS‐X開発が始動した。この後の日米協議は困難を極め、交渉は何度も決裂状態となった。しかし、日本側には時間的余裕がなかった。F‐1の耐用命数は近づいており、どこかで妥協しないわけにはいかなかった。

この事業に携わり、日米協議を経験した多くの日本側関係者は、米国との交渉が容易にはいかないことを思い知らされた。FS‐X開発過程においては、さまざまな教訓が日米の関係者にもたらされた。米国は協議の過程と内容を冷静に分析・評価しており、米国として反省すべき点と、肯定できる点を教訓として残している。一方、我が国では私が知る限り、政府として、あるいは防衛省として、また防衛産業界として、しっかりとした分析・評価をしておらず、関係者の経験として残っているだけで、どちらかといえば、マイナスの記憶ばかりが多く残っている印象である。私はＦＳ‐Ｘ開発事業は、たいへん厳しい米国との交渉を経ながらも、最終的には高性能な戦闘機が完成したと考えており、マイナス面だけでなくプラスの教訓も数多くあったと考えている。

しかし、私見ながら、我が国では防衛産業関係者も含め全体的に、ＦＳ‐Ｘ開発でのトラウマ的教訓にとらわれたまま、現在のＦ‐Ｘ開発が始められているのではないかと危惧を抱いているが、それが杞憂であることを願っている。

ＦＳ‐Ｘ開発は、さまざまな困難を克服しつつ、その後約5年を費やし、１９９５年10月に試作機ＸＦ‐２が初飛行し、１９９６年３月に技本に納入され、岐阜基地で技術試験・実用試験が開始された。そして２０００年９月、Ｆ‐２戦闘機量産初号機が空自に納入された。

当初、空自では戦闘機部隊３個飛行隊、教育飛行隊１個飛行隊のほか、ブルー・インパルス用、飛行教導隊の増強用（現有のＦ‐15に加えＦ‐２も保有）、そして予備機などで約１４０機の取得を計画していたが、予算削減のあおりを受け、２０１１年度、最終号機が納入され、Ｆ‐２（Ａ型／Ｂ型）は合計で98機（試作機４機、量産機94機）の調達で生産を終了した。

Ｆ‐２は支援戦闘機として設計・開発されたが、その後の逐次改修や能力向上などを経て、現在では支援戦闘（対地・対艦攻撃）能力のみならず、要撃戦闘や対戦闘機戦闘（格闘戦）能力にも優れた戦闘機として成長を続けている。

Ｆ‐２は、米国との共同開発であり、前述のＦＳ‐Ｘ機種選定時点では米国はあらゆる技術を開示するとのことであったが、F‐16のフライト・ソースコードについては米国議会が、我が国への供与に難色を示したため、結果的に我が国で独自に開発することになった。技術的に高いハードルを乗り越え、このソースコードの開発に成功し、FS‐Xの開発を完了することができた。

F‐2のいわば頭脳ともいえるフライト・ソースコードを独自に設計開発したことから、運用部隊からの改修や能力拡大、搭載機器や弾種更新などの要望があっても、米国の政府や企業などに許可を求めることなく、予算処置さえできれば、部隊からの要望に応じ、所要の改修・能力向上などの自由度を確保できたのは、国産化がもたらした大きな利点である。一方、その後の米国の評価では、ソースコードの非開示は失敗だったのではとの見方が強くなっているという。

F‐2は、国産のアクティブ・フェーズド・アレイ・レーダーを搭載し、翼面積を大幅に拡大したことからF‐16に比較して格段に航続距離（滞空時間）が延伸されている。また、複合材の一体成型技術を採用し、かなりの軽量化に成功している。ほかにも、先進技術の適用、大推力エンジンの搭載など、F‐16をはるかに上回る能力を有する戦闘機となった。三沢基地で運用が開始された当初、搭載機器の不具合など初期故障がたびたび発生したが、米国からの技術移転に依存した部分は限定的であったため、改修の自由度が大きく、これらの問題も早期に解決できた。

データ・リンクを搭載し、アクティブ・ミサイル（AAM‐4）やターゲティング・ポッド（偵察機材）も搭載可能な機体もあり、すでに「第4・5世代」戦闘機に発展しつつあるといってもよいだろう。F‐15とF‐2両方に搭乗経験のあるベテランのパイロットたちから「F‐2は格闘戦であっても F - 15と甲乙つけがたい」とまで評価される戦闘機として育ってきている。

戦闘機の開発は、少なくとも10年の歳月を要する。最近の科学技術の進歩の速さを考えれば、10年を待たずして新技術が陳腐化していく時代である。今後は、開発期間中であってもその時々の新技術を採り入ることが可能な開発計画であること、また開発期間中の運用構想見直しまでも想定した柔軟な計画であることが望まれる。

航空機産業が自衛隊の運用能力を支える

第2次世界大戦直後、我が国は航空機の設計や生産、さらには航空機の運航すら禁止された。1951年にようやく民間航空が再開され、それ以降、徐々に航空産業が復活した。自衛隊創設後は、米軍から供与された航空機などの維持・整備が任され、製造もライセンス国産方式で行われるなど、航空機産業が育ち始めた。

米国の現用戦闘機を導入するたびにライセンス生産による製造と維持・整備を行い、少しずつ航空関連技術・能力を向上させていった。そして、YS - 11旅客機やT - 1ジェット練習機を国内開発することで、航空機産業基盤の拡充を図った。さらにF - 1やF - 2の開発を通じて、我が国独自の航空技術能力を向上させてきた。

この航空機産業界の力こそが、自衛隊の運用能力を支えているといってよいだろう。自衛隊の各部隊における航空機整備は、飛行前後の点検や定期点検であり、技術的に高度な整備や修理、オーバーホールなどは主に製造メーカーが担当している。

すなわち、各部隊における航空機の稼働率は民間の技術力の上に成り立っており、最新鋭の装備品の多くは、先端技術が用いられているため、民間の技術力なくして運用できない。湾岸戦争時、米軍の戦闘機や装備品の多くのメーカーは、米軍部隊とともに現地や周辺地域に技術要員を派遣し、部隊運用を直接的・間接的に支えたのである。

軍隊は本来、自己完結性を持つべきだが、最先端技術を将兵に習得させるには長期間の教育が必要となる。さらに、現在では比較的短期間で新技術が出現し、以前の技術、装備品が陳腐化する時代であり、継続的に技術の習得、向上させていくことが必要である。

戦闘に従事する将兵は、装備品の運用・操作に専念し、各部隊では装備品の簡単な整備能力は必要なものの、高度な整備や修理はメーカーの専門家に任せたほうが効率的である。この傾向は我が国でも同じで、今後は装備品維持・整備の分野は、部隊レベルでもメーカーへの依存度はこれまで以上に大きくなっていくであろう。さらに「軍用」、「民用」の区別が不明瞭になり、とくに最近注目されている宇宙・サイバー・電磁波の領域での対応を考えれば、一層「軍」の運用部門でも「民」への依存度が高くなっていくことが予想される。

次期戦闘機開発に寄せられる期待

現在の産業生産分野では、国際的な分業が急速に進んでいる。たとえば、航空機生産ではボーイング社の航空機構成品の約30パーセントが、我が国の航空機産業によって製造されている。我が国の主要産業である自動車の部品の多くは東南アジアなどで生産されている。このような国際的な分業は、効率的であり、経済的なのである。この分業体制は、国際的な依存体制ともいえる。つまり、他国に依存することにより、メリットも大きい一方、デメリットもよく認識しておくことが必要である。

昨今の半導体不足の問題は、その典型である。どこかに何かを全面的に頼ることは、それが何らかの理由で滞った場合、生産や事業、そして運用に大きな支障をきたすことになる。今後は、国際分業の観点のみならず、自国の安全保障の観点からも、最低限必要な機能、能力、技術などは自国で賄うことが極めて重要である。

戦闘機に関しては、我が国では2011年にF-2の生産が終了したため、新たな戦闘機製造の発注がなく、このままでは、我が国の航空機産業界から、特に戦闘機に関する生産・技術基盤が喪失する恐れが生じている。

最後の戦闘機生産からすでに10年経過し、最近では航空機分野から撤退する企業も多く出てきている。前述のように現在の戦闘機の運用は、民間の技術支援の上に成り立っていることを考えれば、このままでは我が国の戦闘機運用に支障をきたすことになるのは必至であり、危機的状況にあるいえる。

以上の観点から、次期戦闘機（F-X）開発は非常に重要な事業であり、多くの企業からの期待が集まるのは当然である。

戦闘機「3機種体制」の維持

前述のとおり、我が国の戦闘機部隊は空自発足時、33個飛行隊体制の建設を目指していた。しかしながら、1958年（昭和33年）～1976年（昭和51年）を対象期間とした「第1次～第4次防衛力整備計画」では達成できず、1976年の「大綱」策定以降は、「基盤的防衛力」として13個飛行隊を維持してきたが、予算などの削減により12個飛行隊となったものの、前「大綱」では再び13個飛行隊に戻され、現在はこの体制へ移行中である。

戦闘機の機種については、当初はF－86F／D、1機種で始まったが、F－4が導入されて以来、3機種で構成されている（図1参照）。機種更新時期を除けば、常に3機種を保有し我が国の防空体制を担ってきた。我が国の戦闘機の総数は必ずしも多くないため、「単一機種のほうが効率的ではないのか」という指摘は以前からある。確かに戦闘機の数からすれば、単一の機種のほうが経費や運用面では効率的であるが、この3機種構成を維持することによって、死活的に重要な「運用の柔軟性や強靭性、そして抗堪性」が確保できていると考えている。

仮にいずれかの機種に不具合が生じた場合、当該機種が全機グランド（飛行を停止、当該機種の点検整備、必要があれば修理・補修、部品交換などを実施）になる。その場合、残りの2機種の戦闘機部隊を全国の基地に展開させ、対領空侵犯措置などの任務にあたらせて、防空任務に穴を空けずに運用できる。これが運用の柔軟性である。

2007年（平成19年）10月、三菱重工小牧南工場でのF－2の定期修理（IRAN：Inspection

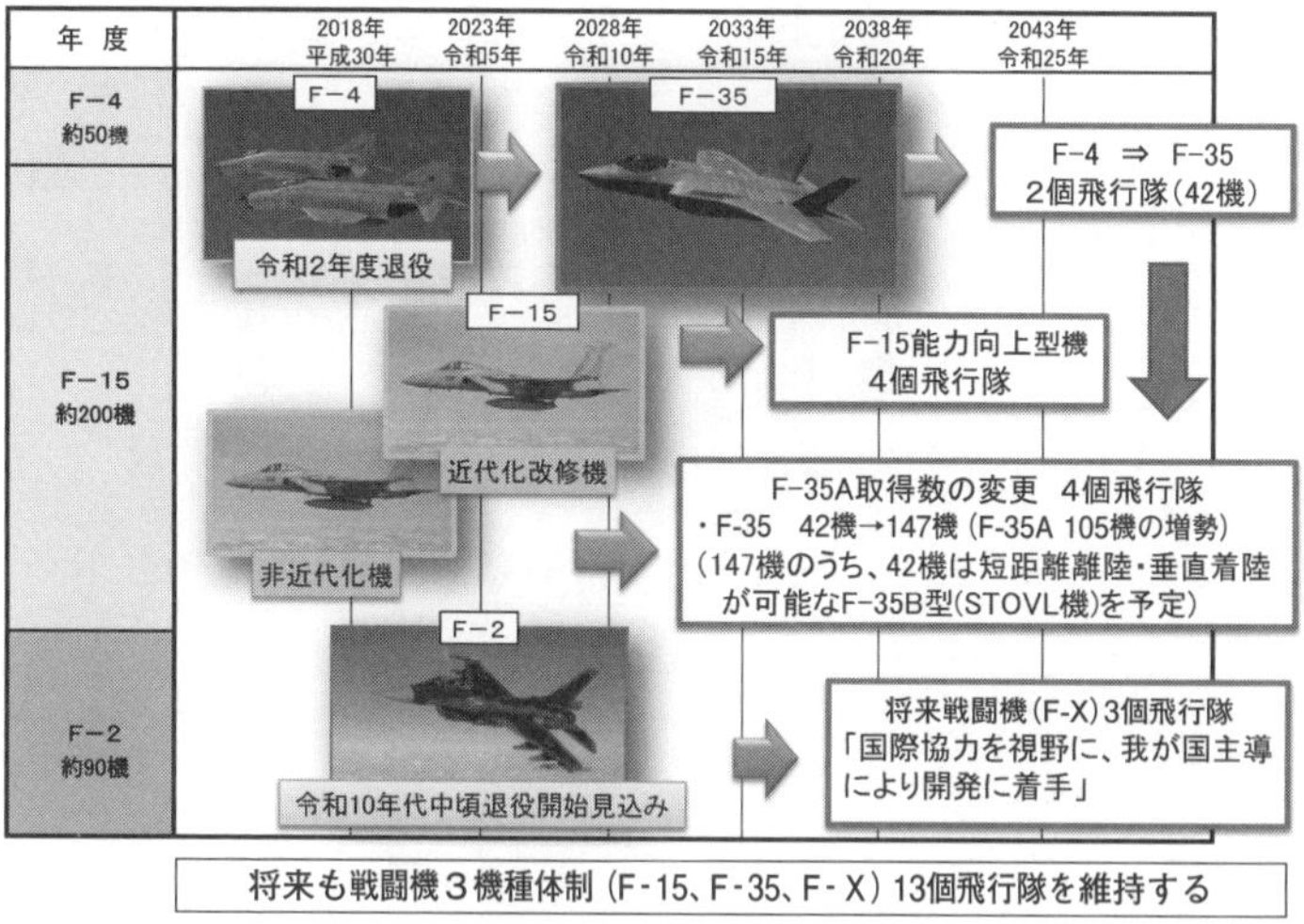

図1 航空自衛隊戦闘機の３機種体制

and Repair As Necessary）後、当該機が社内飛行試験の際、離陸に失敗して滑走路を逸脱、炎上する事故があった。当初は事故原因が不明（のちに調査の結果、操縦系統の配線に接続ミスがあったことが判明）のため、各部隊で運用中だったF-２は全機がグランドとなった。

また、主力戦闘機であるF-15でも、米空軍所属機が米国で飛行中、エンジン空気取り入れ口付近の胴体が折れ、空中分解し墜落する事故が発生したため、この直後から米空軍のみならず、日本はもちろんF-15を運用中のすべて国で同機がグランドとなった。

このF-２とF-15の事故は、発生時期が多少ずれていたものの、対応期間が重複し、F-２部隊もF-15部隊も飛行停止となり、その間は、F-４部隊がほぼすべての飛行訓練を中止し、全国の航空基地に展開し、対領空侵犯措置などの防空任務を担ったのである。

このようなことは、米空軍でも何回か起こっている。F-16に不具合が起きた際には、在韓米空軍の運用可能な戦闘機が不在となり、米空軍は急遽、米国本土からA-10攻撃機を韓国に再派遣したことがあった。複数のタイプの異なる機種を保有することは、非効率的な面もあるが、運用の柔軟性確保などの観点から、たいへん重要なのである。

空自は、かねてから3機種体制を維持しており、これらの事故の経験や対応事例、今後の運用環境を考慮すれば、今後ともこの方針を維持すべきである。

空自の最近の機種更新

現在の空自の機種構成を見れば、主力戦闘機であるF-15部隊を中心に、F-2部隊、そしてF-35部隊の3機種を保有している。

F-4の後継機選定は、2000年代初めから始められた。この時点での最有力の候補機種はロッキード・マーティン社のF-22だったが、F-22を外国に提供しない法律があるため、これを解除してもらう必要があった。故ダニエル・イノウエ上院議員の尽力で、2年連続で米議会上院においてこの法律の適用除外が可決されたものの、下院では2年連続で否決された。その後、ロバート・ゲイツ氏が国防長官となり、我が国へのF-22導入の望みは閉ざされた。

ゲイツ国防長官は、F-22は運用・維持経費がかかることと、今後、米軍が備えるべき敵は主としてテロリズムであり、長時間滞空監視・攻撃能力を有する無人機や戦闘ヘリを運用の主力に移すべきとして、F‐22の製造を187機で中止する判断をしたのである。

F‐22のステルス性能は群を抜いており、米空軍は当初、700機を超える調達を考えていたものの、極めて高価なため、逐次機数を減らさざるをえない状態となっていた。ゲイツ国防長官が生産凍結を決定する直前まで、米空軍は少なくとも240機は装備したいとの意向を持ち、もし空自がF‐22を導入することになれば価格低減の効果もあり、米空軍の中には我が国の計画に期待する幹部も多くいた。

我が国は、米国のF‐22の生産中止を受け、F‐4後継機の計画を再検討せざるを得なくなった。当時、私は航空幕僚長としてF‐4後継機の選定を遅らせることはできないと判断し、空幕と内局が一体となって機種選定作業にあたり、2011年(平成23年)12月の安全保障会議及び閣議でF‐4戦闘機の後継機としてF‐35Aを42機(2個飛行隊所要)の取得が決定された。

F‐35の導入・取得計画

F‐35は機体そのものの秘匿度が極めて高く、取得要領はこれまでのライセンス生産とは異なるFACO(Final Assembly and Checkout:最終組み立て及び検査)で行うこととされた。F‐35のすべての構成部品などは米国で生産され、三菱重工小牧南工場に搬入され、そこで組み立て及びその後の点検を行い、空自に納入される。

その後、2018年12月、「防衛計画の大綱」（大綱）の見直し及び「中期防衛力整備計画」（中期防）策定時にF－35の取得数を42機から、さらに105機プラスし、合計で147機（うち42機はF－35B〔STOVL=Short Takeoff and Vertical Landing：短距離離陸及び垂直着陸性能保有機〕）を導入することを国家安全保障会議及び閣議決定している。

この新規に導入するF－35Bは最大重量（燃料満載、武装最大搭載）でも極めて短い滑走距離で離陸可能であり、任務後の機体重量であれば、ヘリコプターのように垂直着陸が可能な機体である。

F－35Bの短距離離陸性能や垂直着陸能力は、攻撃を受けて分断された滑走路からでも離陸が可能で、戦闘機を運用できる滑走路の少ない我が国では、極めて有効な能力である。また、海自が保有する護衛艦「いずも」型の艦上でも運用可能である。このため、将来のF－35Bの搭載、運用を見込み、「いずも」の改修経費が2020年度予算で認められ、改修が進められている。

この増勢される105機のF－35A／Bは、F－15のうち旧タイプのF－15（preMSIP機：非Multi-Stage Improvement Program機）の後継としての導入である。空自では、これまでに213機のF－15を導入しているが、約半数が旧タイプで、残りの約半数が比較的能力が高いMSIP機（近代化改修機）である。空自は、このMSIP機をさらなる能力向上改修（搭載レーダー、ネットワーク、搭載ミサイル弾種拡大などの改修）を行い、引き続き運用する計画である。

空自では旧タイプのF－15の能力向上改修を検討をしたものの、旧タイプ機が搭載している各種システムがかなり旧式で、近代化改修やそれ以上の改修には莫大な経費がかかり、費用対効果の面から、これを断念した。

この増勢の105機のF‐35A／Bのうち、45機（A型27機、B型18機）を現中期防で取得することとされており、今後10～15年の間に策定される中期防で残りのF‐35A／Bを取得していく計画である。

結果的に今後の空自の戦闘機部隊は、徐々にF‐15部隊4個飛行隊、F‐35部隊6個飛行隊（A型4個飛行隊、B型2個飛行隊）、F‐2部隊3個飛行隊の、「大綱」が示す13個飛行隊体制に移行していき、今後ともこれまでどおりの3機種体制を維持する方針である。

なお、F‐35の取得方式は2018年12月、当初のFACO方式から経費低減などの観点から、完成機輸入に切り替えるとされたが、工程の見直しなど、三菱重工とロッキード・マーティン社との調整や努力により、FACO方式でも経費低減が可能とされ、この方式を継続することになっている。

2、今後の航空防衛力に対する期待

（1）我が国を取り巻く軍事環境

今後の戦闘機にはどのような能力が必要なのか、それを述べる前に現在、我が国を取り囲んでいる軍事環境と今後の予測について述べたい。

拡大する中国海空軍の活動範囲

中国は1980年代後半以降、目覚ましい経済発展を遂げ、この経済力を梃に軍の近代化・各種能力向上に努力を傾注するとともに、各軍の活動が活発化してきている。

中国の軍事費の増加傾向は、以前に比較し対前年比率が若干小さくなってきているものの、我が国や欧米先進諸国よりもはるかに高い伸び率を維持している。過去20年以上にわたり対前年比10パーセントを上回ることがたびたびであった。その結果、軍事費はここ30年で約50倍以上になっている。

1990年代の初頭当時、中国の海・空軍の行動範囲は、せいぜい沿岸からさほど遠くない周辺海域・空域であった。公海上に出てくることは稀であった。しかし、それから20年を経た2010年代になり、各軍種の装備品は近代化されるとともに、活動地域は急速に拡大され、中国海軍は東シナ海・南シナ海のみならず西太平洋地域でも自由に活動するようになってきている。

そして、空母「遼寧」を含む多くの中国海軍の艦艇が沖縄・宮古間の海峡を頻繁に通過し、いわゆる、第1列島線の外側の西太平洋でも活動している。また、日本海での訓練や第2列島線（東京～小笠原諸島～グアム島を結ぶ列島線）付近での活動や、時には第3列島線海域のハワイ沖までの進出も確認されるようになってきている。

2020年には、各国がコロナ禍で喘ぐなか、ハワイ沖に中国海軍の最新鋭駆逐艦を含む少なくても4隻が進出し、帰路のグアム島沖では米海軍のP‐8対潜哨戒機に対し、レーザー光線を照射する事件も起こしている。

中国空軍も同様であり、Y‐8/9偵察・情報収集機の活動が活発化しており、射程1500キロメートルといわれる空中発射型巡航ミサイルを搭載可能なH‐6爆撃機も西太平洋で活動するようになってきており、紀伊半島（この周辺からであれば、北海道のほぼ全域が当該ミサイルの射程内）に接近したこともあった。さらに、Su‐27/30などの戦闘機も航続距離が長大であることから、しばしば大型機に随伴し沖縄・宮古間を通過し西太平洋に進出するようになってきている。最近の中国機（海軍・空軍機）に対するスクランブル回数の急激な増加が、この中国軍機の活発化を如実に物語っている。

彼らの運用している航空機も逐次新鋭機に入れ替わり、戦闘機ではSu‐27/30、J‐10、J‐15などの第4世代戦闘機の総数は、すでに数年前に1000機（我が国の第4世代機以上の戦闘機数は300機弱）を超している。

また、中国が自ら第5世代と呼んでいるJ‐20ステルス戦闘機も部隊に配備され始めている。さらにH‐20ステルス爆撃機も開発中であり、精密誘導爆弾、長距離巡航ミサイルなどとの組み合わせを考慮すれば、我が方の対応は一層困難になりつつある。

また、中国は米ロが合意していた新START条約には関係なく、中距離ミサイルの配備を着々と進めてきている。2020年には中国内地から南シナ海に4発以上の中距離弾道弾を発射しており、この周辺（台湾周辺も含む）でのプレゼンスを示すとともに、Ａ２／ＡＤ（接近阻止／領域拒否）の実現のための努力を継続中である。このような中距離弾道弾は、台湾のみならず、沖縄の米軍基地や自衛隊の基地・駐屯地、そして、米海軍の艦船、とくに空母にとっては極めて大きな脅威となりつつある。

活発化するロシアの軍事活動

ロシアは１９９１年12月に当時のソ連が崩壊後、15年ほどは軍事的活動が極東方面だけでなく、欧州方面でも極めて低調であった。しかし、21世紀当初頃から天然ガスや原油などの輸出などで徐々に経済が復活し始め、次第に軍の活動が再開されるようになってきている。

そして、２００７年にはプーチン大統領が「常時警戒飛行」を宣言し、かつて行っていたＴｕ-95戦略爆撃機による欧州方面と極東・アラスカ方面の常時警戒飛行が再開された。これ以降、徐々に海軍・空軍の活動が、我が国周辺やアラスカ周辺などで散見されるようになってきている。そして、時には米国シアトル沖までの進出も見られるようになった。

２０１４年、２０１８年には大規模演習である「ボストーク演習」が行われた。とくに２０１８年の演習には中国軍も参加し、かつてない大規模なものとなった。２０１８年以降、中ロは毎年、合同訓練を行うようになってきている。２０１９年及び２０２０年には、日本海でロシア空軍機が中国軍機との合同演習を行った。２０１９年のこの演習の最中には、ロシア軍の早期警戒管制機Ａ-50が我が国の固有の領土である竹島領空を二度にわたって領空侵犯する事例も発生している。

ロシア軍はグルジアなどでの経験や反省を踏まえ、近代化とコンパクト化を進めるとともに機動性を重視した部隊編成に生まれ変わりつつある。極東地域にかつてのような大部隊を配備しているわけではないものの、ロシア機に対する最近のスクランブル回数は各年度で若干のばらつきはあるものの約300〜350回程度で推移してきている。

ロシアも第5世代戦闘機の開発をインドとともに行っており、T-50(PAK FA)の実戦配備も間近とされている。

核兵器と弾道弾開発を推進する北朝鮮

北朝鮮は、我が国にとっては最も顕在的な脅威である。この脅威とは「核」と「弾道弾」である。北朝鮮は、2006年10月に突如「核実験の成功」を公表した。この時、我が国の気象庁が観測した地下震動は1キロトン程度(広島・長崎に落下された原子爆弾の威力の1/10程度)であり、やや小さい震動であった。

この時、我が国をはじめとする多くの国の反応は、「核か否か」の判断がしにくいというものであった。その後も北朝鮮は、「核実験」を繰り返し、2017年9月に行われた6回目の実験後、北朝鮮は、「我々は水素爆弾の実験に成功した」と発表した。この時の振動は約160キロトン(広島・長崎型原子爆弾の約10倍以上)の威力で、基本的には原子爆弾の爆発では起こしにくいほどの大きさの震動であったのは事実である。

一連の北朝鮮の核実験に対し、危機管理を担当する機関、とくに防衛省・自衛隊は常に最悪の状況を想定して事前準備を進めている。ところが、米国も同様であったが、とくに我が国の軍事研究者や専門家の中には希望的、楽観的観点から、北朝鮮の「核」を認めたくないという考えが強くあった。しかし、このような楽観主義が北朝鮮の核開発を後押しする結果になったのである。

もし最初の段階で、強い態度で北朝鮮に対応しておけば、核開発を諦めさせたり、計画をもっと遅延させることができたかもしれない。我々は当初から、すでに北朝鮮は核爆弾を保有しているとして強い態度で臨むべきであった。米国の研究所の見解では現在、数十発の核爆弾を保有しているとの報告もあり、もはや北朝鮮の核兵器は実用段階に達していると見るべきである。

さらに、北朝鮮は「弾道弾」の試験発射を継続的に実施している。これまで北朝鮮はロシアから輸入したスカッド・ミサイルや自国開発のノドン・ミサイル、テポドン・ミサイルを実戦配備してきていた。スカッド・ミサイルの射程は比較的短く、最大飛距離でも我が国の一部がその射程内であったが、ノドン・ミサイルの射程は１３００キロメートルといわれ、我が国の領域の大部分をその射程範囲内に収めており、我が国にとって極めて重大な脅威となっている。

２０１０年以降、北朝鮮は弾道弾の発射実験を繰り返し、最近では固定発射施設から移動式発射装置（ＴＥＬ）による発射に変え、連続発射、潜水艦からの発射など、弾道弾の改良、性能運用性の向上に余念がない。

また、ロフテッド飛翔や低高度・不規則飛翔能力を有する弾道弾の開発・実験を繰り返し、全般的な長距離打撃能力を向上させており、極めて対応が困難な状況となりつつある。これまでロフテッド飛翔させたと思われる弾頭部は、飛翔時間などから推定すると高度4500キロメートル程度上昇したと考えられている。仮にこの弾道弾を適正角度（最大飛翔距離可能な角度）で発射した場合には、この高度の3～4倍の水平距離を飛翔させることが可能ともいわれており、これが事実であれば、この弾道弾はすでに米国本土も射程内に収めている可能性が高い。

2021年9月には、1500キロメートル程度飛翔する巡航ミサイルの発射実験に成功したと発表した。また、この数日後には、鉄道貨車に搭載した弾道弾の発射を発表した。この発射実験では弾道弾は800キロメートル程度飛翔したと思われ、また不規則な飛翔をしたもようである。さらに続けて、極超音速ミサイル、新型地対空ミサイルの発射実験を行ったと発表した。

北朝鮮の弾道弾や巡航ミサイルの第一の目標は、明らかに我が国と在日米軍及び日本国周辺に展開する米艦隊であり、飛翔距離や能力からみて、この迎撃はますます困難になりつつある。

（2）科学技術の進化・発展

第5世代戦闘機の圧倒的な技術力

科学技術の進化・発展が急速に進み、技術力で勝る側が相手を制する（勝利する）時代となって来ている。

Ｆ‐22が登場した時、「Ｆ‐15対Ｆ‐22」の戦いのシミュレーションが話題になったことがある。すなわち、第4世代戦闘機対第5世代戦闘機の対決である。シミュレーションの初期値の設定などにもよるが、0対100でこれまで「制空戦闘（格闘戦）の王者」と呼ばれていたＦ‐15が全機撃墜され、第5世代戦闘機の圧倒的な優位が強調された。

従来の第3世代戦闘機と第4世代戦闘機の対戦であれば、当然、第4世代機が有利であるものの、パイロットの技量でも結果が左右されることがあった。しかし、第5世代機になると圧倒的な技術力格差に個人の技量は及ばなくなってきた。技術力の勝利である。

第5世代機は空中戦能力のみならず、サイバー・宇宙・電磁波領域での対応能力も有し、何よりもネットワーク能力に優れており、これまでの戦闘機の概念を根本から変える兵器となりつつある。

我が国は、第1回目の「大綱」（1976年策定）以来、所要防衛力構想から基盤的防衛力構想へ移行し、少数精鋭主義を旨としてきている。すなわち、規模的には小さいものの周辺国よりはるかに優秀で高性能な装備品（たとえば戦闘機、艦艇、哨戒機、ネットワーク、ミサイルなど）及び「より厳しい訓練により高度な技術・技量、そして判断力を有する自衛官」により、我が国の国民の生命・財産を守るとともに我が国の主権・独立を確保し、安全で平和な国家を維持してきている。

将来の少子化や財政状況などの諸事情からすれば、我が国は今後も、このような考え方を踏襲していくものと考えられる。

3、F‐2後継機の運用構想

F‐Xは統合運用の中核となる

2018年策定の現「大綱」において「我が国自身の防衛体制の強化」が強調され、「我が国の優れた科学技術を活かし、技術基盤を強化することが重要」として「最先端技術をはじめとする重要技術に対して選択と集中による重点的な投資を行う」としている。

そうして、「中期防」の中で、F‐2後継機を「我が国の主導で開発する」ことを決定し、すでにこのための予算が2020年度から計上されている。ここではF‐2後継機の運用構想を述べるが、その前提になる我が国の安全保障に関する戦略について見ておこう。

我が国の戦略体系

2013年（平成25年）12月、我が国は初めて成文化した「国家安全保障戦略」（以下、戦略：NSS）を策定し、12月17日の国家安全保障会議及び閣議において決定した。この際、同時に「平成26年度以降に係る防衛計画の大綱」と「中期防衛力整備計画（平成26～30年度）」も一緒に閣議決定された。

「戦略」は国全体の安全保障に関する基本的な考え方を示したものであり、諸外国の戦略体系からすれば、この「戦略」を受けて、安全保障に関する各省庁が所掌する各種戦略を策定するべき位置づけのものである。米国であれば「国家安全保障戦略（ＮＳＳ：大統領の所管）」を受けて、国防長官は「国家防衛戦略（ＮＤＳ）」、「核態勢見直し（ＮＰＲ）」、「ミサイル防衛見直し（ＭＤＲ）」などを新たに策定し、または見直しをして、統合参謀本部議長がＮＤＳを実現すべき米軍の具体的な指針事項をまとめ上げ「国家軍事戦略（ＮＭＳ）」を策定することになっている。

今のところ、我が国では「国家安全保障戦略（ＮＳＳ）」を受けた国家としての戦略（たとえば外交戦略、経済戦略、エネルギー戦略、食料戦略等々）は、「インド・太平洋構想（FOIPS：Free Open Indian Pacific Strategy）」以外は策定されておらず、防衛の分野においてのみ、このＮＳＳを受けて政府レベルで「大綱」そして「中期防」を閣議決定している。

防衛省・自衛隊は、２００６年3月27日から統合運用を開始している。それまでは、自衛隊の運用・行動については防衛庁長官の命令をそれぞれ陸・海・空幕僚長が執行していた。そしてこの当時の陸・海・空自衛隊の関係は協力関係であった。この協力関係により、いずれかの自衛隊が「主」になり、他自衛隊が「従」の関係の場合には、任務を円滑に行うことができたが、３自衛隊が現場で対等な場合には、非効率的なことも多かった。

そこで、諸外国がすでに行っていた「統合」が必要であるとの要望が強くなり、「統合幕僚長・統合幕僚監部」を新設し、自衛隊の運用に関しては統合幕僚長が一元的に防衛大臣を補佐することとした。

これ以降、自衛隊の各種任務（作戦）行動は、統合で行うこととし、作戦や運用に関しては統幕長が防衛大臣の命令を執行することにしたのである。たとえば、有事の自衛隊の作戦運用はもちろんのこと、「災害派遣」、「警戒監視」、「対領空侵犯措置」、「国際平和協力業務（ＰＫＯ）」、「国際緊急援助」などの各任務が統幕長の執行する代表的な平時の運用任務である。

２００６年以降、統幕長、統合幕僚監部が自衛隊の運用の中枢となっている。次期戦闘機（Ｆ－Ｘ）は空自が運用の中心になることのみならず、統合運用（全自衛隊の運用）の中心的な役割を果たすことになる主要装備品である。この観点からも、Ｆ－Ｘ開発には、統幕長及び統合幕僚監部が深く関与すべきことは当然である。

（1）Ｆ－２後継機（Ｆ－Ｘ）に求められる能力

「第5世代プラス」が求められる

私は空幕長在任時にＦ－４戦闘機の後継機としてＦ－35Ａを選定に関与した。その後、新たな「大綱」策定時には政府の主催する「安全保障と防衛力に関する懇談会（安防懇）」にも参加し、今後の統合運用の観点から、領域横断作戦や島嶼防衛作戦などの必要性を説き、ＳＴＯＶＬ機導入の議論にも加わった。

結果的に防衛省・自衛隊は、Ｆ－35Ａ型／Ｂ型、合計１０５機の追加取得を決定した。これ以前の契約分と合わせれば、１４７機取得することになり、我が国は米国に次ぐＦ－35保有国となる。

F‐35は第5世代機であり、我が国の周辺国の戦闘機に比較しはるかに卓越した能力がある。我が国周辺の軍事環境及び将来予測からすれば、今後開発するF‐Xは少なくても「第5世代」、2030年代後半からの運用を考慮すれば、「第5世代プラス」であることが求められる。このF‐Xが部隊配置されれば、周辺国に対し優位を確保できるものと考える。

SA能力・ネットワーク化

戦闘機パイロットにとって最も重要なのは、状況認識（SA：Situational Awareness）能力である。戦闘機の編隊長（機長）の任務は、入手可能なすべての情報から現在の自己編隊が置かれた状況を正確に認識し、他編隊長との連携の下、適切な判断を行い、自己編隊の僚機に適時・的確な指示・命令を出しつつ戦闘に参加し、勝利することである。

この際、当該編隊の所属する地域指揮官に逐次、自己の行動方針を報告（通報）することは当然のことである。この編隊長には、自機のレーダーや各種センサー情報、僚機情報、地上レーダーやAWACSなどからの情報、友軍情報等々、戦闘に必要な情報がすべて、瞬時に提供されることが望まれる。そのためにはネットワーク化されていることが不可欠である。

ステルス性

我が国は、少数の戦闘機で圧倒的多数の戦闘機と戦い、勝利することが求められている。そのためには、できるだけ相手側から発見されず、我の企図を秘匿しつつ隠密裏に行動できる能力が必要である。すなわち、ステルス性である。このステルス性能は、機体そのものが発見されない物理的なステルス性とレーダーや通信ネットワークが相手方に探知されない電波環境的な秘匿性も必要である。とくに少数機での多数機との戦いに、勝利する絶対不可欠な性能である。

カウンター・ステルス能力

最近の航空機は戦闘機はもちろん、爆撃機もステルス能力を持つ機体が一般化しつつある。中国の第5世代戦闘機と呼ばれるJ-20／30や新型爆撃機H-20はどの程度のレーダー反射面積（RCS：Radar Cross Section）を有するかは不明であるものの、形状的には米国のF-22戦闘機やB-2爆撃機に酷似しており、形状上のステルス機能を有している可能性が高い。

このような環境にあって、最先端ハイパワー素子を使った高出力小型レーダーや多方向からの各種センサー（IR探知、イメージ探知、電磁波探知など）を駆使してRCSの小さな機体でも探知・発見できる能力が必要である。

高性能センサー・電子戦などの能力

各国の空軍は、戦闘機、偵察機（光学映像、レーダー映像、IR映像などの、電（磁）波の収集が可能）、情報収集機（ELINT、COMINT、SIGINT）、電子戦機（相手の電磁波利用を妨げ、かつ味方の自由な電磁波利用を可能とする能力を備える）、警戒監視・指揮統制機（ＡＷＡＣＳ／ＡＥＷ）など、機能別の各種の航空機を保有している。

しかし、今後の戦闘機には、このような各種航空機で行っていた任務をも代替できる能力を備えるべきと考えているが、現在の技術でも十分対応可能である。

Ｆ‐35は基本的には戦闘機ではあるものの、偵察能力も高く、各種センサーも搭載しており、はるか遠方の弾道弾が発出するＩＲをも探知できるセンサーを搭載するなど、マルチな任務が可能な戦闘機（プラットフォーム）である。Ｆ‐Ｘは、２０３０年代後半以降の作戦環境下で運用されることから、少なくとも現在のＦ‐35が有する以上のセンサーの搭載や電子戦能力を有することが望まれる。

航続・滞空性能

前述のとおり、我が国の戦力は少数精鋭主義である。Ｆ‐Ｘの主任務は数的に劣勢な状況下、必要に応じて必要な空域・時間帯において航空優勢を確保し、自衛隊が所望の作戦を遂行しやすい環境を作為することである。

また、被害局限の観点から、戦闘機部隊は予想される作戦地域から離れた地域に配備すべきであり、仮に配備基地が戦闘地域になる可能性が高い場合には、遠隔地に退避させるべきである。Ｆ‐Ｘは、防衛作戦の要になるウエポンであり、遠隔地域からの運用を主とすべきである。

このため、これまで以上の航続距離が必要となる。また、航続距離が長くなることは、運用の仕方によっては長時間滞空できることであり、長時間の戦闘が可能となる。したがって、空中給油なしでも遠く離れた戦闘地域へ進出し、当該戦闘地域にある程度長く留まり、所要の作戦を実施するとともに、任務終了後は再び遠距離にある母基地に帰投できる燃料量を搭載できることが望ましい。

双発の強力なエンジン

強力なエンジンとは、大推力と大電力を生み出すことができるエンジンである。超音速巡航が可能で燃費性能がよく、加速性能に優れ、相手方からIR（赤外線）が探知されにくい（可変ノズルなど）エンジンの実用化が必要である。

また、大推力エンジンを搭載することにより、搭載形態によってはSTOL（Short Takeoff and Landing：短距離離着陸）が可能となる。有事の際、滑走路が、ワンカットまたはツーカット（滑走路が1か所または2か所被弾すること）されても、残る滑走路で離着陸できる能力を有することが望ましい。たとえば、約3000メートルの滑走路が2か所被弾しても残りの約1000メートルを使用して運用可能になれば、運用の柔軟性を確保できる。必ずしも数的に十分な滑走路がない我が国では、たいへん重要な能力である。

また、多くの電子装備品は多量の高熱を発生するが、これを冷却する大電力が必要である。搭載エンジンにはこの大電力を供給できる能力が必要不可欠である。さらに作戦運用面からも基地対策などの観点からも、故障が少なく、かつ信頼性、安全性が高く、かつ低騒音化に配慮されたエンジンが望ましい。

クラウド・シューティング能力

最近の空対空戦闘は以前の戦闘に比較して、ステルス機能や各種の妨害が可能となってきていることから、射撃チャンスがかなり低くなっている。このような戦闘状況下で、高い火器管制能力を有し、クラウド・シューティング能力・機能を持つことは射撃チャンスを格段に高めることができ、極めて有効な機能である。クラウド・シューティングとは、データリンクなどのネットワークにより、種々の情報をクラウドに集積し、その蓄積されたデータをもとに攻撃する能力のことである。

この機能により、必ずしも当該戦闘機自身がミサイルなどを搭載していなくても、他機（戦闘機、無人機など）の搭載ミサイルでの攻撃が可能となり、多種多様な戦い方が展開できるため、数的劣勢を補うことも可能になる。

搭載ミサイルなどの能力拡大

第5世代機ではステルス性能を追求するため、ほとんどの機体ではミサイルなどは内装（機内搭載）している。内装化の問題は、搭載可能なミサイル数が制限されることである。数的に劣勢な我が国の戦闘機が限られたミサイルしか搭載できないことは大きな問題である。

このため、F‐Xには、大容量のミサイル格納スペースが必須であり、かつ搭載ミサイルの小型化を図ることができれば、さらに多くのミサイルを搭載でき、戦闘能力を強化できる。

また、このミサイル自体の高速化、長射程化も必要であり、将来的にはレーザー兵器、高出力マイクロ波兵器などの指向性エネルギー兵器の搭載も望まれる。これが実現すれば、地上に戻らずに武器の再充填が可能となり、長時間滞空能力と相まって少数機で効果的・効率的運用が可能となる。

(2) 開発にあたり考慮すべき事項

コスト管理

戦闘機の開発には莫大な経費が必要となる。これまでの大型装備品の開発では、当該装備品の全体開発費や戦闘機であれば1機当たりの価格が議論の中心となったが、いちばん大切なことは、その装備品の生涯経費(ライフ・サイクル・コスト:LCC)がどの程度になるかである。

その装備品の開発から運用・維持整備コスト、能力向上のための経費など、すべてに係る経費をいかに抑えるかが重要である。輸入品(FMSなど)は、導入経費(当初経費)を比較的低く抑えることができるものの、LCCや能力向上の困難性などを考慮すれば、必ずしも安価とは限らない場合もある。F-Xに関しては、当面の開発費だけでなく、むしろLCCなど、総合的な観点からの議論をすべきである。

最近の趨勢として、オープン・システムズ・アーキテクチャ(OSA)の活用である。これにより価格低減を図ることが可能となるとともに、運用開始以降でも、そのつど新技術を比較的容易に適用でき、常に最新の機能を付与することが可能となる。この際、秘密保全の観点から内容を厳密に確認する必要があることは言うまでもない。

また、我が国のみの戦闘機であれば機数が極限されることから、コスト低減は限られたものにならざるを得ない。我が国は限られた条件ではあるものの、いわゆる「新三原則」に適えば防衛装備技術移転が可能であり、この枠組みを積極的に活用することを視野に入れるべきである。また、必ずしも戦闘機そのものの完成機でなくても、F‐Xに搭載される個々の装備品や適用される技術などの国外移転も積極的に検討すべきである。

その際、我が国主導の（国際共同）開発であれば、もし開発参加国がこのF‐Xを購入・装備してくれれば機数増が望め、大きなコスト低減ができる可能性が高い。また、当該国とのインターオペラビリティ（相互運用性）がさらに増進し、これにより国家レベルでの信頼醸成などにつながり、相乗効果が期待できる。

改修や発展性・拡張性の保持

導入当初、FS‐X（F‐2）は、いろいろな問題をかかえていたが、我が国が主導して各種の改修や改善、能力向上を図り、素晴らしい戦闘機に育っている。F‐4は導入から50年を経過し、その任を解かれた。F‐15は、すでに40年を経過している。

今後の戦闘機もこれまでと同様、長期間運用される。また、最近の技術革新のスピードを考慮すれば、運用期間中にマイナーな改修から大きな能力向上改修まで、これまで以上に頻繁に行わないと周辺国に対する優位が確保できなくなる。

F‐Xは「我が国主導の開発」を決定しているものの、諸外国からの参入を阻むものではない。むしろ、外国企業の参画は大歓迎である。最強の戦闘機を開発するためには、諸外国の企業が有する世界最先端の技術が必要であるが、参入に際して、当該国企業からの情報開示が困難と予想される技術の適用は局限すべきである。あくまでも将来の拡張性や自由な改修・能力向上が可能な開発が望ましい。

将来戦闘への予見性の議論継続

将来の拡張性や改修、能力向上に最も重要なのは、防衛省・自衛隊、とくに空自のパイロットが常に将来戦を考え、F‐Xのさらなる能力向上を目指すことである。

前述のようにF‐2は、部隊（要求）努力と防衛省の予算処置、防衛産業が、たいへんうまく嚙み合って、素晴らしい戦闘機に育っているが、「本当に十分に育てることができたのか」と問われれば、必ずしも十分でなかった部分もあったと言わざるを得ない。

たとえば、現時点のF‐2レーダーは、周辺国が運用しているF‐16ブロック70のレーダーよりも能力が低いとの指摘があるが、事実であれば、防衛省・自衛隊として反省すべきである。

現状の財政状況を考慮すれば、防衛費も限界があり、必ずしもすべての要求が満たされるとは思わないが、改修の自由度があっても、現場を含めた運用側の能力向上の要求がなければ、結果的に戦闘において航空優勢を確保することができなくなる。

運用側は常に将来戦を見通し、戦いに勝利するためにはどのような能力が必要かを考え、常に最強の戦闘機にしておくことが求められる。運用側、とりわけこれからの戦闘機パイロットは、このことを肝に銘じ、世界の軍事環境、技術動向に常に目を向け、部隊に配備された次期戦闘機を最新・最強とするために何が必要かを考えながら訓練や各種任務にあたることを望む。

新開発方式の採用

最近の技術革新には目覚ましいものがある。「十年ひと昔」という言葉があるが、現代ではスマートフォンの進化などを見てもわかるとおり、日進月歩である。

今日の最先端の技術は、数年後には汎用となり、陳腐化が進む。これを考えると、次期戦闘機は2030年代後半頃からの部隊配備・運用が想定され、これから十数年後のことである。これまでの研究開発では、一度、運用要求や要求性能書を決めた以降、その変更は基本的には認められなかったが、昨今の技術革新を考慮すれば、開発着手当時は最先端だった技術も、運用開始時には陳腐化が始まっている可能性が大である。以上の観点から、次期戦闘機は開発途中でも、運用要求などの変更が可能な仕様書にしておくべきである。または、そのような取り扱いが可能な体制を整えておくべきである。

ここまで、現在考えられるベストの能力を記述したが、開発費などを考慮すれば、すべてを盛り込むことは至難かも知れない。開発期間が遅延することも考えられる。そこで、開発期間を可能な限り短縮するために、たとえばバージョン1.0、バージョン1.5、バージョン2.0のような段階的能力向上機を作ることも一案であろう。

旧態依然としたこれまでの開発スタイルを墨守するのではなく、新技術や新発想を途中からでも採用可能な柔軟な開発を目指すべきである。

第3章　Ｆ‐２開発の経緯と教訓

1、FS‐X（F‐2）日米共同開発の概要

　現在運用中のＦ‐２戦闘機は、国産のＦ‐１支援戦闘機の後継として開発されたものである。この開発プロジェクトは、支援戦闘機のＦＳ（Fighter Support）の略号を付け、「ＦＳ‐Ｘプロジェクト」と呼称されていた。

　プロジェクトの開始当初は国産開発という考えであったが、機種選定作業を進めていくうちに米国側からいろいろな案が提示され、国産開発、外国機の導入、共同開発などの選択肢から最終的に『Ｆ‐16をベースとした日米共同開発』が１９８７年（昭和62年）10月に決定された。

　１９８８年（昭和63年）から開発に着手したが、Ｆ‐２のベースとなるＦ‐16の技術資料を入手するためにワークシェア（開発・量産分担率）を含めた日米政府間の厳しい交渉が行われた。

F-16をベースに主翼をアルミから日本の固有技術の一体成形複合材にし、胴体全長も燃料搭載量を増加するため延伸している。レーダーは通常のパルス・ドップラー・レーダーから、これも日本固有の技術であるアクティブ・フェーズド・アレイ・レーダーを採用している。開発期間中、経費の高騰、主翼強度試験での不具合が発生し、開発期間が遅延するなどいろいろ苦労があったが、2000年（平成12年）開発が完了し、量産機が三沢基地に配備された。以後、不具合対策、能力向上が施され、現時点での空自パイロットからは、F-15Jと同等、もしくはそれ以上との高い評価を得ている。

ここでは、F-2の共同開発に至るまでの経緯をたどり、併せてこのプロジェクトから得られた戦闘機共同開発プロジェクト（何らかの外国企業の参画を考える場合も含む）を推進・実行するうえでの教訓を示したい。

2、FS-X開発の経緯

（1）共同開発までの経緯

米国防省、共同開発を日本に提案

FS-Xプロジェクトに関して日米の思惑は、最初からどの機体をベースにするかの最終決定（大

統領の拒否権行使の段階）まですれ違いであった。この思惑の違いはいろいろ輻輳しており、事象だけを追いかけていたのではなかなか分かりにくいので、まず経緯の概要を記す。

当初、日本側は、FS－Xは国産開発のF－1支援戦闘機の後継であり、かつ戦闘機3機種のうち2機種は米国機（当時はF－15とF－4）であり、残りの1機種は当然、国産開発することに国内的にも対外的にも何の問題もないと考えていた。

国内では、国産開発推進派はそれが技術的に可能かという疑問や不安を持つ人々をどう納得させていくかということに労力の大半を費やしていた。こういう状況に鑑み、当時の森繁弘航空幕僚長は、防衛庁技術研究本部に「国産開発は可能か」という異例の文書照会を行った。この国産開発一辺倒の雰囲気は、1986年中頃まで続いた。

一方、米国の状況については、今から考えると当初から「日本は開発を諦め、米国機を導入すべき」という考えを強く持っていた。極端にいえば戦闘機及びその技術は米国技術覇権の象徴そのものであり、他国がその覇権を侵すことは絶対許さないという考え方であったといえよう。

この米国の考えは防衛庁上層部には内々に伝えられていたようではあるが、国産開発か導入かは日本の主権に関わることであり、かつ日本国内ではいまだFS－Xプロジェクトは海のものとも山のものとも分からないプロジェクトなので、日本側関係者間では米国側のこの感触・意向は一顧だにされなかったといってよい状況であった。

その後、防衛庁長官と米国防長官の防衛首脳会談が何度か持たれ、米国側は「戦闘機の開発は米国でさえ技術リスクが高く、経費が高騰し、非常に長い年月を要する。このようなリスクの高いプロジェクトに投資するよりは、この経費をほかの装備品、弾薬備蓄などに振り替えた方が費用対効果はいい」と婉曲に再考を求めてきた。

この言い回しが婉曲すぎたため、日本側は米国側が日本にはその技術が不足しているということを心配しているのだと解釈し、日本が戦闘機開発技術を十分保持しているということを米国側に説明、納得させるために、何回も協議を重ね、時間と労力を費やした。

このような動きの一方で、日米間の貿易不均衡による経済摩擦、東芝のココム違反事案による影響から米国側では議会議員が地元の戦闘機製造企業のことを考え、日本には米国機を購入させるべきという意見が非常に強くなってきた。こうした圧力に対処するために折衷案として、米国防省は米戦闘機をベースにした改造機の共同開発を日本側に提案してきた。

この案でまとめようと防衛庁、米国防省上層部は日本側が受け入れ可能であり、米国側が満足する改造案を追求した。日本側は、F‐16をベースとした改造型の米国との共同開発を最終的に選択、FS‐Xに関する日米政府間の取り決めを締結した。

ところが、その後、F‐16の技術を日本に供与するFS‐X開発に関する取り決めに対し、米議会上院、下院で技術供与反対の決議が次々となされた。米政府は日本と再交渉し、議会を説得する材料を得て、議員を精力的に説得して回り、議会の反対決議に対して大統領が拒否権を行使した。これに対し議会では拒否権を覆す投票が行われたが、1票足りずにこれは実現できなかった。これにより、

1989年（平成元年）FS‐X共同開発のための取り決めは承認され、ようやく開発作業に着手することが可能となった。

（2）F‐16改造案決定と実務協議

第1段階　国内開発ムードの高揚

FS‐Xの国産開発の機運が大きく盛り上がってきたのは、1981年度（昭和56年度）から1982年度前半にかけて防衛庁で策定された56中業（昭和56年度中期業務見積り、1983年度から1987年度までの防衛力整備計画）の中にF‐1の後継機24機の調達が記載されたことにより始まる。

防衛庁内局担当部署は、空幕と協議し、運用中のF‐1の耐用命数（寿命）から、後継機が必要であり、公刊資料のデータを基にF‐16戦闘機24機の導入を中期業務計画最終年度（1987年度）に記載した。これがきっかけとなり、空幕はF‐1の耐用命数を精緻に確認することとなった。

F‐1の飛行中の荷重頻度を実機から計測したデータを取得するとともに、F‐1の構造の疲労強度（構造がどの程度の力〔荷重〕に何回耐えることができるか）について技術研究本部の協力を得て構造試験を行い見直した。その結果、耐用命数を設計時推定の3500時間から4050時間に延長することができた。これにより、当初想定していた1992年頃の用途廃止時期（機体の耐用命数から決まる使用限度時期）を1997年度頃へ延伸することが可能となった。

1984年（昭和59年）12月、空幕は関係参事官会議（事務次官を長とした局長レベルの会議）にこのF‐1の耐用命数検討結果を付議し、F‐1の耐用命数を設定した。また、F‐1後継機の導入が約10年後となったため、国内開発のための期間が確保できると判明したことにより、後継機として外国機の導入、国内開発を選択肢として調査を開始することとなった。

1985年（昭和60年）1月、森繁弘航空幕僚長（以下、空幕長）は空幕内の意見を集約するため支援戦闘機の国内開発が可能か否かについて、大森幸衛防衛庁技術研究本部長に「国産化の技術的可能性の検討」を依頼した。これに対し、同年9月、「エンジンを除き、国内開発は可能」と本部長は回答した。

これと並行して、同年9月に決定された61中期防（昭和61年度防衛力整備計画）に「支援戦闘機F‐1の後継機に関し、別途検討の上、必要な措置を講ずる」旨記載され、「国内開発」、「現有機の転用」、「外国機の導入」を選択肢として本格的な機種選定の作業が開始された。

外国機の導入の場合の候補機種をF‐16C（ジェネラル・ダイナミックス製。以下GD）、F／A‐18（マクダネル・ダグラス製。以下MDC）及びトーネード（パナビア製）の3機種と併せて決定した。

1986年（昭和61年）2月、前述の外国メーカーから質問書に対する回答書が寄せられた。米国メーカーの回答書の中に、現有機で対応が不足な場合は「Derivative（派生型）」で対応することも可能という文言が記載され、それ以上の説明がなかったため、日本側では、これが何を意味するのだろうとその真意をいぶかしむ雰囲気となった。これが、ＦＳ－Ｘの日米間での大きな波乱の幕開けの前兆であった。さらに同年３月に再度、各メーカーに質問書が発出された。

第２段階　日米共同開発へ（防衛庁と米国防省）

１９８６年（昭和61年）４月、加藤紘一防衛庁長官とワインバーガー国防長官との間で日米防衛首脳会談が持たれた。その会談の議題の１つがＦＳ－Ｘであった。ワインバーガー長官は「ＦＳ－Ｘの機種は日本が決定すべき問題である」と述べ、加藤長官は「戦闘機の技術資料収集には、米国の協力を期待する」と述べたとされる。これが、ＦＳ－Ｘに関しての政府高官同士での初めての議論であった。

同年５月、空幕は防衛部長を長とする候補機種に関する調査団を米国、西ドイツに派遣した。

同年７月、３社から再質問書の回答が防衛庁に寄せられた。米国メーカーの回答の中に前回答書で日本側に混乱をもたらした「Derivative」の内容の簡単な記述があった。これは、既存機をベースとして能力を向上させるため改造した派生型機のことであった。10月に防衛庁は、ＭＤＣ、ＧＤから派生型機に関する提案について直接ヒアリングを実施した。この時、ＧＤからワークシェアの話が突然持ち出され、日本側はワークシェアというものについて全く予期しておらず、またその認識もなかったため、ただ愕然と聞くだけの状態であった。

同年12月、防衛庁は、要望もしていないのに米国側が派生型を提案してくることを斟酌し、軋轢が生じていた日米間の状況を打開すべく筒井良三技術担当参事官を長とした技術チームを米国に派遣した。議論の内容は、日本側の運用要求を説明するとともに米国の既存機は日本の要求を満たさないこと、また日本による国内開発の内容、技術的成立性について米国防省技術チームに説明することであった。

この会議自体は米国側の理解を得て順調に終了したが、直後米国側から日本の運用要求は非常に厳しいもので白紙からの開発には多額の経費がかかると見込まれるとの否定的な見解が寄せられた。加えて、F‐16、F‐15、またはF／A‐18の改造型（派生型）を推薦するとの非公式な話も伝えられてきた。

これらの状況に鑑み、防衛庁は「開発（国内開発に共同開発も含める）」、「現有機の転用」、「外国機の導入」の三案の選択に基づき今後検討していくことを安全保障会議に報告した。引き続き、防衛庁は関係参事官会議を開き、「FS‐Xは日本が自主的に決定すること」を確認するとともに「来年3月米企業からヒアリング、日本企業にも準備に遺漏がないよう措置させること、基本方針は新規開発か改造開発、事業に着手となった場合は1988年度（昭和63年度）予算にその経費を盛り込む」との行程表を定めた。

明けて1987年（昭和62年）1月、国内企業が、FS‐Xに関する民間企業合同研究会（通称、五社研）が三菱重工業（MHI）、川崎重工業（KHI）、富士重工業（FHI、現スバル）、石川島播磨重工（現IHI）及び三菱電機（MELCO）によって組織され、FS‐Xについて共同で検

図1 国産開発案の機体想像図（石原ヒロアキ画）

討を開始した。

同年3月から4月にかけて防衛庁は、F‐16改造型についてGD、F／A‐18改造型についてMDC、新規国内開発案（図1参照）については五社研からヒアリングを行った。

この頃、栗原祐幸防衛庁長官は、FS‐X選定に関わる、いわゆる「栗原三原則」を防衛庁内外のいろいろな場で表明していた。それは次のとおりであった。

①純軍事的な見地から検討する

②日米の相互運用性（インターオペラビリティ）を確保する

③選定にあたっては内外の防衛産業からの圧力を排除する

この三原則はその後の防衛庁のFS‐X選定にあたっての基本方針となった。

同年4月中旬、米国防省は、日本の技術レベルを把握するため、米国防省のサリバン氏を長とする調査団を日本に派遣した。調査団は防衛庁、五社研のMHI名古屋航空機製作所、MELCO鎌倉製作所を訪問し、新規開発機の概要、開発するレーダーの内容を聴取した。サリバン調査団は、日本側に対しては現有の技術では戦闘機開発において不十分という見解を説明したが、米国に帰国後、日本の技術は侮れないと国防省に報告したとの噂が流れた。

これとは別に、ワインバーガー国防長官は東芝機械ココム違反の件（1987年日本で発生した外国為替及び外国貿易法違反事件。東芝機械が対共産圏輸出統制委員会〔ココム〕の協定に違反した工作機械を共産圏へ輸出し、これによりソ連の潜水艦静粛化技術が進歩し、米軍に潜在的な危険を与えたとして日米間の政治問題に発展した）で、栗原大臣に遺憾の意を表明する書簡を発出した。

日米関係が経済のみならず、防衛分野においても、軋轢が生じ始めたことで、FS-X選定に大きな影響を与えるのではないかと日本側関係者たちは危惧を抱き始めた。同じ4月、ダンフォース上院議員ら4人の米議員が日本に米戦闘機の導入を要請する公開書簡を中曽根首相に発出した。この微妙な時期に、中曽根首相とレーガン大統領との日米首脳会談がワシントンで行われた。中曽根首相は、この訪米の機会を利用し、ダンフォース議員らとも懇談した。

4月から9月の間、防衛庁では新たにF-15改造型の検討、国産案をベースとして日米共同開発する場合のケーススタディが行われた。6月、統合運用を含めた総合的見地からの検討を行うとして、村田直昭防衛審議官を長とするF-1後継機総合検討委員会が発足し、これまで空幕が中心となって検討していた選定作業を庁レベルに格上げして進めることになった。

同年6月、西廣整輝防衛局長が渡米し、日米防衛首脳会談の事前調整に続き、栗原・ワインバーガー両長官による防衛首脳会談が行われ、ワインバーガー長官は「FS‐Xは日本が決定するものであることは重々承知しているが、米国の戦闘機は日本の要求を十分に満足させるものと考えている。過不足があるならば、F‐15、F／A‐18、F‐16を原型機として日本の最新技術を採り入れ、徹底的に改造してみてはいかがと考える」。栗原長官は「せっかくのお申し出だから、ご提案の改造型を検討してみよう。その際、日米は栗原三原則を遵守することが大事である」と述べた。

この会談によって流れは国内開発中心から米国機を原型とした改造開発の検討が中心となっていった。

同年7月、日米経済摩擦が頂点に達し、米議会広場で日本製のカセットレコーダーが米議員らにより叩き壊される場面が何度もテレビで放映され、それまで日本側は経済と安全保障は別問題と考えていたが、経済摩擦がFS‐X選定にも大きく影を落とすことを認識し始めた。さらにその7月、米議会上院は、国防長官に日本側に米国機の導入を求める圧力を加えることを要求する決議を可決した。

同年8月から9月にかけて防衛庁の依頼で五社研の調査団が訪米し、MDC、GDにおいて改造型機の提案の説明をそれぞれ聴取した。

同年8月、イスラエルが米国から多額の補助金を受けて開発しているといわれていた国産戦闘機「ラビ」のプロトタイプ（試作機）の開発を中止したと発表した。イスラエルは、この戦闘機の完成に大きな期待を寄せていたとのことで、この突然の中止の背景には、米国との複雑な事情があったも

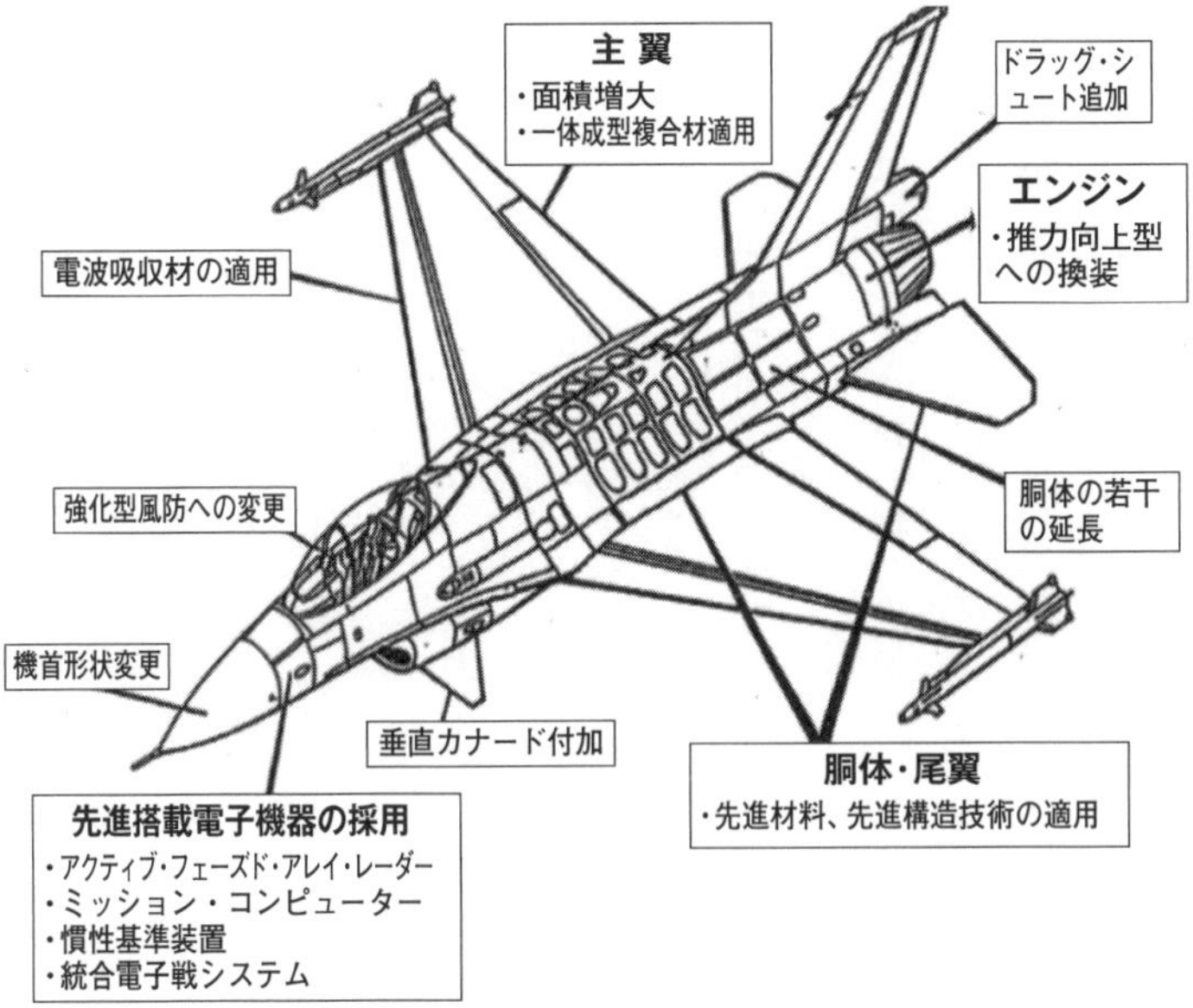

図2 防衛庁公表時のFS-X概要図

1986.10.21防衛庁公表資料より作図。垂直カナードは効果をほかの舵面で代替可能ということで開発中に外された。

のと推測され、日本のFS-X選定関係者にも緊張が走った。

同年10月、栗原・ワインバーガー両長官による日米防衛首脳会談が東京で行われ、F-15またはF-16の2機種のうちのいずれかをベースとして日米共同開発することで合意した。これを受け、防衛庁は米国防省、五社研、MDC、GDの専門家からなるFS-X日米専門家会議を開催し、F-15、F-16改造案について技術的な検討を行った。

これらの結果を受け、空将会議（空幕長を長とし、空将メンバーが出席）が空幕で開催され、運用者の立場からの検討後、参事官会議が開催されて防衛庁の基本的な考え方が議論された。

これらに基づき政府内で調整の結果、同年10月、防衛庁は「日米の優れた技術を結集し、Ｆ‐16をベースに日米共同開発を実施すること」を安全保障会議に報告した（図２参照）。

こうしてＦＳ‐Ｘ選定は日米間で一応の決着をみた。同年11月、早速、防衛庁装備局長は開発事業を早く軌道に乗せるため、ＦＳ‐Ｘ共同開発のＭＯＵ（Memorandum of Understanding：了解覚書）作成の調整のため訪米した。日本側にとっては、一時的ながら、胸をなで下ろした時期であった。

同年12月、再びダンフォース上院議員ら12人が連名でＦ‐16改造による開発を憂慮する旨の書簡をカールッチ国防長官に発出した。

一方、日本側では共同開発の準備が進められ、最初の作業として防衛庁から、基本構想設計のための経費が追加で概算要求された。12月中旬、安全保障会議においてＦＳ‐Ｘ開発着手を決定し、同月末、昭和63年度政府予算案として１０７億円の基本構想設計費が計上された。

第３段階　日米共同開発の始動

１９８８年（昭和63年）１月、米国防省専門家チームが来日し、ＭＯＵの枠組み作りが開始された。日本側からは、Ｆ‐16の技術資料提供を依頼するとともに、米国側からは、日米共同技術運営委員会（TSC：Technical Steering Committee）の設置などが提案された。

しかしながら、この時の最重要討議事項は、米国側は日本が意図しているのは小改修型（既存のＦ

‐16に日本側が求める仕様の無線機などを搭載する小規模の改修型）だと考えており、日本側は主翼などの面積を増大させ、胴体も燃料搭載量を増加させるために胴体の延長を図る大改造を考えていたため、その認識の不一致をどう解消するかの議論であった。

この認識の違いを埋めるのに、会議を重ねること数カ月を要した。その一方で、同年1月、瓦力防衛庁長官とカールッチ国防長官との日米防衛首脳会談が行われ、日米共同開発を推進することで一致した。2月、米国防省担当者が来日し、米国側ＭＯＵ案を防衛庁に説明した。ここで初めてワークシェアについて米国側開発分、量産分を希望することを数字で示してきた。

4月、防衛庁航空機課長が訪米し、それまで担当者間で調整してきたＭＯＵ案をまとめ、ワークシェアについては日米合意議事録に記載すること、複合材主翼開発には米国側も参画することなどが合意された。

6月に再度、瓦・カールッチ両長官による日米防衛首脳会談が行われ、ＭＯＵについては大枠で合意し、開発分担比率は口頭確認とし、新しく生み出された技術は米国に提供することが約束された。

これを受けて防衛庁、通商産業省、外務省の間でＦＳ‐Ｘの技術を米国にどのように供与するかについての検討が開始された。11月、防衛庁航空機課長が再度訪米し、主翼についての日米作業分担、ワークシェアの細部について調整した。

これらを受け、11月、日米政府間でＦＳ‐Ｘ日米共同開発に関する取り決めの交換公文及びＭＯＵが締結されるとともに、防衛庁は事業に関わるプライム企業としてＭＨＩを、協力企業としてＫＨ

I、FHI及びGDを指名した。

併せて同月、MHI、GD間のライセンス技術支援契約（LTAA契約：License and Technical Assistance Agreement：MHIへのF‐16に関わるライセンスの提供と技術支援の契約）の交渉が開始された。

また同月、GDが強い関心を持っている主翼開発について防衛庁、米国防省、MHI、GDの四者協議が行われた。この席で決まった方向性としては、米国側も主翼を製作することになったが、主翼製造技術をどの段階（技術的に固まった製品開発後か、それ以前か）でGDに提供するかが議論になった。さらに防衛庁装備局長が訪米し、米国側が製作分担する主翼の枚数が議論となったが、結論には至らず、12月末、米国防省国防次官補代理が来日し、装備局長との間で再び主翼枚数とワークシェアが討議され、ようやく決着をみた。

第4段階　米議会・商務省の介入

1989年（平成元年）防衛庁装備局長と米国防省国防安全保障援助局長官（DSAA：Defense Security Assistance Agency）との間で主翼関係についての合意が書簡で確認された。これに基づきMHI、GD間のLTAA契約の締結、両企業間での細部ワークシェアの取り決めが成された。

1月中旬、米大統領がロナルド・レーガン大統領からジョージ・H・M・ブッシュ大統領に代わった。ブッシュ新政権の閣僚（国務長官）候補のジェイムズ・ベーカー氏が議会指名公聴会でヘルムズ上院議員からFS-Xの技術供与について質問されたが、返答できず、日米間で交わされた取り決めの内容を再検討することを約束した。

また、タワー国防長官候補にも同公聴会でビンガマン上院議員からの同様の質問があり、再検討する旨返答した。さらに2月には、ビンガマン上院議員を筆頭とする上院議員12人がブッシュ大統領にFS-X取り決めを再検討することを書簡で要請した。

こうした動きがあるなかで、同月、竹下首相とブッシュ大統領との首脳会談が行われたが、FS-Xは特段議題とはならなかった。なお、竹下首相はFS-Xに関する取り決めを問題視する上院議員とは特別に懇談を行った。一方、議会で任命承認を受けたベーカー国務長官は、宇野外相に量産時のワークシェアを開発時と同じにすることを要求したが、外相はこれを拒否した。

同2月、米政府内では大統領府、国防省、国務省、商務省などの関係省庁が集まり、FS-Xの取り決めについての検討会議が発足し、今までFS-Xについてはほとんど情報を提供されなかった商務省が取り決めの見直しを強く主張した。

並行して、上院議員20人が、FS-X取り決めについて事前に検討する時間が必要なので、大統領府が同取り決めの議会への通告を60日間延期するよう要請する決議案を上院へ提出した。下院においても大統領府が議会へFS-X取り決めの通告をすれば、下院議員24人による対日技術供与不承認の決議案を提出する旨の書簡をブッシュ大統領に送付した。

2月末、昭和天皇の大喪の礼に参列するため、訪日したベーカー国務長官は再度、宇野外相に量産ワークシェアを開発時と同様にするよう要請したが、宇野外相は再び拒否した。

3月に入り、米マスコミがMHIがリビアの化学工場建設に関わっていると報道し（後日誤報であることが判明）、上院議員が本件についての調査が終わるまで共同開発を凍結するよう要請する書簡をブッシュ大統領に送付した。

また同月、ダンフォース議員らは商務長官に政府間合意の修正をする権限を付与する法案を上院に提出した。下院においても同様な法案が提出された。

3月中旬、米政府の日米取り決めに関する見解がエイドメモワール（覚書き）として日本政府に伝達された。内容は量産ワークシェアは開発時と同じに、日本の固有技術はレーダーなど4品目、それ以外はF‐16をベースとした成果技術とするというものであった。

同月、西廣防衛事務次官が訪米し、エイドメモワールに対する日本側の立場を説明、量産ワークシェアは開発時より低く、エンジンのライセンス生産を認めること、F‐16のソフトウエアを開示することを要請した。しかしながら、次官は米国側と合意できず、継続協議となった。

次官の帰国後、防衛庁は将来、米国が戦闘機エンジンの技術非開示、輸出禁止をした場合に対応するため日本が独自に国産エンジンを開発するための研究・試験施設（現防衛装備庁千歳試験場空力推進研究施設）の建設を決定した。

同3月末、防衛庁はFS‐X関連日本企業の担当分野をMHIは前胴、主翼下面、最終組み立て及び飛行試験、KHIは中胴、FHIは主翼上面、尾翼と決定し、引き続き、前述の次官訪米結果をもとに米国もＦＳ‐Ｘ共同開発を継続するということで、開発試作契約をＭＨＩと締結した。

3月末から4月にかけて、日本政府においてエイドメモワールに対する各省庁の対応調整に官房副長官が乗り出した。参集メンバーは、内閣外政審議室長、外務省北米局長、通産省機械情報産業局長、防衛庁装備局長であった。米国側の量産ワークシェア要求、操縦装置のソフトウエア（フライト・ソースコード）不開示、成果技術はすべて米国側に提供という要求に対し、日本側として、シェアには同意、エンジンについてはライセンス生産が必須、Ｆ‐16ソフトウエアの開示も必須、成果技術は適切に提供との対応案をまとめた。

これを受け、装備局長が訪米し、エンジンのライセンス生産と操縦装置のソフトウエア開示について調整した。

最終的には、4月、松永駐米大使とベーカー国務長官が会談し、ＦＳ‐Ｘ取り決め内容について、「クラリフィケーション（問題点の明確化）」という名称でまとめた。米国の量産ワークシェアは40パーセントとする、エンジンのライセンス生産は実効のある手段（注：英語ではviableで日米とも玉虫色の表現）をとる、Ｆ‐16ソフトウエアについては必要なものは米国制度に則り提供を受ける、日本固有技術は米国へ提供という形である。

4月末、ブッシュ大統領は、クラリフィケーションの内容を発表した。内容は、「米国側の量産ワークシェアは40パーセント、フライト・ソースコードは日本に提供しない、日本の新技術は米国側へ供与」であった。エンジンライセンス生産については口頭で実効ある措置をとると発表した。

1989年（平成元年）5月、ブッシュ大統領は、日米間の協議が整ったとしてF-16に関わる対日技術供与（FS-X開発の取り決め）を米議会に通告した。これは、30日以内に反対法案の決議がなければ発動し、対日技術供与が可能となるというものである。

これを受け、同日上院はこれに対し反対決議案を提出し、下院も同様に反対決議案を提出した。上院外交委員会は、ディクソン議員から提出された反対決議案を9対8で否決した。引き続き、上院本会議でディクソン反対決議案を52対47で否決した。ただし、量産段階のシェアを40パーセント以上とすることを要求するバード上院議員提案の修正決議を72対27で可決した。

また、下院外交委員会も同様にソラーズ下院議員提案の上院修正決議案を26対13で可決した。このように米議会では次々と大統領のFS-X取り決めに否定的な決議案が可決されていった。

6月となり、このような状況下で国務省はLTAAについてフライト・ソースコードは非供与とし、ワークシェアを含めたもので認可を下ろした。同月、下院は上院修正決議案（バード決議案と同一内容のブルース決議案）を241対168で可決した。7月に入り、ブッシュ大統領は修正決議案に対し、拒否権を行使した。ここで米議会は夏期休暇に入り、9月に再開するまで進展を待たねばならなかった。

9月に入り、夏期休暇が終了、レーバーデイ（「労働者の日」で祝日）も過ぎ、上院は大統領拒否権を無効とするか否かの投票に入った。結果は非常に接戦で、賛成66票、反対34票で拒否権を覆すのに必要な3分の2（67票）に1票足りず、大統領府提出のFS-Xに関する取り決めが認められることなった。

反対票の獲得には、大統領府も上院議員に積極的に働きかけるとともにワシントンの日本大使館も松永大使をはじめ職員がワシントン中を駆け回ったということである。この米国議会などに対する根回しの状況は、手嶋龍一著『ニッポンFS－Xを撃て』（新潮社）に詳しい。大統領の拒否権が通ったことでようやくFS－Xの共同開発実施が決定された。

第5段階　開発のための助走

1989年（平成元年）9月、日米政府間の取り決めが確認されたので、これをもとに具体的な日米間の技術移転について日米政府間でも議論され、F－16技術の日本への移転方法、日本の複合材を用いた主翼技術を具体的にどのように引き渡していくのかなどの方法が決定されていった。

第6段階　開発の本格化

1990年（平成2年）3月、GDの設計技術者らが日本に到着、名古屋でFS－X開発の共同設計チーム（三菱重工、川崎重工、富士重工〔現スバル〕、GDの技術員により構成）が発足し、設計作業が開始された。

1992年（平成4年）FS－Xの実大模型（モックアップ）が完成し、防衛省により技術審査が行われた。この実大模型の完成は、FS－X開発の進展を内外に印象づけた。当時のアマコスト駐日米大使も名古屋でこれを見学した。

1995年（平成7年）10月、試作1号機が初飛行し、社内飛行試験を開始した。初飛行から6カ月後の1996年（平成8年）、1号機は防衛庁に納入された。引き続き、2、3、4号機が初飛行し、逐次防衛庁に納入された。

その後、約4年間にわたり、岐阜基地で防衛庁による技術実用試験（飛行試験）が行われたが、飛行試験においても種々の技術課題が生起し、その解決に当初より期間がかかり、2000年（平成12年）6月末、ようやく開発（飛行試験）を終了した。

その後、同年9月、量産1号機が納入され、青森県の三沢基地に配備された。設計作業開始から10年が経過していた。三沢基地においては、引き続き納入された量産機を用いて運用への適合性を確認するための運用試験が開始された。本格的な運用のための準備が始められたわけである。

なお、FS－Xの開発状況については、神田國一著『主任設計者が明かすF－2戦闘機開発』（並木書房）を参照されたい。

3、FS－X共同開発からの教訓

航空機に限らず将来の国際共同開発を見据えた場合、いちばんのキーポイント（外国から見た場合の注目点）は、ワークシェア（開発・量産分担率。いかに自国に仕事量を得られるか、すなわち自国の雇用をどの程度守れるかということを意味する）と技術移転（自国の優秀な技術をいかに流出させずに、外国の優秀な技術を自国に取り込めるか。すなわち得られた技術が今後の自国のためにいかに寄与できるか）という2点である。

この2点は相手がどこであれ、国際共同開発の交渉の場で最初から最後までどのような形で持ち出されるかは別として極めて重要かつ国益の追求と直結する案件である。外国と交渉をすることが必ずしも得意ではない日本人にはなかなか受け入れられない要求や内容もあるが、これが現実である。以下、このような視点からFS‐X共同開発から得られた教訓は何だったのかを述べてみたいと思う。

（1）日本側の反省・教訓

ワークシェア（開発・量産分担率）について

国際共同開発で常に大きな問題となるのは、技術移転（知的財産の扱い）と、このワークシェアである（二次的課題としては、各国運用構想の一本化、開発経費、量産経費を当初の予定枠の中に収めること、開発・量産スケジュールの確保、各国の当初量産規模の確保がある。二次的課題としたものの、どれも大きな課題である）。

ワークシェアが大きな課題になるのは、前述のように各国の国内雇用に大きく影響するからである。ワークシェアは論理的に何パーセントと出てくるものではなく、プロジェクトの主導権、プロジェクトの内容、国と国との力関係、技術的得意・不得意などから、どの程度あれば満足かという落としどころを踏まえて交渉し、開発前に設定する必要がある。民間企業同士の企業統合（M&A）の時の出資比率と似た性格のものである。

FS-Xにおいて、日本側は当初ワークシェアの意味すら分からず右往左往し、米国側に「理論的には米国側のシェアはゼロである。理由は、開発を共同で進めていく間に双方の優秀な技術、得意なところを明確にし、それに基づいてシェアが決まっていくからである」と返答したが、米国側にはそのような発想がなく、かつ下手をするとワークシェアが得られないという状況も考えられるため日米双方とも大きな混乱の渦中に陥ってしまった。

また、相手側に提示するシェアの数字は、こちらから一度出すとそれが次の交渉の土台になる。いつまでも自己の主張に固執していると、交渉が進展しないが、これだけ譲歩すればこちらの誠意も認めて妥協してくれるだろうと考えるのは危険である。FS-Xではワークシェアについては約2年という長い時間をかけて交渉し、最終的に1991年5月のブッシュ大統領のコメント発表で米国側のシェアは開発・量産とも40パーセントという当初より相当高い数字で決着するという結果となった。

技術移転について

当初、日本側はFS-X共同開発における技術の取り扱いについては1983年（昭和58年）にできた対米武器技術供与の枠組みで対処できると安易に考えていた。共同開発における背景技術情報（開発前に成果を確認されている技術情報で開発に使用される情報、FS‐Xの場合の一例はF‐16の技術がこれにあたる）、成果技術情報（開発中に得られた成果の新技術）の取り扱いについては、それまでしっかりした枠組みがなく、FS‐Xに適用しようと考えていた日本側の主翼複合材技術、アクティブ・フェーズド・アレイ・レーダー技術などの先進技術の取り扱いが日米間で最初から問題になった。

すなわち、FS‐X開発におけるこれらの背景技術情報、成果技術情報の分類・仕分け（どこまでが背景技術情報であり、また背景技術情報を含む成果技術情報はどこからが成果技術情報であり、背景情報を保有する者に帰属するのか、成果を創出した者に帰属するのかなど）、所有権（技術を所有する権利）、使用権（所有者の許可を得て技術を使用する権利）の問題である。

これらについては激しい日米交渉を何度も重ねて決着をみたが、現在はこれを教訓として日米間で適切に整理され、これら背景技術情報・成果技術情報の取り扱いに関する枠組みができており、双方にとって対等で公平なものになっている。

ここで強調したいのは、共同開発における外国の技術に対する考え方である。一般的には外国は技術覇権を自国が握ることを第一とし、優秀な他国の技術を吸収することを専らとし、自国の技術の流出は最小限に抑えようと考える。したがって、共同開発設計チームにおいて日本人は一般的には日本、外国双方の設計者が協力しあっていいものを作ろうと考えるが、外国は許可された範囲内か否かのいわばグレーゾーンにある技術を提供してでも、一緒にいいものを作ろうとは考えないし、設計の誤りも自分が関与しない部分は指摘しない。許可された範囲を厳格に守るということである。反対に、日本からはなるべく多くの背景技術情報及び成果技術情報を求めようとする。

FS-Xの場合、日本側に利用を許可した技術資料は、日本側が必要とする理由を何回にもわたって説明し許可されたものである。許可後も米国担当者によって、資料のすべてのページごとに念入りに点検（スクリーニング）され、日本に不必要な部分、許可範囲外と判断される内容は削除された。

ソフトウエアの場合は、同様にプログラムのコードを1行ごとに点検され、不必要なもの、許可範囲外と判断されるものが削除され、その後プログラムが作動するかがチェックされる（サニタイゼーションと呼ばれる）。これらの費用は、すべて日本側が支弁した。この状況については前掲書『主任設計者が明かすF-2戦闘機開発』を参照されたい。

米国は、技術供与などで自国の技術覇権が毀損されることをいちばん嫌う。韓国が開発中の戦闘機KF-21では、米国企業との共同開発を当初模索していたが、米政府は、アクティブ・フェーズド・アレイ・レーダー（AESA）、目標捕捉装置、赤外線捜索追跡装置（IRST）、電波妨害装置などについて技術移転を拒否したと伝えられている。米国にとってメリットのない技術移転は、同盟国といえども認められないということである。

次に述べたいのは、将来、日本側が共同開発において適用したいと考えている技術についてである。この技術は群を抜いて先進性を有する技術でなければならない。さもなくば、開発中にそれが陳腐化してしまったり、「費用対効果」が低いと判断されれば採用を却下されてしまう。

したがって、今後、国際共同開発に参画しようとする場合、日本側の技術は実用化一歩手前までほぼ完成し、なおかつあらゆる点でコストも含めて他の追随を許さないものでなければならない。FS-Xでは主翼に用いられた複合材、アクティブ・フェーズド・アレイ・レーダー技術は米国側の垂涎の的であったが、これは20年後でも先進性を保持できる技術としてFS-X開発の10年以上前から研究試作を積み重ね準備してきた成果である。

一方で、先進性はそれほど高くはない技術でも費用対効果が非常に優れていれば、採用の強力な候補となり得る。それは日本の民間が保有しているデュアル・ユース・テクノロジー（両用技術）である。これらはすでに民間では多方面で適用されているものの、防衛装備品への応用は考えたこともない技術が多くあるにちがいない。それらを積極的に見つけ出し活用することを期待する。

防衛装備庁は、2015年度（平成27年度）に、防衛分野での将来における研究開発に資することを目的に、先進的な民生技術についての基礎研究を公募する「安全保障技術研究推進制度」（いわゆるファンディング制度）を開始した。初年度は109件の応募（大学など58件、公的研究機関22件、企業など29件）があり、9件が採用された。

米軍はこれらの技術について関心を示しているという話もあり、米軍がいかにデュアル・ユース・テクノロジーあるいは民生技術を重視しているかを示す一例であろう。実際、F-22やF-35にも多くのデュアル・ユース・テクノロジーが利用されているといわれている。次期戦闘機の開発においても、民間が保有している技術に注目する必要がある。

共同開発の形態について

ＦＳ－Ｘの開発は、日米共同開発といわれているが、通常の共同開発とは大きく異なるものであった。通常の共同開発は複数国が開発資金を拠出し、運用要求も各国が提示したものをベースに、それらを概略満たす共通の運用要求を設定する。ところが、ＦＳ－Ｘにおいては、資金は全額日本負担、運用要求は日本が提示したものを採用し、量産機も日本のみが購入するという非常に特異な形態であった。

米国参画による開発コストの上昇、スケジュールの遅延などの問題はあったものの、この開発形態により通常の本格的な共同開発によく起こる運用要求の一本化調整、開発資金の分担拠出額調整、両国の量産購入機数の設定などの交渉による遅延が回避できたものと思う。

運用要求については、米国側は当初限りなくＦ－16に近いもの（Ｆ－16小規模改造）を主張していたので、日米共通の運用要求を採用していれば、共同開発ではなく、Ｆ－16の小改修（すなわちライセンス生産）で終っていたのではないかと考える。

ＦＳ－Ｘの開発形態は特異なものではあったが、Ｆ－15と遜色ないＦ－２戦闘機の配備を実現し、併せて米空軍の第一線戦闘機をベースに開発技術を進展することができたので、共同開発のメリットは十分あったと考えている。

開発完了後のトラブル・フォロー

研究開発でいちばん大事なのは、量産に移行し、部隊配備された装備品に生起するトラブルの解決である。

F‐2は、最初の量産機が三沢基地に配備され運用試験に供された。しばらくして、新聞の1面に大きく「見えないレーダー」という記事が複数回掲載された。関係者が現地で状況を把握し、解決策を出し対応した。しかしながら、1つ問題が解決すると次の問題が起き、次々に新しい問題が発生した。

空自の飛行開発実験団では、レーダー用データレコーダーをF‐2試作機に搭載し、レーダー・データを取得して原因究明と対策の検討が行われた。これにより、問題点もはっきりし、レーダーの不具合も徐々に解消していった。関係者・機関が協力して問題解決にあたったといえよう。

このように、新しい装備品の研究開発、配備運用にあたっては、トラブルが起きた時に国内で迅速、効果的に対策を打てる態勢があるか否かが重要である。今後とも装備品のトラブルについて、研究開発者は「うさぎのような耳」を持って情報収集に努め、技術の向上・改善への取り組みを続けるべきである。

（2）米国側の反省

ＦＳ‐Ｘプロジェクトを話題にすると、驚くことに米国人の中にもこのプロジェクトに直接携わっていないにもかかわらず、不機嫌な顔をする者がいる。やはり、激しい日米間の交渉が双方によい印象を残していないものと思う。

さらに驚くことに、このプロジェクトについて米国側も深く反省する点があることを認識していることだ（当然、反省の内容は日本側とは異なる）。

米空軍は資金を出し、ランド研究所にＦＳ‐Ｘプロジェクトとアクティブ・フェーズド・アレイ・レーダーについて調査・分析させて、その内容がレポートとして公開されている（Lorell, M., *Conflicting U.S. Objectives in Weapon System Codevelopment: The FS-X Case*, Rand Corp., RB-20, Aug. 1995; Lorell, M., *Troubled Partnership, An Assessment of U.S.-Japan Collaboration on the FS-X Fighter*, Rand Corp.,MR-612/1-AF,1995; Chang, I., *Technology Access from the FS-X Radar*, Rand Corp., MR-432-AF,1994）。

１９９５年当時の結論は、「米国側がＦ‐16戦闘機の大量な技術資料を日本に提供し、日本に最先端の戦闘機を開発させたことは誤りである。これは、米政府の国防省・国務省と米議会・商務省などの機関が知的財産について別々の考え方を持って対応したためである。将来は、米国側技術の使用についてもっと強く制限・管理し、成果は米国側もすべて将来のプロジェクトに使用できるようにするか、または強力にライセンス生産を迫るべきである。将来は改善を要する」と非常に厳しい内容となっている。

米国は過去の事例を徹底的に研究し、その後の同様の事例に対処するので、今後日米共同開発がある場合はこの蹉跌を踏まえて米国側立場を強化して臨んでくるであろうから、日本側もこのことをしっかり認識して対応する必要がある。

4、FS‐XからF‐Xプロジェクトへ

FS‐Xプロジェクトは、さまざまな困難や苦労、そして厳しい指摘事項などもあったが、F‐2は掛け値なしに、ここには記されていない米国側の支援などを得て第一級の戦闘機になったと思う。

これは、このプロジェクトに直接的、間接的に関わった多くの日米関係者の献身的な努力の結果だと考えている。FS‐Xは国家プロジェクトであり、瓦解させないためにさまざまな人が知恵を絞って最善の案を出して成し遂げられたものである。

私の知る限りでも、FS‐Xプロジェクトには内閣府、外務省、通産省、防衛庁内局、航空自衛隊、装備施設本部、技術研究本部、三菱重工等の産業界の方々が多数参画し、強力な支援があった。

新たなF‐Xプロジェクトは、さらに規模が大きく、かつ技術のみならずスケジュールやコスト管理など種々の困難が予想されるが、それらを克服して、優れた戦闘機が完成することを期待する。

第4章　次期戦闘機開発の技術的課題（1）

1、次期戦闘機の開発構想

（1）将来戦闘機研究開発ビジョンの概要

2010年8月、防衛省は「将来戦闘機に関する研究開発ビジョン」を発表した。このビジョンはその後の計画に大きな影響を与えたものなので、ここでその内容を簡単に見てみたい。

まず、戦闘機をめぐる動向として、周辺各国が国産戦闘機の技術的、能力的向上を図っていること、周辺の航空戦力の状況として、我が国の数的劣勢は必至であり、このままでは質的にも劣勢になるおそれがあること、脅威対象国側のステルス性を有する作戦機、無人機、巡航ミサイルに対して我が方は最新の技術を駆使した戦い方で対応する必要があるとしていた（図1参照）。

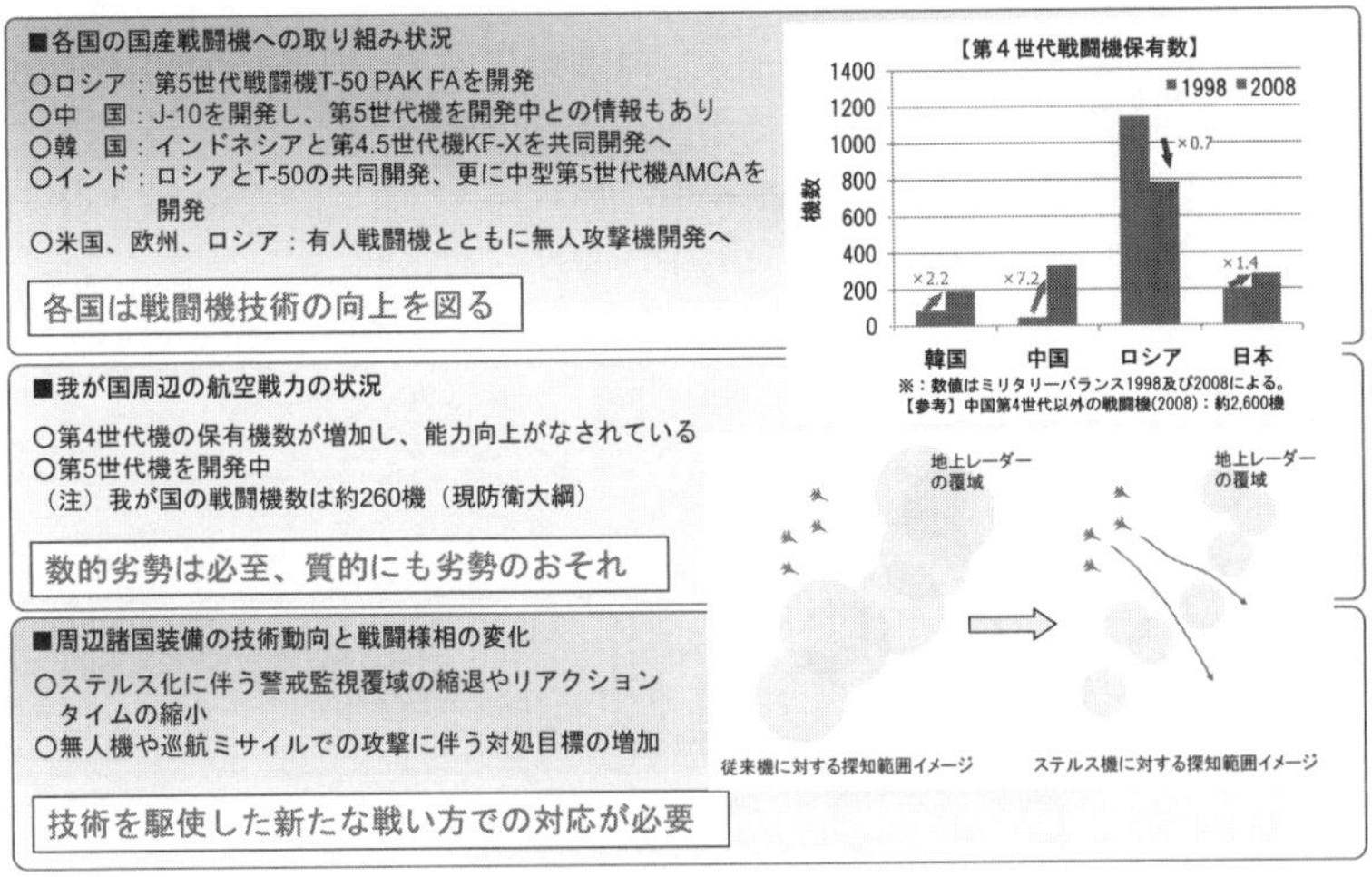
■各国の国産戦闘機への取り組み状況
○ロシア：第5世代戦闘機T-50 PAK FAを開発
○中　国：J-10を開発し、第5世代機を開発中との情報もあり
○韓　国：インドネシアと第4.5世代機KF-Xを共同開発へ
○インド：ロシアとT-50の共同開発、更に中型第5世代機AMCAを開発
○米国、欧州、ロシア：有人戦闘機とともに無人攻撃機開発へ
各国は戦闘機技術の向上を図る
【第４世代戦闘機保有数】
■1998 ■2008
機数
1400
1200
1000
800
600
400
200
0
×2.2
×7.2
×0.7
×1.4
韓国
中国
ロシア
日本
※：数値はミリタリーバランス1998及び2008による。
【参考】中国第4世代以外の戦闘機(2008)：約2,600機
■我が国周辺の航空戦力の状況
○第4世代機の保有機数が増加し、能力向上がなされている
○第5世代機を開発中
（注）我が国の戦闘機数は約260機（現防衛大綱）
数的劣勢は必至、質的にも劣勢のおそれ
地上レーダーの覆域
地上レーダーの覆域
■周辺諸国装備の技術動向と戦闘様相の変化
○ステルス化に伴う警戒監視覆域の縮退やリアクションタイムの縮小
○無人機や巡航ミサイルでの攻撃に伴う対処目標の増加
技術を駆使した新たな戦い方での対応が必要
従来機に対する探知範囲イメージ
ステルス機に対する探知範囲イメージ

図1 次期戦闘機をめぐる動向

（「将来の戦闘機に関する研究開発ビジョン」2010.8.25 防衛省HPより）

これらを踏まえて、第5世代戦闘機の次にくる次世代技術として、カウンター・ステルス、情報・知能化、瞬間撃破力、外部センサー連携の重要性を強調している（図2参照）。

その上で、将来戦闘機コンセプトとして「i^3（情報化・知能化・即時攻撃化）FIGHTER（戦闘機）」を提示している。「i^3 FIGHTER」はカウンター・ステルス能力が高い機体システムであり、そのために搭載する技術を20年後に実現するものと、30〜40年後に実現するものに分けて設定している。

20年後の技術としてはハイパワーレーダー、僚機間データリンク、ステルス、次世代エンジン、30〜40年後の技術としては指向性エネルギー兵器（高出力レーザー、高出力マイクロ波）、アセットのクラウド化（群制御、無人機連携）を挙げている（図3参照）。

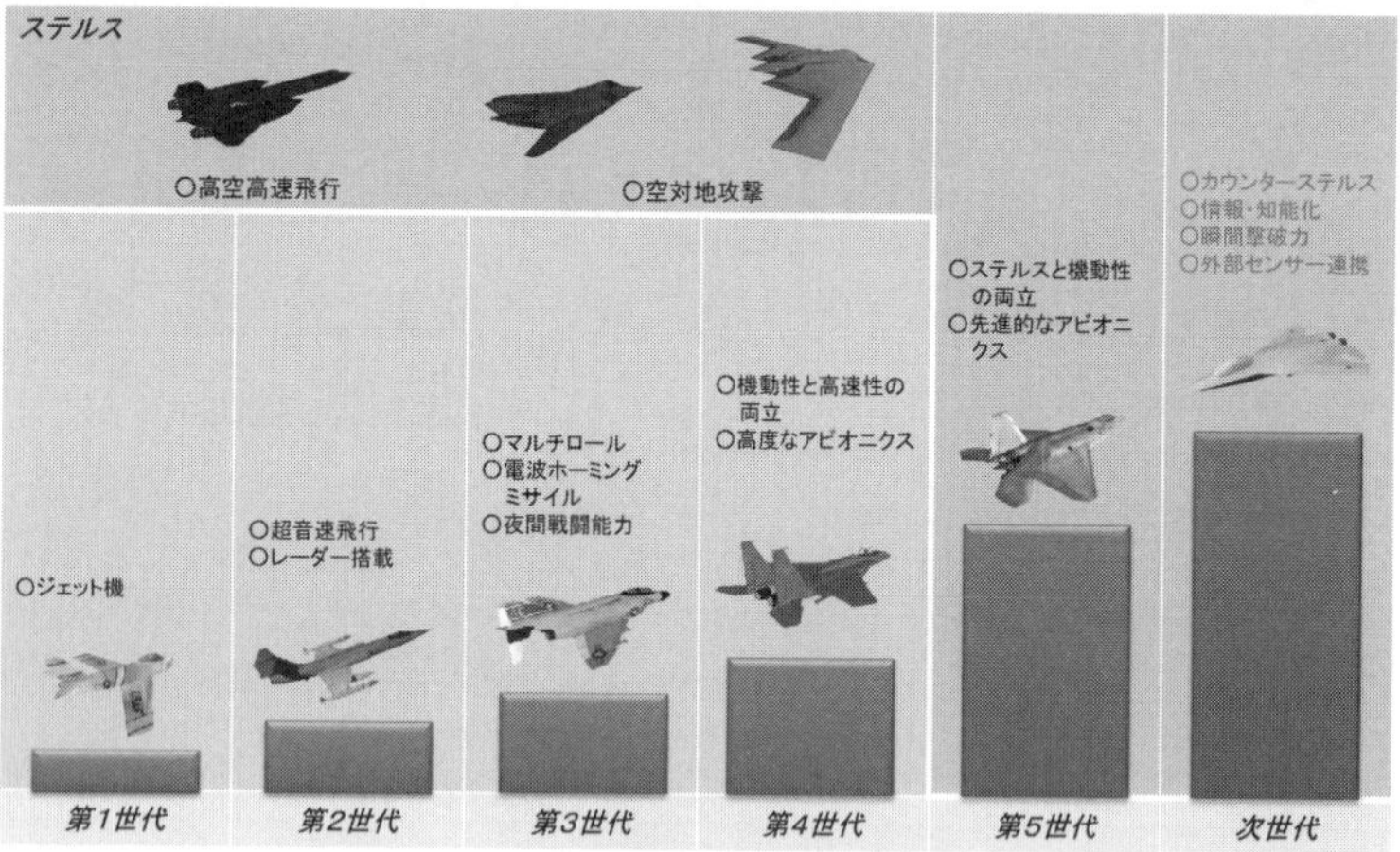

図2 戦闘機の次世代技術

（「将来の戦闘機に関する研究開発ビジョン」2010.8.25 防衛省HPより）

そして、これらの技術を駆使することで、高度に情報（Informed）化され、知能（Intelligent）化され、さらに、瞬時（Instantaneous）に敵を叩く、すなわち「i^3 FIGHTER」が実現する新たな戦い方として、①誰かが撃てる、撃てば当たるクラウド・シューティング、②数的劣勢を補う将来アセットとのクラウド、③撃てば即時に当たるライト・スピード・ウェポン、④電子戦に強いフライ・バイ・ライトを挙げている（図4参照）。

（2）31中期防における目標

2018年12月、「中期防衛力整備計画（平成31〜平成35年度）について」が閣議決定された。

この中で「次期戦闘機については、戦闘機（F-2）の退役時期までに、将来のネットワーク化した戦闘の中核となる役割を果たすことが可能な戦闘機

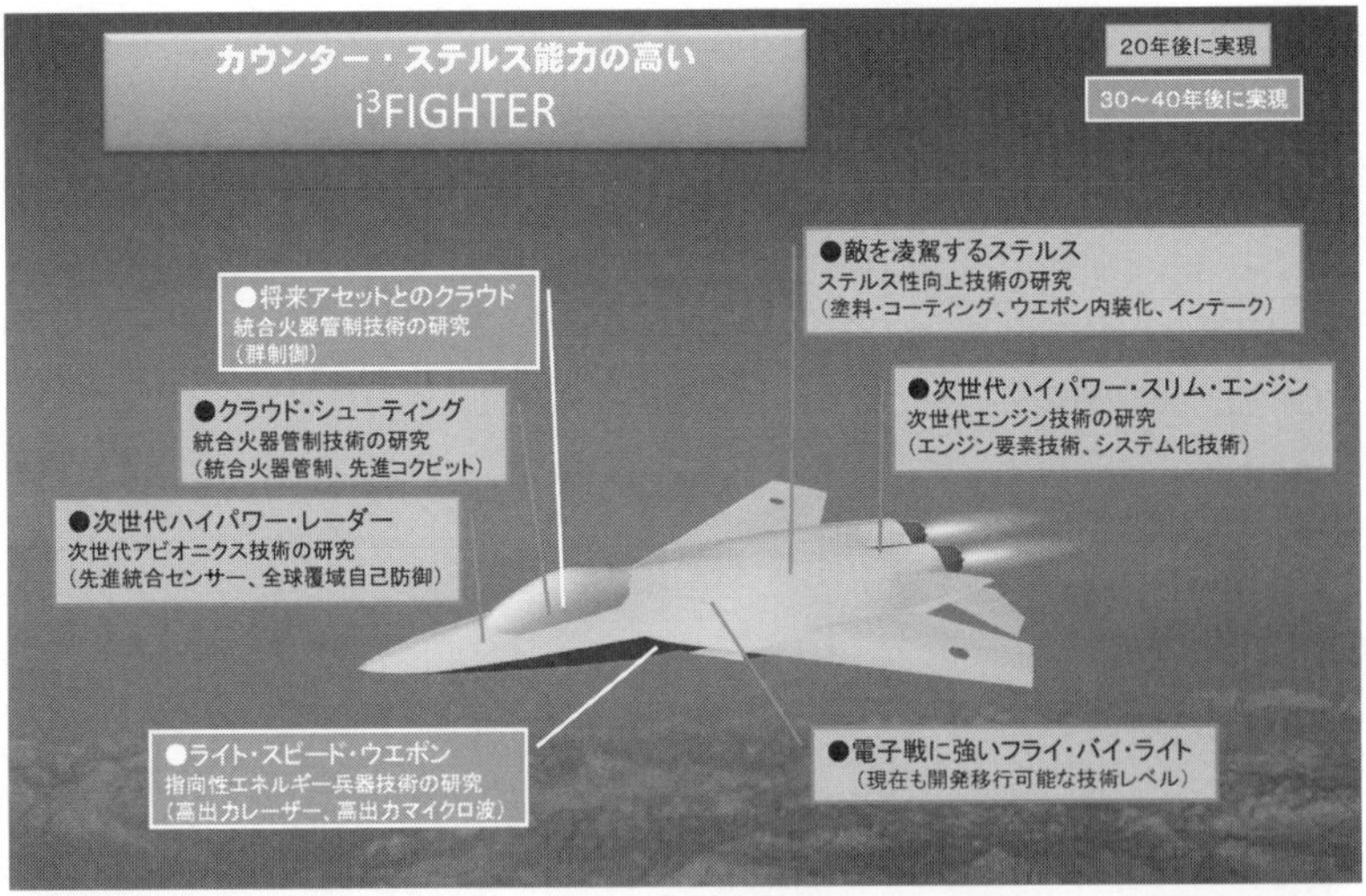

図3 将来戦闘機コンセプト「i³ FIGHTER」

（「将来の戦闘機に関する研究開発ビジョン」2010.8.25 防衛省HPより）

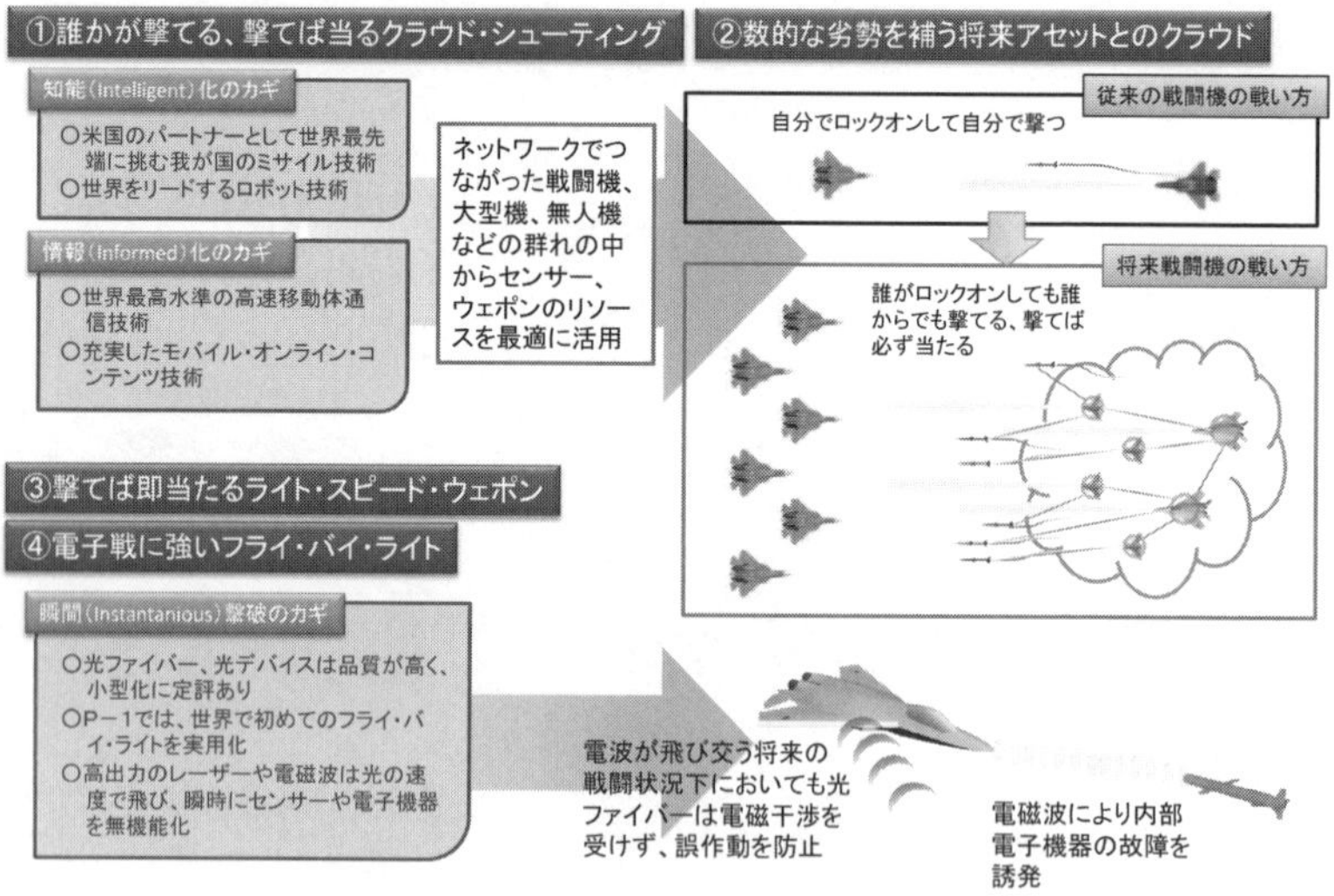
①誰かが撃てる、撃てば当るクラウド・シューティング
知能（Intelligent）化のカギ
○米国のパートナーとして世界最先端に挑む我が国のミサイル技術
○世界をリードするロボット技術
情報（Informed）化のカギ
○世界最高水準の高速移動体通信技術
○充実したモバイル・オンライン・コンテンツ技術
ネットワークでつながった戦闘機、大型機、無人機などの群れの中からセンサー、ウェポンのリソースを最適に活用
②数的な劣勢を補う将来アセットとのクラウド
従来の戦闘機の戦い方
自分でロックオンして自分で撃つ
将来戦闘機の戦い方
誰がロックオンしても誰からでも撃てる、撃てば必ず当たる
③撃てば即当たるライト・スピード・ウェポン
④電子戦に強いフライ・バイ・ライト
瞬間（Instantanious）撃破のカギ
○光ファイバー、光デバイスは品質が高く、小型化に定評あり
○P－1では、世界で初めてのフライ・バイ・ライトを実用化
○高出力のレーザーや電磁波は光の速度で飛び、瞬時にセンサーや電子機器を無機能化
電波が飛び交う将来の戦闘状況下においても光ファイバーは電磁干渉を受けず、誤作動を防止
電磁波により内部電子機器の故障を誘発

図4 将来戦闘機コンセプト「i³ FIGHTER」の戦い方

（「将来の戦闘機に関する研究開発ビジョン」2010.8.25 防衛省HPより）

を取得する。そのために必要な研究を推進するとともに、国際協力を視野に、我が国主導の開発に早期に着手する」ことが決まった。

また、これに先立つ2018年11月、岩屋毅防衛大臣は閣議後記者会見でF-2後継機についての質問に対し、「検討するにあたっては、将来の航空優勢の確保に必要な能力、それから、次世代の技術を適用できるだけの拡張性があるかどうか、さらには、改修の自由度というものがあるかどうか、そして、国内企業が関与できるかどうか、現実的なコストというものがどうなるかというような観点で検討しておりますので、検討項目のポイントの一つにわが国の国内産業の関与というものが大事なポイントだと思っております」と説明している。（防衛省HP報道資料　防衛大臣記者会見）

（3）令和2年度行政事業レビュー

令和2年（2020年）11月14日、行政事業レビューにおいて、次期戦闘機が取り上げられた。この中で防衛省は次期戦闘機のコンセプトを以下のように説明している。（政府の行政改革HP 令和2年度行政事業レビュー 秋のレビュー 3日目〔令和2年11月14日開催〕）

①航空優勢は我が国の防衛のための諸作戦を実施する上での大前提である（図5・1参照）。

②量に勝る脅威に対抗するためには高度ネットワーク戦闘、優れたステルス性、高度なセンシング技術を駆使し、クラウド・シューティングのような新しい戦い方を具備する（図5・2参照）。

（4）次期戦闘機の開発構想

次期戦闘機の開発構想の基本となる考え方は、前述した防衛省の研究開発ビジョン、31中期防、岩屋防衛大臣の発言、あるいは行政事業レビューに集約されている。これらに基づき、開発構想の要点をまとめると次のようになる。

①基本的な機体構想は「i^3 FIGHTER」、31中期の内容を具現化するものとなる。将来のクロスドメイン（陸海空、宇宙、サイバー、電磁波などの領域を横断して捉える考え方）での戦闘において、次

● 「航空優勢」とは、武力攻撃が発生した場合に、味方の航空機が大規模な妨害を受けることなく諸作戦を遂行できる状態のことであり、これを確保することにより、その空域下で海上作戦や陸上作戦の効果的な遂行が可能となる
● 仮に「航空優勢」を失えば、敵の航空機やミサイルなどにより、飛行中の航空機はもとより、地上ミサイル部隊や航行中のイージス艦、さらには港湾や飛行場も攻撃を受け、艦船や航空機の運用自体が困難となる
● このように、「航空優勢」は我が国の防衛のための諸作戦を実施する上での大前提であり、我が国の防衛にとって不可欠のいわば「公共財」としての性格を有する
● このため、戦闘機が我が国周辺空域に迅速に展開し、より遠方で、敵の航空機やミサイルによる航空攻撃に対処できる態勢を整えることが、極めて重要。このような戦闘機の重要性に鑑み、各国とも戦闘機の開発や購入に注力
● 上記のように、各種の防衛作戦にとって死活的に重要な、いわば「公共財」とも言うべき「航空優勢」の確保を完全に他国へ依存することは、作戦遂行のイニシアティヴの喪失につながることを踏まえ、我が国においても戦闘機製造基盤を確保しつつ、主体的な我が国防衛を可能とする能力の高い戦闘機部隊の整備に注力
航空優勢
航空作戦
海上作戦
陸上作戦

図5-1 航空優勢と戦闘機の役割

（「令和2年度行政事業レビュー 秋のレビュー３日目」2020.11.14 政府の行政改革HPより）

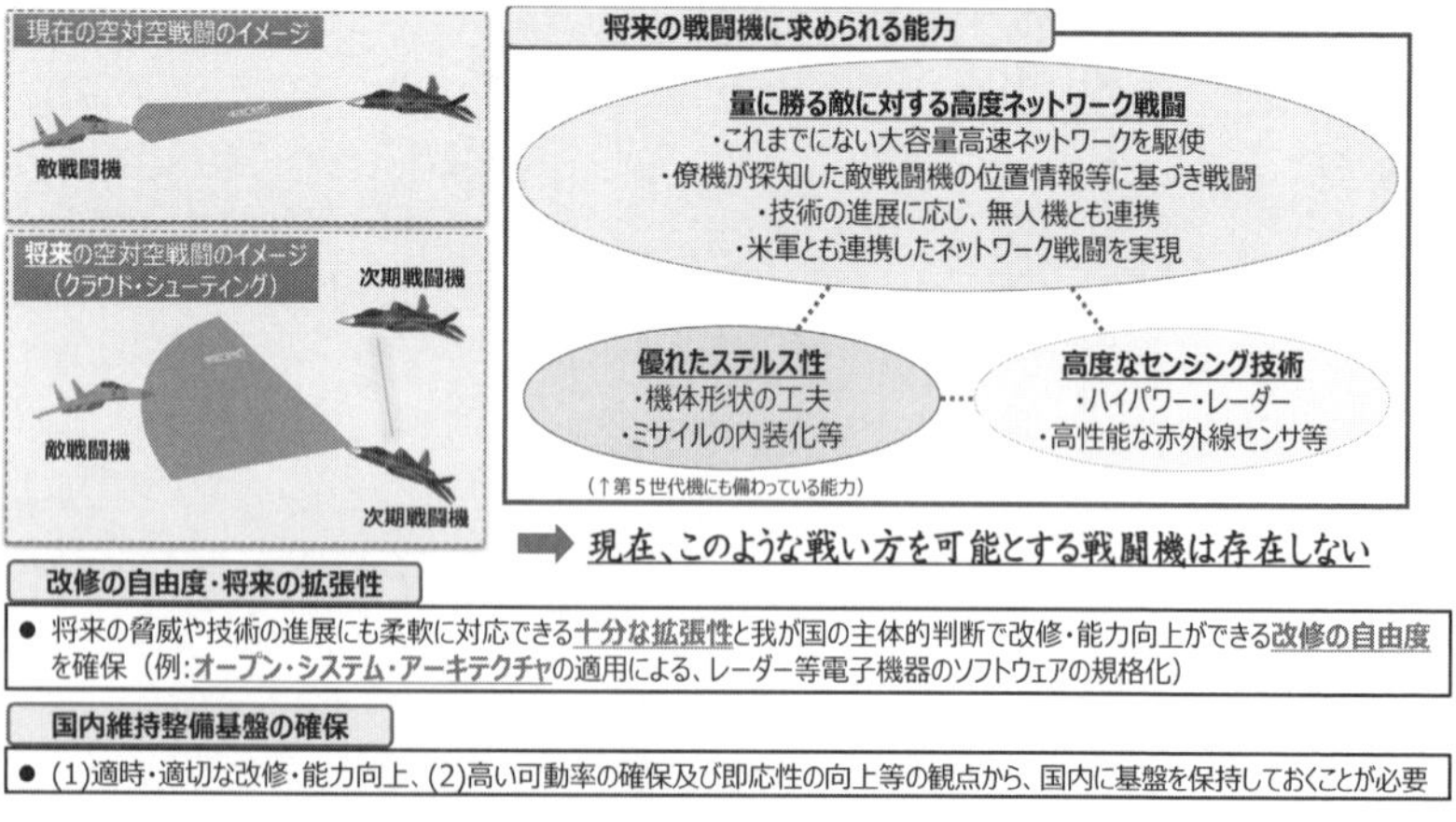

現在の空対空戦闘のイメージ
敵戦闘機
将来の空対空戦闘のイメージ（クラウド・シューティング）
次期戦闘機
敵戦闘機
次期戦闘機
将来の戦闘機に求められる能力
量に勝る敵に対する高度ネットワーク戦闘
・これまでにない大容量高速ネットワークを駆使
・僚機が探知した敵戦闘機の位置情報等に基づき戦闘
・技術の進展に応じ、無人機とも連携
・米軍とも連携したネットワーク戦闘を実現
優れたステルス性
・機体形状の工夫
・ミサイルの内装化等
高度なセンシング技術
・ハイパワー・レーダー
・高性能な赤外線センサ等
（↑第５世代機にも備わっている能力）
現在、このような戦い方を可能とする戦闘機は存在しない
改修の自由度・将来の拡張性
● 将来の脅威や技術の進展にも柔軟に対応できる十分な拡張性と我が国の主体的判断で改修・能力向上ができる改修の自由度を確保（例：オープン・システム・アーキテクチャの適用による、レーダー等電子機器のソフトウェアの規格化）
国内維持整備基盤の確保
● (1)適時・適切な改修・能力向上、(2)高い可動率の確保及び即応性の向上等の観点から、国内に基盤を保持しておくことが必要

図5-2 次期戦闘機のコンセプト

（「令和2年度行政事業レビュー 秋のレビュー３日目」2020.11.14 政府の行政改革HPより）

期戦闘機は強力なセンサーや戦術レベルのデータリンクを駆使し、ネットワーク化した戦闘の中核としての機能を担う。また次期戦闘機としての戦闘においても、僚機間データリンクによってクラウド・シューティング、無人機連携を実現し、数的劣勢下においても我が方の損害を局限したセイフティな戦闘を目指す。さらに将来的には指向性エネルギー兵器による瞬間撃破力の獲得や無人機連携によって、よりセイフティな戦闘を実現していく。

②一方、空自機は日本の置かれている諸事情（日々の領空侵犯対処）、周辺の安全保障環境（海に囲まれており防空ラインが長大、対艦ミッション、島嶼防衛、ミサイル防衛）といった欧米機が想定していない特異な状況に対処する必要がある。次期戦闘機はこれらの状況にも合致し、かつ入手性の良い戦闘機でなければならない。

③また、近年の電子技術の技術革新のサイクルは極めて早く、10年単位の戦闘機開発期間の間に何度もサイクルが繰り返されることが想定される。したがって、次期戦闘機が運用される頃には、現状では想定されていないさらなる新技術が台頭している可能性が高い。つまり次期戦闘機は出現した時点ですでに能力向上が必要となるという、従来の戦闘機では考えられなかった事態に対処しなければならない。

これに対処するのが岩屋防衛大臣の発言にある「拡張性」、「改修の自由度」である。常に新技術を取り込み、脅威機に対する優位性を確保し続けるためには、機体システム側の設計変更を伴わずに後発の優れた技術や装備品を低コストかつ素早く取り込むことができる機体システムをあらかじめ構築しておく必要がある。このようなシステムを実現するためには、技術的な側面だけでは不十分であり、我が国が実質的にシステム全体を把握し、システム設計を担う開発体制とする必要がある。米英との海外協業枠組みの調整が進むなか、31中期防に書き込まれた「我が国主導の開発」の堅持がそのポイントである。

④戦闘機システムは多くのシステムや装備品から構成されているが、これらの故障はいつ発生するか分からない。故障発生後、いかに素早く機体を復旧させられるかは、将来、数的劣勢にさらされる次期戦闘機にとって死活問題である。また、定期整備の期間もできる限り短い方が機体を運用できる期間を増やすことにつながる。これらを実現するための先進的な後方支援システム（維持整備補給改修のシステム）の構築も優れた戦闘機システムの獲得には不可欠である。

⑤数的劣勢への対処のポイントはシステム、装備品だけではない。少子化が進む我が国においては、将来、優秀なパイロットを短期間で確実に養成することも数的劣勢への対処の重点ポイントである。現在の空自のパイロット訓練は練習機を用いた初級操縦課程／基本操縦課程、実用戦闘機を用いた戦闘機操縦課程を経て、部隊での訓練に至る。将来、この訓練体系が変わっていく可能性はあるが、いずれにしても訓練生が練習機から戦闘機にステップアップするタイミングは必ず訪れる。このステップアップでのスムーズな移行や部隊での訓練の効率向上を実現する先進的なパイロット訓練システムの構築も優れた戦闘機システムの条件である。

⑥次期戦闘機は31中期防に明記されているとおり、F-2戦闘機の後継として開発されるものであるが、次期戦闘機を作戦機としてのF-2戦闘機3個飛行隊（F-2A）の後継機として考えると、そ

の生産機数は70機程度となる。この機数は費用対効果の観点からは大規模な開発費を肯定するには寡少に過ぎる。したがって、生産機数を拡大することも次期戦闘機開発の大きなポイントである。教育訓練用（F‐2B）に相当する所要量も必要であろう。また、F‐2が支援戦闘機として開発されたのに対し、次期戦闘機が目指すところは制空戦闘にも対応できるマルチロール機である。前述の観点からは、次期戦闘機はF‐2後継機として位置づけのみならず、当初からF‐15能力向上機（F‐15非能力向上機はF‐35に代替される計画）の後継も視野に入れた開発を目指すべきである。こうすることにより、F‐2Aの後継としては70機程度に限られる生産機数はF‐15能力向上機の後継としての100機程度が加わることで倍増する。さらに「改修の自由度」を確保した次期戦闘機であれば、電子戦機などの派生型機も開発可能である。さらに空自仕様から性能・機能を限定した廉価版海外輸出仕様機を視野に入れることで、さらなる生産機数の積み増しを図ることが可能となるであろう。

2、技術開発のプロセス

（1）防衛省における技術開発のプロセス

技術開発という言葉にはいろいろな意味合いが含まれるが、ここではその装備品が脅威に対して優位性を確保するために必要となる機能・性能を決定づけるような、先進的な要素技術の開発という意味で用いる。

現在、防衛省においてこのような技術開発を担っているのは防衛装備庁である。防衛装備庁のＨＰ「研究開発について」の項にその取り組みや研究開発のプロセスについて次のように説明されている。

防衛装備庁は「技術的優位」の確保のため、将来の研究開発の方向性を示す技術戦略の在り方について検討を進めるとともに、自衛隊のニーズに対応した先進的な研究や、技術シーズに基づく将来性の高い技術提案を行う。それとともに、先進技術を取り込んだ装備品を試作し、その試験評価を行っている。（防衛装備庁ＨＰ「装備品の研究開発の進め方」より抜粋）

（2）次期戦闘機における先行研究

前記のプロセスにしたがって、次期戦闘機についても全体インテグレーション、機体、エンジン、アビオニクスの各分野において、技術的優位を確保するために必要となる各種先進技術の開発が実機開発に先立って進められている。

これらの研究はいずれも先進要素技術を採用した装備品を試作する段階まで進捗しており、実機開発において要素技術のトラブルが開発に影響することがないレベルまでリスク低減を図っている。

機体関連では、ステルス性に関して先進技術実証機、ウェポン内装、ステルス戦闘機用レドーム、ステルス性以外にも機体構造軽量化、電動アクチュエーション、小型熱移送システムなどが実施されている。

エンジン関連では、戦闘機用エンジンの各構成要素の試作を踏まえて、最終的にプロトタイプ・エンジン（XF9）が試作されている。

また、アビオニクス関連では、レーダー、赤外線センサー、電子戦、ミサイル警戒技術、データリンクなどが実施されている。（総務省HP「防衛省 研究開発を対象とする政策評価」より）

（3）ソフトウェアオリエンテッド開発

次に、技術開発の別の側面として、あるシステムを開発するにあたって適用される開発手法・開発ツールという意味合いからみると、昨今の戦闘機開発のトレンドとして、ソフトウェアオリエンテッド（ソフトウェア指向の、ソフトウェアを中核とした）なデジタル設計を駆使し、従来よりも効率的に機体開発を進める手法が挙げられる。その開発手法を適用した事例として、米国のDigital Century Seriesの概要を紹介する。

２０１５年、国防省と米空軍が次世代制空戦闘機（NGAD：Next Generation Air Dominance）に向けた各種要求性能の分析を開始し、２０１７年の春に議会上院軍事委員会に提出した報告書には、第５世代技術と第６世代技術をミックスした機体が敵の対空防衛網を突破（PCA：Penetrating Counter Air mission）するには必要であると記載された。（Trimble, S. *U.S. Air Force Reboots Counter-Air Strategy and Halves Spending,* Aviation Week & Space Technology,14 Jun. 2019）

２０１９年には、調達担当開発担当次官補のウィル・ローパー（２０１８年就任）がデジタル・エンジニアリングを大々的に活用した新しいＮＧＡＤ取得改革を提唱した。この方式は、多くの新技術を１機種に取り入れる従来開発方式とは異なり、複数の機種を短期間でシリーズ的に開発し、それぞれ異なる新技術を適用して、短時間で多数の新技術を実用化することに特徴がある。

従来の方式では、多くの新技術を１つの機体に盛り込むために開発期間の長期化、開発コストの高騰が避けられず、またせっかく開発した新技術が長い開発期間中に世界の情勢変化などから運用開始後に無用となる場合があり、ローパー次官補によると“we have to accept we cannot predict the 2030 threat. That is the way the Cold War acquisition system works.”（我々は、２０３０年頃の脅威について、いま予測するのは不可能であると知るべきだ。そのような予測のもとで兵器開発を行うことが成立したのは冷戦時代のみであり、今やその方式は機能しない）と主張している。（Trimble, S., *USAF Acquisition Head Urges Radical Shift For Next-Gen Fighter Program,* Aviation Week & Space Technology, 05 Mar. 2019）

このローパー次官補が提唱する方式は１９５０年代に短期間の間に米国が次々と開発した「センチュリーシリーズ（Ｆ‐１００～Ｆ‐１０６戦闘機）」にちなんで、「デジタル・センチュリーシリーズ」といわれている。デジタル・センチュリーシリーズの根幹は前述のデジタル・エンジニアリングと呼ばれる新しい開発手法の採用にあり、モデル・ベース・エンジニアリング、オープン・システムズ・アーキテクチャ、先進的ソフトウェア開発手法（アジャイル開発とも呼ばれる）などが代表的なものである。

２０２０年9月、ローパー次官補はこの新しい手法を用いて開発したフル・スケールの飛行実証機が存在し、すでに飛行試験を開始していると発表しており、NGADの実現はすぐそこまできているとコメントした。

なお、この飛行実証機の詳細は一切が不明である。（Trimble, S. *USAF Flies Full-Scale Flight Demo For Next-Gen Fighter,* Aviation Week & Space Technology, 15 Sep. 2020）

一方で、デジタル・センチュリーシリーズの考え方については異論も多く、米国の戦略・国際問題研究所（ＣＳＩＳ）のトッド・ハリソン氏は"The Airforce of the Future"（未来の空軍）の中で、少数機を複数機種運用することは、かえって運用費がかさむことを指摘している。例として一機種72機を5種類運用（合計３６０機）することは、１８００機の単一の機体を運用するのと同じ経費が必要であると試算している。（DiMascio, J. *USAF's Future Fighter Plan May Limit Growth, Study Says,* Aviation Week & Space Technology, 29 Oct. 2019）

以上が、デジタル・センチュリーシリーズの概要であるが、ここで適用されているソフトウェアオリエンテッドな開発手法について簡単に解説すると、モデル・ベース・エンジニアリングとは、開発対象となるシステムを製品のライフサイクルを通してモデルとして定義し、そのデータを共通のデー

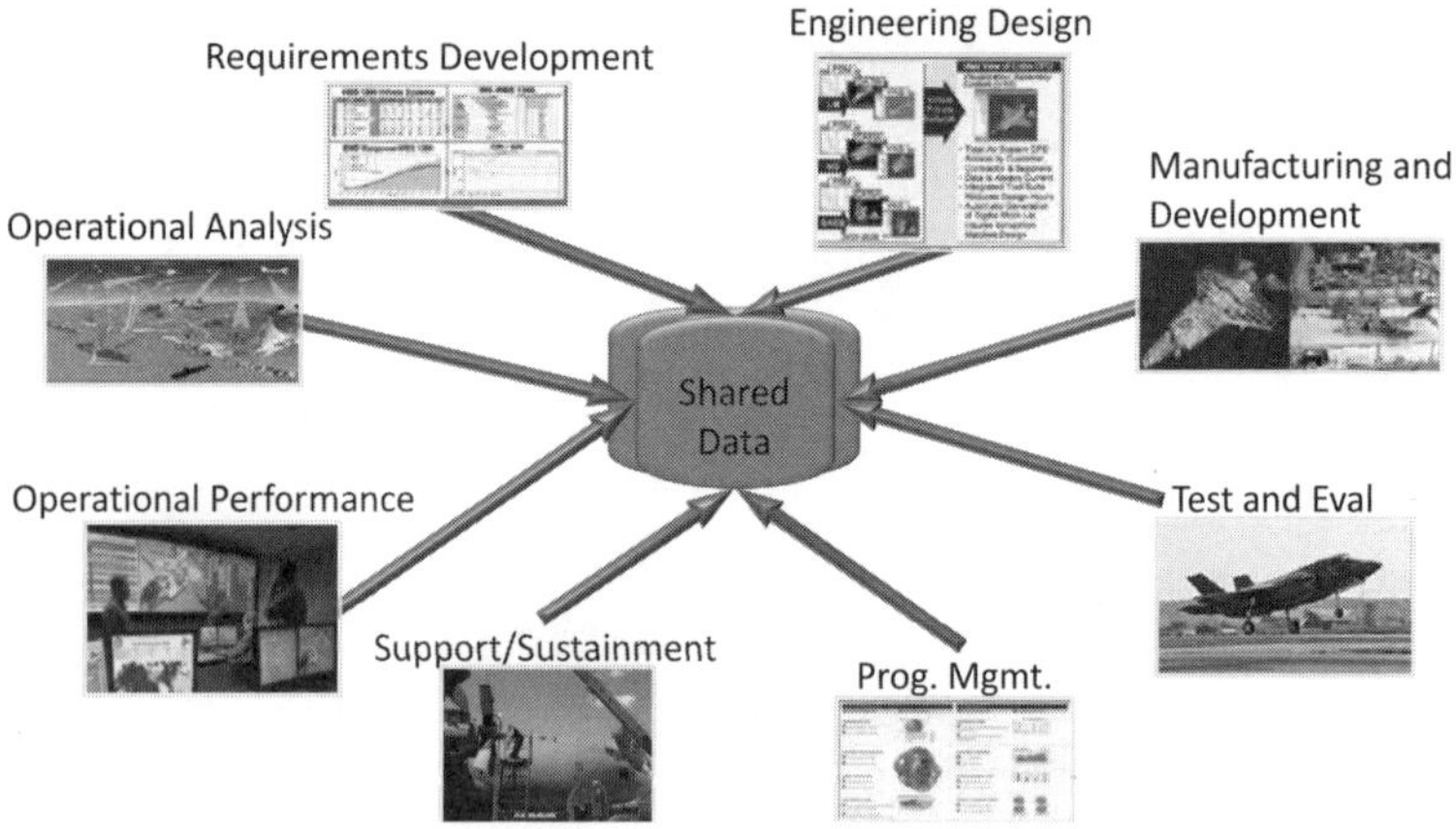

図6 モデル・ベース・エンジニアリングのイメージ
(Landers, T. *Practical Implementation of Model Based Systems Development*, NDIA, 2014)

タベースで管理し、運用分析、要求定義、設計、製造、検証試験、アフターサービスなどに用いる手法である（図6参照）。

まず、この手法を設計段階に適用するモデル・ベース・デザインのうち、ソフトウェア開発を例にしてモデル・ベース・エンジニアリングの効果を説明してみたい。

従来の開発では、システム設計者がシステムに組み込まれるソフトウェアを紙の仕様書に書き下し、それをソフトウェア設計者が解釈した上でプログラムコードを作成してきた。この手法の限界は次のとおりである。

①紙の仕様書ではシステムの細部の挙動が把握しきれないこと。

②ソフトウェア設計者が紙の仕様書からシステム設計者の意図を正確に把握しきれない、または誤解する可能性があること。

③システムの検証時に発生したトラブルの追跡・検証には紙の仕様書しかないため、複雑なシステムになればなるほどシステムの挙動が把握しづらくなり、トラブルの原因究明に時間がかかること。

一方、モデル・ベース・デザインの場合、これらの従来開発の限界を乗り越えることができる。

①システムをモデル化し、シミュレートするため、仕様設定の段階でシステムの挙動を正確に把握できる。言い換えると、モデル自体が仕様書となる。

②出来上がったモデルを機械的にソフトウェアに変換し、人手を介さないため、不十分な理解や誤解が生じる余地がない。

③トラブル発生時にも、モデルを使ったシミュレーションによってトラブルを再現できるため、トラブルの原因究明が早い。

戦闘機システムにおいて、実装ソフトウェアの規模や開発でのコンピュータ活用領域は拡大し続けているため、ソフトウェア開発にモデル・ベース・デザインを適用することによる開発期間の短縮効果は非常に大きい。

以上はソフトウェア開発の例であるが、今や航空機システムそのものをモデル化し、システム全体の挙動を把握しながら開発を進める、いわゆるデジタル・ツイン（現実世界をコンピュータ上の双子のように再現する技術）という段階に入りつつある。

モデル・ベース・エンジニアリングは設計段階だけでなくライフサイクルを通じて適用のメリット

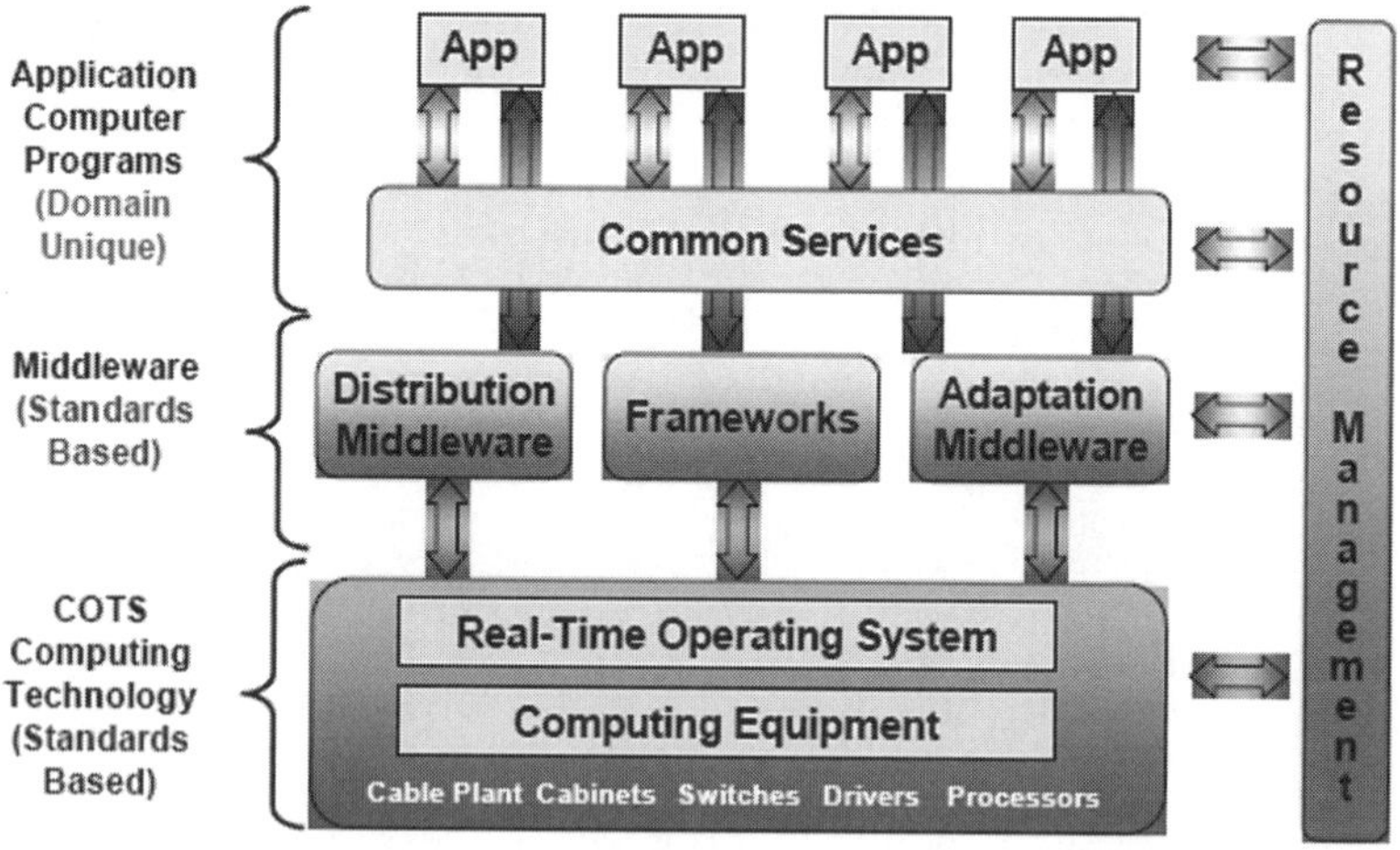

図7 オープン・システムズ・アーキテクチャのイメージ

（Trimble, S. *B-21 And Fighters Prepare For Disruptive Software-led Change*, Aviation Week & Space Technology, 10 Sep. 2020）

がある。たとえば製造段階においても、機体が忠実にモデル化されていれば、そのデジタルデータから効率よく機体を構成する部品を製作することが可能となる。また、部隊での運用情報（故障情報など）やサプライチェーンとデジタルデータをリンクさせて管理することで精度の高い後方支援計画を効率よく作製することも可能となる。

オープン・システムズ・アーキテクチャとは、コンピュータや周辺機器のハードウェア、ソフトウェアの内部仕様、インターフェース仕様などが公開されていることである（図7参照）。

オープン・システムズ・アーキテクチャ以前のシステムでは、搭載する機器がそれぞれ独自の仕様を持っていたため、これらの機器類を統合してシステムを構築する際にはシステム側で仕様のギャップを吸収する必要があった。また、ある機器を後発のより高性能な機器に載せ換えようとして

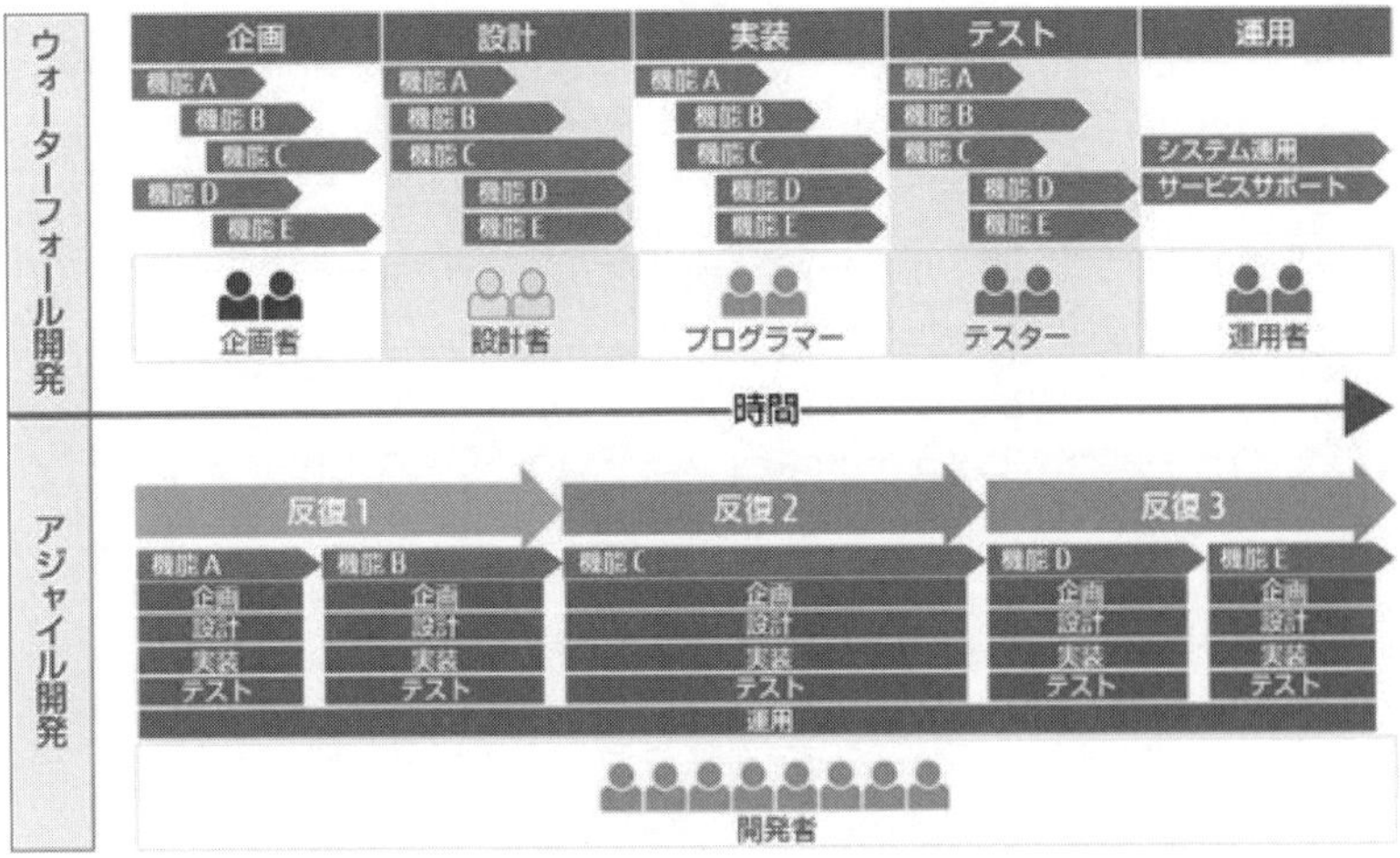

図8 ウォーターフォール開発とアジャイル開発

（坂田晶紀、松村直哉他、アジャイルソフトウェア開発マネジメント、富士通、2020、富士通HPより）

も、細部の仕様が開示されていないため、乗せ換えは容易ではなく、したがって、システムとしての能力向上にも多大なコストが必要となっていた。

一方、オープン・システムズ・アーキテクチャを適用すると、システムを統合するための仕様が公開されているため、システムの統合は容易であるし、後発の機器も公開されている仕様を参照して開発することができるため、機器の換装による能力向上も容易である。

オープン・システムズ・アーキテクチャをベースにしたスマートフォンや一部の先進的な自動車などの民生品では、インターネット経由でオプションのソフトウェアを購入したりアップグレードしたりする技術が現実のものとなっている。将来、戦闘機でもこのような能力向上の手法が確立されているかもしれない。

先進的ソフトウェア開発（アジャイル開発）手法とは、従来のウォーターフォール開発の欠点を解消する手法である（図8参照）。

ウォーターフォール開発とは、最初にソフトウェア全体の計画・仕様を決定してから、開発を進める手法である。この手法では、作成するソフトウェアの規模が大きいと、計画→設計→実装→検証という開発プロセスをひととおり回すのに時間がかかるため、ソフトウェアの仕様のミスやバグの発見や検出のタイミングも遅れがちである。

一方、アジャイル開発は、最初の段階では大まかな仕様だけ設定し、かつ計画→設計→実装→検証という開発プロセスを小さな単位で回していく。アジャイル開発は開発中に仕様や設計変更が想定される場合に有利であり、かつミスやバグの発見や検出も容易であるため、近年、特に民生品の分野で主流となってきている。

デジタル・センチュリーシリーズでは、以上のような開発手法を適用することで、複数の機種を短期間で開発可能とすることができたと考えられる。

一方、次期戦闘機でソフトウェアオリエンテッド開発を適用すれば、初度開発のコスト削減に寄与することは当然のこととして、デジタル・センチュリーシリーズとは異なる視点から、開発構想の項で述べた、③拡張性、改修の自由度の確保、⑥派生機や海外輸出仕様機の生産、生産機数の拡大の実現に寄与することができる。

次期戦闘機において、当初からソフトウェアオリエンテッド開発を志向しておけば、装備品の換装や取り外しをした場合のシステムの検証は容易となり（モデル・ベース・デザイン）、それに伴うソフトウェアなどの変更も短期間で実現できる（オープン・システムズ・アーキテクチャ、アジャイル開発）ため、F‐2後継機である次期戦闘機をベースに、少しずつソフトウェアや装備品の仕様が異なるF‐15後継機、電子戦機、無人機、訓練機など、各種の空自向け派生型機を低コストで生み出すことが可能となる。

さらに戦闘機としても空自向けのフル・マルチロール機を各国空軍のニーズ（ミッション）に応じて必要な機能だけに限定して製造することも容易で、廉価版の海外輸出機の開発も視野に入ってくる。

このように、次期戦闘機はF‐2後継機の枠にとどめることなく、機体、装備品ともに生産数を増加させることで量産単価を抑えることができるが、このような構想を実現させるためには、開発当初、設計当初からこの構想を盛り込んでおくことが重要である。

（4）改修の自由度

改修の自由度とは、我が国が自らの意思に基づいて次期戦闘機の所要の能力向上を所望の時期から遅延することなく、適正なコストで実現できることである。

改修の自由度が確保されていれば、将来的にわたって我が国固有のニーズに対応することができる。一方、改修の自由度が確保されていなければ、能力向上を続ける米国など、諸外国の戦闘機に対し一世代古い戦闘機として取り残されてしまうことになる。

我が国が次期戦闘機の改修の自由度を確保するためには、ソフトウェアオリエンテッド開発のような技術的な仕組みを構築することのみならず、海外協業の枠組みにおいて、協業先の外国から改修の自由度について制約を受けない開発形態を確実に構築することが重要である。

具体的な制約としては、海外メーカーからバックグラウンド技術（背景技術。海外メーカーがもともと所有していた技術をいう）活用を主張されることによる改修事業着手の遅延や着手不能、ライセンス許諾費用の高騰、ＤＰＡＳ（Defense Priorities and Allocations System：米国の軍事、エネルギー、国土安全保障、緊急時の準備、重要なインフラ要件を支援するために、米国のサプライチェーン全体で国防関連の契約・注文を優先するプログラム。たとえば米国が戦闘状態にあって、自衛隊が購入予定の米国製装備品を米軍が必要とした場合、その装備品は日本との契約条件をオーバーライドして米軍に優先的に供給される）によって装備品の入手が困難になることなどが挙げられる。

今後の戦闘機の能力向上の中心はアビオニクスであることは論を俟たない。したがって、次期戦闘機では当初からソフトウェアオリエンテッドな開発を適用することが重要であるが、高性能なアビオニクス機器は従来の機器よりも大きな電力や冷却能力を機体側から供給されることを前提としているため、次期戦闘機では当初からこれらの要素についても十分な余裕を確保した機体仕様としておくことも重要である。

一方で、昨今のアビオニクスは急速な発展を遂げており、次期戦闘機もたとえ運用開始時点で世界最先端であったとしても、比較的に短期間で陳腐化する可能性が否定できない。したがって、次期戦闘機の開発と並行して、特にアビオニクスやＡＩを中心とした次世代技術開発を継続的に実施していく努力が国家として重要である。

技術の適用に関して重要となるのは、開発フェーズと能力向上フェーズで取り込む技術の選択である。戦闘機システムの開発は複雑かつ多岐にわたる。したがって、成熟度の低い技術を無理に開発フェーズで取り込むことはその技術自体のトラブルが戦闘機システム全体の開発に影響し、プロジェクトの成否に影響を与えかねない。

前述のとおり、次期戦闘機では改修の自由度確保のため、開発完了後も最新技術や装備品をタイムリーに搭載し得る機体システムや開発体制を目指している。したがって、初期の開発では先行研究で開発ずみの成熟度の高い技術を採用し、早期にかつ確実に開発を完了させて拡張性の高い戦闘機システムを獲得しておき、一方で、並行して次世代技術の開発を推進し、技術が成熟した時点で機体に確実に搭載していくプロセスを確立するべきである。

3、リスクとコストの削減

戦闘機は要求される機能・性能によって外観形状、搭載されるサブシステム・装備品、機体構造様式、装備品のアレンジに至るまで千差万別である。かつ、これらすべての要素が戦闘機システムの良し悪しに直結するため、開発設計完了の直前まで最適解を求めて変更が繰り返される。したがって、戦闘機開発はルーティン・ワークが主体の作業に較べて相対的にリスク要因、コスト増加要因が多く、リスク管理、コスト管理が難しい作業である。それだけにリスクやコストの削減活動の重要性も高い。

開発においてリスクやコスト削減を実現する手段は技術活動の観点とプロジェクト管理の観点に大別できる。また、生産システムのリスク、コスト削減に関してはスマート・ファクトリー（ＩｏＴやＡＩを取り入れ、デジタルデータを活用することにより業務プロセス改革や品質・生産性向上の実現を目指す工場）の実現が鍵となる。

（1）技術活動

技術活動における重要な着意は、開発の中に成熟度の低い技術を持ち込まないことである。技術的な課題をクリアした技術を採用することで、実機開発は機体のインテグレーションに注力できるようになり、開発リスクは大幅に削減される。

また、次期戦闘機は従来機に比べ極めて多機能、かつ多くの先進技術を適用する複雑な開発となる。したがって、構想設計や基本設計の段階ではすべての機能や先進技術を適用した開発のゴールを見据えて設計しておいて、そのゴールを段階的に実現していく開発手順を採ればリスクは大幅に低減する。

たとえばラファール戦闘機の開発で、フランス政府は当初から自国の新規開発エンジンを採用するというゴールを見据えていたが、最初の飛行試験機は既存エンジンを搭載して飛行試験を開始し、途中から新規開発エンジンに換装して飛行試験を継続することでリスク低減が図られたといわれている。

ただし、このような段階的な開発はリスク低減には寄与するが、開発コストの上昇を招くため、慎重な比較検討を実施したうえで採否を決する必要がある。一方で、次期戦闘機が将来的にもスピードが早い先端技術の技術革新から取り残されることがないよう、実機開発と並行して先端技術の研究を継続することの重要性についてはすでに指摘したとおりである。

技術活動についてはもう一点、前出のソフトウェアオリエンテッド開発を採り入れることである。このうち、モデル・ベース・エンジニアリングはライフサイクルを通じて、先進的ソフトウェア開発手法（アジャイル開発）は開発時と能力向上時、オープン・システムズ・アーキテクチャは能力向上

図9 ボーイングT-7A練習機（Boeing HPより）

時のリスク削減、コスト削減に効果がある。

前出のデジタル・センチュリーシリーズは効率的に派生型を開発するためにソフトウェアオリエンテッド開発を活用したのに対し、ライフサイクル全体でのリスク、コストの低減を目的にソフトウェアオリエンテッド開発を適用している事例として、米空軍向けの練習機Ｔ－７Ａの開発がある（図9参照）。

Ｔ－７Ａ開発でボーイング社が採用したデジタル・エンジニアリングは、Model-Based Engineering（開発対象をハードウェア、ソフトウェアの両面からモデル化し、そのモデルを活用することで開発期間短縮や品質向上を実現する開発手法）とAgile Software Development（従来のソフトウェア開発手法であるウォーターフォール開発に対し、比較的小さな単位で実装と試験を繰り返すことで開発期間の短縮を図る開発手法）である。これらは民生品の分野で発展してきた手法である。

Ｔ－７Ａでは、Model-Based Engineeringをライフサイ

クルにわたって大規模に適用している。精巧な3次元モデルを作成して、設計者が空力設計、荷重解析などに活用、製造部門は製造計画、治具などの作成に使用、さらにはサプライチェーン全体に配布して搭載品設計の効率化を図った。

また、Agile Software Developmentについては、従来方式では、数カ月から数年かかったソフトウェア開発を、本方式を適用して、要求機能をいくつかの小さい機能に細分化、それぞれの機能について約2カ月の開発サイクルを繰り返すことで、トータルとしてソフトウェアの規模を約半分に抑えることができた。(Trimble, S. *Inside Boeing's Secret Formula to Win T-X*, Aviation Week & Space Technology, 15 May 2019)

T‐7Aのデジタル・エンジニアリングの特徴は設計活動のみならず、製造、後方支援に至るまでデジタル化を推進し、ライフサイクル全体でのリスクとコストの削減を図ったことである。次期戦闘機も開発の当初からライフサイクル全体に対してソフトウェアオリエンテッド開発を適用することを計画し、低コスト、低リスクの事業を確立していくべきである。

(2) プロジェクト管理

コストやリスクの削減のもう1つの手法はプロジェクト管理活動である。設計活動が積極的にリスクやコストを削減する手法であったのに対し、プロジェクト管理活動は事業のPDCA (Plan-Do-

Check-Action：計画‐実行‐計測・評価‐対策・改善）を回すことで、開発の状況を把握し、致命的な開発の遅れやコスト増加を未然に防止することを目的としている。

プロジェクト管理活動の管理対象は調達、コスト、リスク、スコープ（作業範囲の概要）、要員、コミュニケーション、スケジュール、品質、ステークホルダー（活動に関わるすべての関係者）、統合に細分化されるが、ここではリスクやコストに関する活動について考えてみたい。

リスク管理でいうところの「リスク」とは、現状は発生していないが、今後、プロジェクトを進めていくなかで発生する可能性がある不確定事象であり、リスク管理とはこのようなリスクを発生させない、もしくは発生してもプロジェクトへの実質的な影響がないレベルに抑え込むように管理することである。

したがって、リスク管理の第一歩はリスクの洗い出しとそのリスクの重大さの評価である。

リスクの洗い出しは漏れがないように実施する必要がある。そこで、WBS（Work Breakdown Structure：作業分解構成図。プロジェクトで発生する可能性がある作業を抽出し構造化した系統図）と同様、RBS（Risk Breakdown Structure：作業分解構成図。プロジェクトで発生する作業を抽出し構造化した系統図）の形で整理し、体系的に洗い出しを実施する。また、作業項目や成果から想起される一般的なリスク項目の洗い出しに加えて、過去の航空機や戦闘機の開発事例から想定されるリスクも加えていく。

次に洗い出されたリスク項目はそれぞれ重大さを評価する。重大さはそのリスクの発生確率とプロジェクトへの影響度の組み合わせとして定量化されたものであって、この組み合わせをあるレベル以下に抑え込むことがリスク管理の目的となる（図10参照）。

　一定以上の重大さを持つと評価されたリスクについては、発生確率もしくは影響度、あるいはその両方を低減する対策を講ずる必要がある。一般的にリスク低減はプロジェクトの進捗に伴う複数の対策で実現されることが多いため、1つのリスクの重大さは時系列で徐々に低下していくことになる。

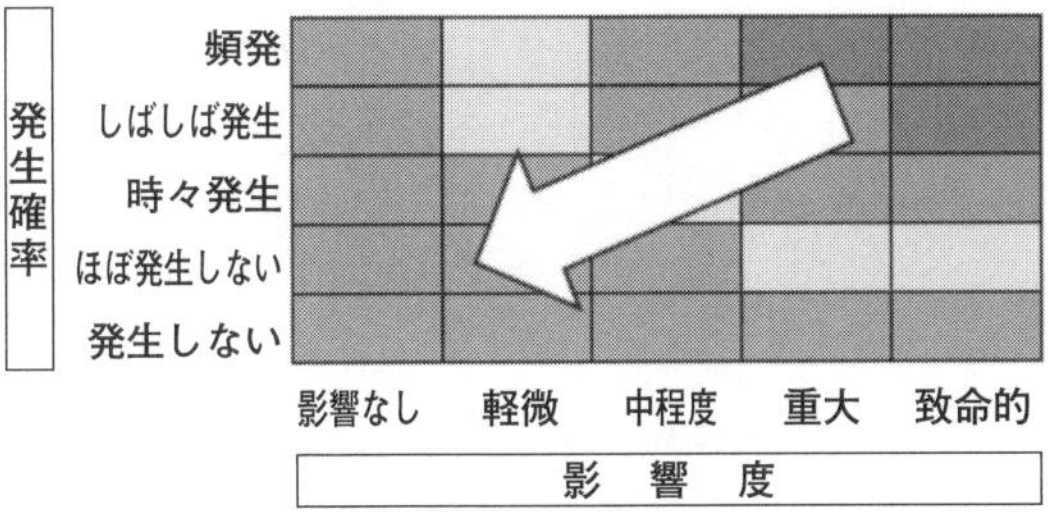

図10 リスクの重大さ評価とリスク低減のイメージ

　洗い出されたリスクは内容、重大さとその低減対策や時系列の低減計画などを一点一葉で整理したリスク管理表で管理する。リスクは時間とともに対策が施され、重大さが低下するものであるから、リスク管理表を使って定期的にリスクの状況をモニターし、重大さが計画から乖離し始めた場合は対策の見直しを図る。

　また、プロジェクトの進捗に伴って新たなリスク発生の可能性もあるため、リスクの洗い出しと評価も定期的に実施し、漏れがないように管理する。すなわち実行段階でのリスク管理において重要なのは「見える化」である。

　EVM（Earned Value Management：プロジェクトの進捗とコストの状況を把握する管理手法）はプロジェクトの状況をリアルタイム

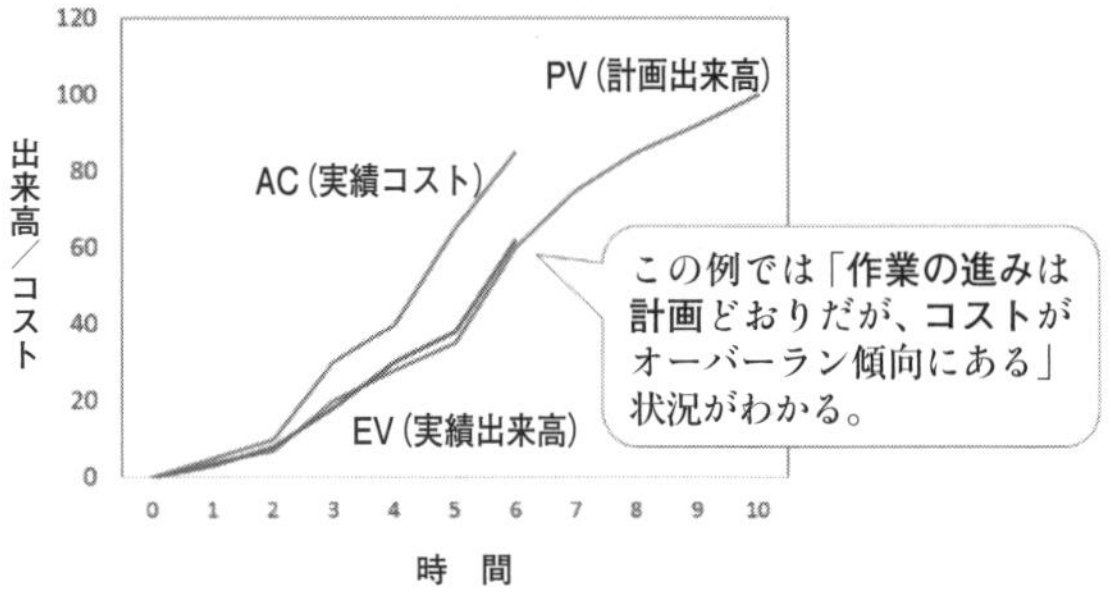

図11 EVMのイメージ

で「見える化」し、計画に対する作業達成度と作業効率（コスト効率）の２つの側面で管理し、スケジュールリスクとコストリスクを管理する手法である。

横軸を時間、縦軸を出来高／コストとし、管理対象とする作業の計画出来高（PV：Planned Value）、実績出来高（EV：Earned Value）、実績コスト（AC：Actual Cost）をグラフ化して、ＥＶをＰＶと比較し、たとえばＥＶがＰＶと同じであれば、プロジェクトは計画どおりに進捗していることになるが、ＡＣがＰＶを上回っていれば、計画以上にコストが発生していることになり、作業達成度は計画どおりだが、作業効率が計画よりも悪く、このまま推移すればコスト悪化を招く可能性が高いことが確認できる。

したがって、これ以上ＡＣとＰＶの乖離が大きくならないうちに作業効率悪化の原因を究明し、対策を講じる必要があるというプロジェクト判断となる（図11参照）。

このような管理を実施するためには、プロジェクトの各作業からデータを集約して評価を実施することになるので、あらかじめそのプロジェクトの作業や成果を細分化、階層化しておく必要がある。これをＷＢＳと呼んでいる。ＥＶＭはＷＢＳに基づいて前述のような分析・評価を短い周期で繰り返すことで、プロジェクトの状況悪化を早期に把握することができる。

(3) スマート・ファクトリー

IoT(Internet of Things:物同士がインターネットで繋がり、相互に情報交換する仕組み)技術の発達により、昨今、スマート・ファクトリー(IoTやAIを取り入れ、デジタルデータを活用することにより業務プロセス改革や品質・生産性向上の実現を目指す工場)が生産性の向上や品質の安定のキー技術として注目されている。

スマート・ファクトリー化とは、生産活動というフィジカル(ハードウェア)の情報をサイバー(ソフトウェア)側で集約し、課題などを抽出してフィジカル側にフィードバックすることであり、そのメリットは生産実績の見える化、生産停止の防止、他部門との連携向上の3点である。

まず、工場の生産実績をデータとして「見える化」ができれば、各生産工程の状況を定量的に把握でき、ボトルネックになっている工程を洗い出したり、特定の工程の状況悪化の兆候を察知することが可能となる。抽出されたそれらの課題に対策を打てばシステム全体の生産効率を上げ、コスト低減やスケジュールリスク低減を実現できる。

稼働停止の防止の観点では異常検知システムの導入がある。これにより、生産システムの異常を早期に発見し、重大なトラブルの芽を摘み取っておけば、生産停止という最悪の事態を未然に防止できるため、スケジュールリスク低減に寄与する。

さらに製造部門と設計部門とでデジタル化された設計情報を共有することによって、製造部門はより早い段階から生産計画に着手可能となるほか、設計情報に基づいて製造設備の制御データを自動的に作成するということも可能となる。

製造部門と調達部門との連携においても、製造部門が必要とする部品を時間的にも量的にも過不足なく、しかも自動的に調達量を決定することが可能となり、無駄のない調達が実現できる。このようにデジタル化によって製造部門と他部門との連携が向上すれば、各部門の作業の効率と精度が大幅に改善されるため、コストやリスクの低減に効果大である。

スマート・ファクトリーは現代の生産改革の大きな流れである。次期戦闘機の生産システムもスマート・ファクトリーを上手く活用して、コストやリスクの大幅な低減を実現していくべきである。

4、システム・インテグレーション

（1）システム・インテグレーションとは

システム・インテグレーションは「Vプロセス」というチャートを用いて説明されることが多い

（図12参照）。製品に対する要求を分析し、それに基づいて必要となる機能を定義した上で、その機能を具体的なサブシステム、さらには装備品に割り付けていく。

一方、設計・製造された各装備品は単体として機能・性能を確認された後、サブシステムレベル、システムレベル、機体全体システムとビルドアップされていく各段階において、設計段階で設定した機能・性能を満たしていることを逆方向に確認しながら順次、保証していく。これらの一連の作業をシステム・インテグレーションという。

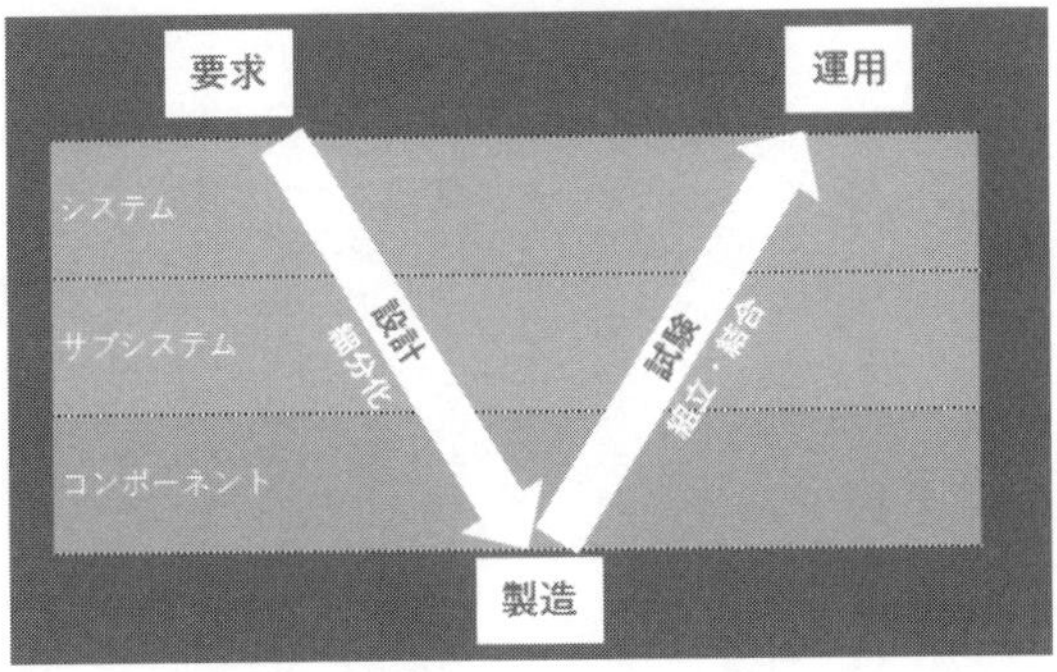

図12 Vプロセス

しかし、前述のように説明されるシステム・インテグレーションは狭義のシステム・インテグレーションである。他国の脅威機を凌駕する性能を求められる戦闘機は、高い飛行性能を実現する機体形状、軽量化などを求めてコンパクトな外形形状を追究する一方で、大量の装備品やウェポン、それらを稼働させるための配管や電線を詰め込む必要がある。

さらに、これらのすべてに対して安全性や整備性、信頼性といった観点も考慮する必要があり、そういった諸々の事項をすべてクリアした上で、トータルの戦闘機システムとしての機能・要求も満たすことが求められるため、戦闘機のトータルシステムとしての成立解の存在範囲は極めて狭いというのが通例である。

このような成立解を求めて、機体の諸元や形状を策定する作業、機体構造の骨格を決める作業、装備品、配管、配線などを適切にアレンジする作業も戦闘機のシステム・インテグレーションにおける重要かつ難易度の高い作業である。

また、前記の内容は機体システムに目を向けたシステム・インテグレーションであるが、その他にも後方支援システムや訓練システムなどの周辺システムも含めたライフサイクルを通しての総合的なシステムとしてのインテグレーションやプロジェクト管理といった観点も含めてシステム・インテグレーションと捉えて開発を進めていく必要がある。

次期戦闘機のシステム・インテグレーション上、米軍との相互運用性（インターオペラビリティ）を確保することは不可欠な事項である。

相互運用性を効率的に実施するには、戦術、装備品、後方支援などに関する共通性・互換性を確保する必要があり、次期戦闘機としてどこまでのインターオペラビリティを実現するのか、その具体的な内容は今後の日米政府レベルでの協議に依存する部分が大きい。

ただし、日米の戦術共有のための通信手段、すなわち戦術データリンクに関しては選択肢が限られており、結果的に米軍が使用する米国製戦術データリンクシステムを次期戦闘機に導入することが想定される。これを導入するにあたり、米国側からの制約条件や日本側の改修自由度の確保などの条件の成立性について慎重に協議する必要がある。

（2）システム・インテグレーションの観点から押さえておくべきこと

システム・インテグレーションは、システム開発をプロジェクト管理と技術活動の両面で統括する作業である。したがって、次期戦闘機の開発を我が国主導で推進していくためには、我が国がこの両面について要所を押さえておく必要がある。

プロジェクト管理はプロジェクトの舵取り役であるから、この管理活動についてはすべて我が国が押さえておくべきである。技術活動についてはシステム、サブシステムレベルの仕様を決める作業や出来上がったシステム、サブシステムの確認・検証する作業は我が国で押さえておく必要がある。

一方、個々の装備品の設計、製造、確認・検証については海外企業に任せても我が国主導の開発を逸脱することにはならない。また、将来の装備移転に際しての制約、戦闘機システムにとっての重要装備品を国内企業で担当すること、岩屋防衛大臣の発言にある「国内企業の関与」、あるいは改修の自由度といった観点にも配慮したうえで海外企業を選定することが重要である。

5、機体・エンジンの開発設計

(1) エンジンの機能と機体とのインターフェース

現代の戦闘機に搭載されるジェットエンジン（ターボファンエンジン）の機能のうち、最も重要なものは大きな推力を発生することである。機体のエアインテークダクト（空気取入口）から取り込まれた外気を圧縮・燃焼して作った高温高速の噴流を後部のノズルから噴出することによって推力を得ている。

しかし、エンジンの機能は推力の発生に留まらない。機体を操縦するための操縦舵面を駆動するためには何らかの動力が必要である。かつての航空機はパイロットが操縦桿を操作した力がそのまま操縦索を介して舵面を動かしていたが、現代の戦闘機のように高速で飛行する機体の舵面を人力で制御することは不可能である。この操縦に必要な動力はエンジンから抽出されている。

エンジンは一種のガスタービンであり、多くの回転体で構成されており、抽出される動力源はこのエンジンの回転エネルギーである。この動力を使って油圧ポンプや発電機が作動し、舵面を駆動することができる。

機体に搭載されるすべての電子機器も発電機により供給される電力を必要としている。戦闘機の場合、航法装置や照明、表示機器など、飛行に必要な電子機器だけでなく、レーダーや電子戦、データリンク、火器管制などの戦闘ミッションのために必要な電子機器も含まれる。

戦闘機が飛行する環境は高度によっては気温が氷点下数十度、気圧も人間が生存不可能なレベルまで低下することがあり、コックピット内の調温と調圧は必須である。コックピットに適度な空気を供給する空調システムが必要とする空気源もエンジンから抽出した高温高圧の空気である。

一方、エンジンを作動させるために機体側に装備されるものとしてはエンジンを始動させるシステム、燃料を供給するシステム、パイロットのスロットル操作や機体の飛行状態をエンジンに知らせるシステムなどがある。

以上のように、機体とエンジンの間には複数のインターフェースがあり、それぞれが複雑なインターフェース設計を必要とする。

たとえば、機体のインテークダクトから取り込まれる空気の状態は機体の速度や姿勢によって複雑に変化し、飛行の状況によってはエンジンにとって好ましくない状態となる。このような状態でのインターフェース設計が悪ければエンジンの停止や破損を招く可能性があり、それを避けるため、インテークダクト形状やエンジン側の燃料流量制御などの制御システムを慎重に設定しなければならない。

万が一、エンジンが停止したら、まずパイロットが再始動の手順を試みる。これが不首尾の場合、次の手段として機体側のエンジン空中再始動システムを作動させることになる。この再始動のシーケンス（順序）は地上でのエンジン始動と異なり、非常にデリケートで適切に設計しなければ再始動は失敗することもあり得る。

エンジンの時々刻々の状況を適切に把握しながら、状況に応じて慎重に回転数を上げていくように再始動システムを設計しなければならない。

また、機体の各システムは動力源や空調源としてエンジンから抽出、抽気をするが、これはエンジンからすれば、せっかく作ったエネルギーを抜かれることにほかならず、推力の低下や最悪の場合、エンジンの不安定作動を招きかねない。したがって、機体側が必要とする抽出、抽気の量とエンジン側の推力、安定作動の適正化もインターフェース設計の要目である。

ここで紹介したのは、機体とエンジンのインターフェースのほんの一例であるが、戦闘機を開発するにあたって、機体とエンジンのインターフェースがいかに複雑に絡み合っているかを理解することは重要である。

(2) 機体とエンジンの開発プロセス

世界各国で戦闘機の開発が行われてきたが、ジェット戦闘機において機体とエンジンの両方を1つのメーカーが開発した例は皆無である。機体メーカーとエンジンメーカーが組んで1つの戦闘機システムとして開発してきた。

一般的にエンジンの開発期間は機体のそれよりも長く、機体とエンジンを同時に開発する場合、エ

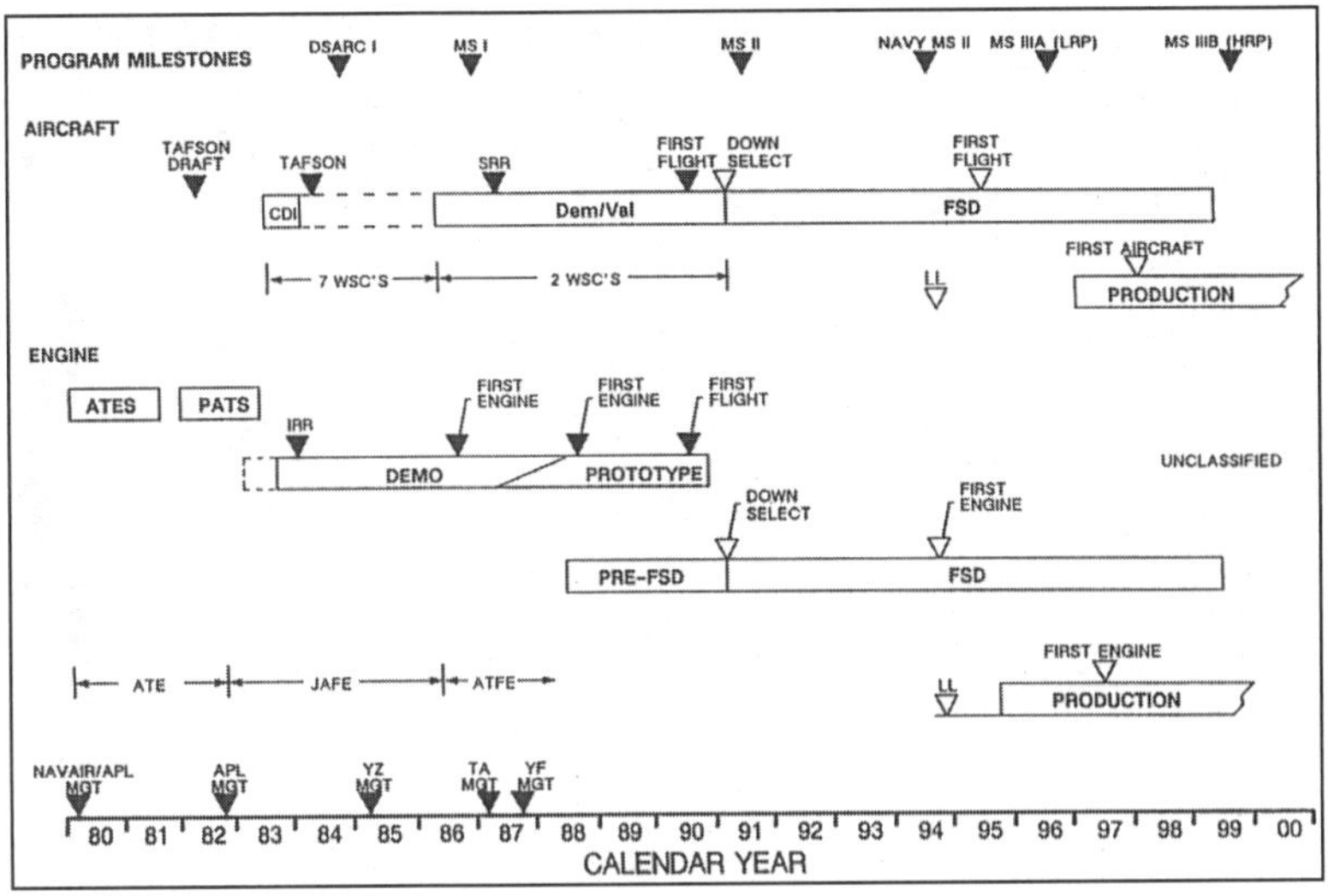

図13 F-22/F119エンジンの開発線表

(Deskin,W., Yankel,J., *Development of the F-22 Propulsion System,* AIAA, 2002-3624, 2002)

ンジンの開発着手時期は機体に対して先行することが多い。

図13はF‐22と搭載エンジンのF119エンジンの開発経過を示したものである。米空軍の航空機開発はコンセプトデザインのコンペを経て絞られた2機種が競争試作され、飛行試験の結果も含めて最終的に1機種が選定される。ATF（Advanced Tactical Fighter：先進戦術戦闘機）では、機体がYF‐22とYF‐23、エンジンがYF‐119とYF‐120の競争となり、最終的にYF‐22とYF‐119が選定された。図13の機体の線表のうち、Dem/Val（Demonstration/Validation：飛行実証／確認）が競争試作機（YF‐22）、FSD（Full Scale Development：本格的な開発）が量産に向けた試作機、PRODUCTIONというのが量産機の線表である。一方、エンジンの線表も同様

に、DEMO/PROTOTYPE、PRE-FSD/FSD、PRODUCTION）という3段階となっているが、いずれの段階についてもエンジンの開発の方が機体よりも2年ほど先行していることが分かる。

また、戦闘機開発において、常に新規のエンジン開発を伴うものではなく、要求を満たす既存のエンジンがあれば、これを選択することが多い。既存のエンジンは他機種での運用により十分に飛行時間・運転時間の実績が蓄積され、信頼性が向上しているから、これを選択することにより開発のコストやリスクを低減することができる利点がある。

たとえば、ジェネラル・エレクトリック社のF404エンジンは各種の派生型を生みつつ、米国のF-20、F/A-18、F-117、スウェーデンのSAABグリペンなどの戦闘機に搭載され、日本のFS-Xの国産案でも搭載が検討された。

このように、戦闘機開発では搭載エンジンが新規開発にせよ、既存のエンジンにせよ、機体側がエンジンを追いかけることになるのが通常であるが、機体とエンジンのインターフェースに関する検討事項は非常に多く複雑であるため、本格的に開発着手する前の段階から機体メーカーとエンジンメーカーとで議論を深めておくことが重要である。

さらに、いわゆる第4世代戦闘機は機動性など、機体の飛行性能によって雌雄を決する結果になることが大きかったのに対し、第5世代以降の現代の戦闘機はアビオニクスの性能の比重がより大きくなっている。

この変化はエンジンに対する要求として、推力発生というエンジンの本来機能から電力供給や冷却のための動力源や空気源といった付随機能へ比重がシフトするという変化を意味している。

このような変化によって、機体とエンジンのインターフェースは第4世代までの戦闘機に確立されたアプローチが通用せず、新規性の高いシステムの導入が求められることとなる。

以上のような変化は次期戦闘機の開発でも必ず直面する課題であるから、第4世代戦闘機の実績以上に機体メーカーとエンジンメーカーが本格開発着手に先んじて議論を深める必要があるし、さらには開発着手後、特にシステムの大枠を固める構想設計段階においては両者が一体となった体制で開発を進めることが重要である。

参考として戦闘機における機体とエンジンの開発プロセスの関係について具体例を紹介しておきたい。

試作機には既存エンジンを搭載し、量産機で新開発のエンジンに換装するという開発形態をとっている戦闘機としては、デ・ハビランド・バンパイア、F‐104、F‐105などが挙げられる。これは機体とエンジン双方を一度に開発するリスクを2段階に分散する効果があった。

また、競争試作機や技術実証機の段階で既存エンジンを搭載した例として、YF‐16とラファールAがある。YF‐16は、F100‐PW‐100(F‐15に搭載)、ラファールAはF404‐GE‐400(F/A‐18A/Bに搭載)を搭載している。

フランスは開発当初からラファール用のエンジンとして自国のSnecma(現SAFRAN)M88‐2の採用を決めていたが、M88‐2の開発がラファールの開発スケジュールに間に合わなかったため、F

404-GE-400で開発を始めている。開発段階の飛行試験でM88-2に換装する際、まずは双発エンジンのうち、片側のみF404-GE-400からM88-2に換装し、その後、両側ともM88-2とする手順をとり、開発リスクの低減を図っている。

開発完了後にエンジンの能力向上を図ることは多くの戦闘機で実施されてきた。特に機体が初期の開発コンセプトを超えて大型化したり、重量が増大した機体ではエンジンの能力向上の頻度も多い。軽量戦闘機（Light Weight Fighter）からスタートしたF／A-18やF-16はその例である。また、F-15Eとブロック30以降のF-16に関しては、Alternative Fighter Engine Program（1970年代、米空軍の戦闘機エンジンはサプライヤーが1社であったことに起因してエンジンのコストや性能に関する米空軍の要請に対するサプライヤーの対応が芳しくないという事態が生じていた。この問題を解消するため、米空軍は代替エンジンを開発することとし、2社に対して開発競争をさせ、第一段階でコスト低減、第二段階で性能向上を実現した）によって、F100-PWとF110-GEの両方が搭載できるようになり、開発終了後も、調達する量産機体にどちらのエンジンを搭載するかについてエンジン同士が長く競争状態にあった。

F-35でもF135能力向上オプション（Growth Option）としてプラット&ホイットニー（PW）社が自社開発でF-35用エンジンのF135-PWの能力向上を進めているが、これとは別に、これまでのエンジン能力向上とは全く別の次に述べる理由から新しいコンセプトのエンジン能力向上が進められている。

昨今、対中関係が悪化を続けるなか、中国がスタンドオフ攻撃能力を向上させており、米軍のタンカー（空中給油機）などの高価値資産は迂闊に中国に接近できない事態となっている。このため、戦闘機には機動性に加えて航続性能がより重視されるようになってきた。

戦闘機の航続距離を延ばすには外装の燃料タンクを搭載するのが常套手段であるが、F‐35の場合、タンク搭載はステルス性の喪失という弊害がある。そのため、エンジンには戦闘時に必要な大推力を維持したまま、航続距離を延ばすため、燃費の向上が求められることになった。これを実現するのがアダプティブ・サイクル・エンジン（adaptive cycle engine）である。

ジェットエンジンは吸入した空気を燃料と混ぜて燃焼させ、高温高速の噴流に変えて大推力を発生させる。一方、進出時はなるべく燃料を節約するため、空気抵抗が少ない音速に満たない速度で巡航する。その際、吸入した空気をすべて高温高速の噴流にしてしまうと、噴流と機体との速度差が大きすぎて推進効率が悪い。そこで、現代の戦闘機用のエンジンは吸入した空気の一部をバイパスさせて燃焼させず低温低速の噴流として送り出し、これを高温高速の噴流と合わせ噴流の速度を平均化することで巡航時の推進効率を上げている。

このバイパスさせる空気の度合をバイパス比というが、通常のエンジンではバイパス比は固定であり、大推力を必要とする戦闘機用のエンジンではバイパス比をあまり上げられないため、巡航時の推進効率、すなわち燃費、ひいては機体の航続性能が犠牲になっている。

アダプティブ・サイクル・エンジンはこのバイパス比を飛行状態によって変更できる機構を持たせたエンジンで、大推力と巡航時の高燃費を両立させることを狙っている。

アダプティブ・サイクル・エンジンはアダプティブ・エンジン移行プログラム（Adaptive Engine Transition Program）の中で、まずはF‐35をターゲットにPW社（プラット&ホイットニー社）とGE社（ジェネラル・エレクトリック社）との間で競争試作開発が進められているが、今後、開発が予定されている米空軍の次世代戦闘機（Next Generation Air Dominance）や既存の戦闘機の能力向上にも活用されていくことになろう。

6、次期戦闘機のエンジン設計

戦闘機にとってエンジンは生命である。最後にエンジンの開発設計についての要点をまとめると以下のとおりである。

（1）エンジンの研究開発と実績

防衛省は、これまで次期戦闘機に搭載するためのエンジンについて各種の研究を行ってきた。先進技術実証機（X‐2）においては、XF5という名称で、推力5トンのアフターバーナー付きエンジンを開発し搭載した。

その後、「戦闘機用エンジンシステムに関する研究」というタイトルで、これまでの研究成果を結集し、ハイパワーでスリムな（軽量小型の意）エンジンを目指してきた。2015年度からプロトタイプエンジンを試作し、地上での性能確認を2019年度まで実施した。この研究では、構成要素を組み合わせてプロトタイプエンジンを完成させ、エンジンのシステム・インテグレーション技術を確立するほか、機体搭載時、ステルス性に寄与する電波反射や赤外線輻射を局限する形状設計、操縦装置とエンジンとの協調制御を実施するための飛行・エンジン統合制御（IFPC機能：Integrated Flight and Propulsion Control）や整備性向上のため、エンジン運転時の作動状況のモニタリング要領などについても研究してきた。

このエンジンは、XF9と呼称され、全長約4・8メートル、直径約1メートル、タービン入口温度1800度、アフターバーナー作動時最大推力15トン以上と、単発のF‐2に搭載しているF110の約13トン、直径約1・2メートル、F‐35に搭載しているF135の約19トン、直径約1・17メートルの米国製エンジンと比較しても、ハイパワー・スリム・エンジンの名に恥じないものである。

しかし、将来戦闘機のためのエンジン開発はこれからである。エンジンを実機に搭載、空を飛ぶまでには各種地上試験を実施して飛行環境下での性能、信頼性や耐久性をはじめスペックに定められたあらゆる項目の試験にパスしなければならない。次期戦闘機用エンジンを開発していく際の重要な課題を次に述べる。

（2）飛行環境下のエンジンの運転試験

飛行環境下における運転試験は、推力5トン以下のエンジンは北海道の防衛装備庁千歳試験場にある空力推進研究施設のエンジン高空試験装置で実施が可能であるが、それ以上の推力のあるエンジンは、米国テネシー州にある米空軍アーノルド技術開発センター（AEDC）の高空試験装置で高速・高高度の性能を試験しなければならない。また、米国ではすでに多数の戦闘機用エンジンの開発データが蓄積されているため現在では実施されていないが、日本はデータ・技術が蓄積されていないため実戦闘機をフライト・テストベッド（試験母機）にして開発したエンジンを搭載し、飛行中のエンジンのデータを収集する必要がある。

T-4中等練習機のエンジンF3を開発したときは、C-1輸送機を試験母機として利用した。次期戦闘機においても試験母機としてF-15を利用し、その片方のエンジンを次期戦闘機用のエンジンを搭載して種々のデータを収集する必要がある。

AEDCでのエンジン・データは、一定条件のデータ（飛行中の高度、速度が一定時のデータ）であるが、試験母機では、Gがかかった動的な状態、エンジンに流入する空気が乱れた状態、エンジンの姿勢がピッチ軸、ロール軸で傾いた状態でも健全にエンジンが作動するか否かを確認する必要がある。

たとえば、戦闘機が背面飛行をしていてもエンジンが正常に設計どおりの性能を出して作動することを確認しなければならない。この試験母機での試験を省略すると、エンジン地上運転試験では気づかなかったエンジン不具合が次期戦闘機の飛行試験中に起こり、開発スケジュールに大きな遅延をもたらす可能性がある。

(3) エンジンの耐久性

エンジンは、戦闘機用であろうと、それ以外であっても、耐久性(長時間エンジンを運転していても不具合が生じず、性能が劣化しない特性)が必須である。

耐久性については、開発中に準拠するであろうミルスペック(米軍の規格)には、250時間の耐久運転試験を2回実証することが要求されているが、これだけでは実任務に使用しようとするには足りない。実任務にも耐え得る耐久性を確保するためには、エンジン開発が終了した後も、加速運用パターン試験(AMT:エンジンの運用パターンを模して時間を短縮して運転するエンジン耐久試験)を2~3年程度の長期間実施しなければならない。

ともするとミルスペックに規定されているエンジン試験で、エンジン開発は終わったとして、この試験を短縮・省略しがちであるが、この試験により、長時間使用した場合の不具合を抽出したり、エンジンの分解整備までの時間（ＴＢＯ）を５０００時間、1万時間に延長でき、ＬＣＣ低減に大きな効果をもたらす。エンジン開発完了後、ＡＭＴ試験は所要のＴＢＯを得るまで必ずやらなければならない。

（4）代替エンジンの検討

次期戦闘機用の国産エンジン開発時に大きなトラブルが発生した場合、機体開発スケジュールに大きな遅延が生ずる可能性がある。米国では、戦闘機開発時には、ジェネラル・エレクトリック社（ＧＥ）とプラット&ホイットニー社（ＰＷ）は互いに同一の機体に搭載するエンジンの競争開発をして、エンジン・トラブルによる開発スケジュールの遅延を回避している。

前述のようにＦ‐22の研究段階のＹＦ‐22の機体には、ＸＦ１１９エンジン（ＰＷ）とＸＦ１２０エンジン（ＧＥ）、Ｆ‐35においては、Ｆ１３５エンジン（ＰＷ）とＦ１３６エンジン（ＧＥ）が競争した。

しかしながら、日本ではこのような競争システムは、予算規模とエンジン開発能力を有する企業が複数存在しないことから考えられない。したがって、日本ではエンジン・トラブルが機体開発のスケジュールの足を引っ張らないよう、機体の設計当初からトラブル対応策を想定した設計をすべきである。

考えられるのは、設計当初から国産エンジンに不具合が生じた場合の代替エンジンを次期戦闘機に搭載できるよう機体胴体径を同一にすることを検討しておくことである。このようにしておけば、機体の試作が進み、エンジンを搭載して地上試験を行う必要がある時は、国産エンジンが不具合のため使用できなくても、代替エンジンで機体の機能を確認することができる。

また、次期戦闘機の飛行試験を代替エンジンで行うことも考えられる。場合によっては、次期戦闘機の量産において代替エンジンを搭載した前期型量産機、国産エンジンを搭載した後期型量産機ということも考えられる。

代替エンジン使用は外国では多々あるが、日本では昭和30~40年代（1955~65年代）の国産のT-1中等練習機において、エンジンの開発が遅れ、前期量産型（T-1A、46機製造）はイギリス製のオーフュースMk805エンジン、後期量産型（T-1B、20機製造）は国産のJ3エンジンを搭載した。

開発は、常にリスクを予測し、それにどう対処するかを事前に考えておくことが重要である。

第5章　次期戦闘機開発の技術的課題（2）

1、次期戦闘機のための国内研究開発の実績と成果

（1）次期戦闘機の研究開発ビジョン

2010年（平成22年）8月、防衛省は「将来の戦闘機に関する研究開発ビジョン」を公表した。このビジョンは、航空自衛隊が運用する唯一の国産戦闘機で、F-2の運用開始から10年が経過し、将来、その後継機の取得が議論される際に国内開発が選択肢の1つとなるよう次期戦闘機が目指すコンセプトや必要な研究事項を整理したものである。

このビジョンが目指すところは、数的に優勢でステルス性を備えた敵に対し、日本の優れた技術を駆使し、情報優越、知能化、瞬間撃破力などの新たな戦い方で対応しようとしたものである。そのためビ

ジョンでは、ネットワークで連携したクラウドシューティング機能を担う無人機などの将来装備品とのクラウド連携、レーザーなどのライト・スピード・ウエポン、電子戦に強いフライ・バイ・ライト、それらを備えた「アイ・ファイター（i^3 Fighter）」と、日本の誇る材料技術を駆使し、高いステルス性を備えつつ、ステルス化した相手を捉えるハイパワーレーダー、それを実現するためのハイパワーかつスリムなエンジンを備えた「カウンター・ステルス・ファイター」の2大コンセプトを掲げた。

一般に戦闘機のように複雑かつ高度で先進的な技術を適用する装備品の開発には研究フェーズを含めた長い期間を要し技術的リスクも高い。そのため、耐用命数が明確となり後継機取得を検討し終えた時期になって様々な研究に着手したのでは手遅れとなり、海外から装備品を導入するしか術がなくなる。だからといってやみくもに研究を始めればいいかといえば、これも極論で、日本ではそのための経費も人員も確保することは困難である。特に、戦闘機の分野では今後、ステルス技術やネットワーク技術などの革新的技術の適用が必須のものとなり、それら技術力を持たずして戦闘機開発を行うことはできない。

当時、防衛省が次期戦闘機に関し研究開発ビジョンを策定し、官民関係者が人的、物的、経費的に限られた資産を最大限に活用できるよう戦闘機研究の方向性を明確にしたこと、今後も日本で戦闘機開発があるのかと疑心暗鬼だった国内の航空防衛産業にその意志を示したことの意義は非常に大きい。その後、防衛省では次期戦闘機開発を念頭に様々な研究が始まることになった。

２０１３年（平成25年）12月に定められた『中期防衛力整備計画（平成26年度〜30年度）』では、

次期戦闘機について「国際共同開発の可能性も含め、戦闘機（F‐2）の退役時期までに開発を選択肢として考慮できるよう、国内において戦闘機関連技術の蓄積・高度化を図るため、実証研究を含む戦略的な検討を推進し必要な処置を講ずる」とされ、次期戦闘機への適用が期待される要素技術についての研究が加速された。

もっとも戦闘機開発に適用する新技術は数年研究したからといってすぐに実機に適用できる、いわゆる実用化できるものは稀である。ましてや、新しい戦闘機開発に必要な要素技術は多岐にわたり、長年に及ぶ研究や開発を続けながら技術レベルを高める必要がある。

防衛省では連綿と戦闘機関連の技術研究を行ってきた。また、T‐1、T‐2、T‐4ジェット練習機やF‐1、F‐2支援戦闘機の開発を通じシステム・インテグレーション技術を磨き、これまで防衛省及び国内航空防衛産業は戦闘機開発に必要な技術力を蓄積してきた。

（2）次期戦闘機に必要な技術

次期戦闘機開発のためになされてきた研究として急速に変化する安全保障環境のもとで、次期戦闘機に必要な技術とは何か。一般には米国の戦闘機のF‐22やF‐35は、ステルス性により敵に自機の存在を知られることなく、様々なセンサーやネットワークを通じて情報を収集し、瞬時に取捨選択、それを表示することでパイロットの状況判断を容易にし、少ない機数でも効率的な戦闘を行えることだといわれている。しかし、ステルス形状やセンサー・ネットワーク、状況認識能力などを備えただけでは戦いでその真価は発揮できない。ステルスとひと口にいっても、それを実現するためには機体形状自体がレーダーに映りにくいのはもちろんのこと、戦闘機であればミサイルなどのウエポンを搭載するのに、従来のように翼下に搭載したのでは機体がレーダーに映りにくくても、ウエポンなどが大きく電波を反射し台なしになる。

また、通信や索敵のため電波を放射すれば、それをもとに相手に探知されてしまう。レーダーで発見できなければ敵は赤外線やその他の手段を使って見つけようとするので、その対策も必要となる。ネットワーク能力では優れたデータリンクを装備していても、それに載せるセンサー情報（敵の情報）が劣っていたのでは意味がない。

優れた戦闘機とは1つひとつの性能が必ずしも傑出していなくとも、それらを組み合わせた時、高い攻撃力と生存性を発揮しているものである。

日本では次期戦闘機のため具体的にどのような研究が行われてきたのか。次期戦闘機開発を目指し防衛省と国内企業が取り組んできた研究状況について、公表資料をもとに一部技術的な推測も含め概観する。

なお、研究の内容、期間、経費は大部分が開始当初のものであり、その後変更されている場合があるが、ほとんど公表されていないため、本章では変更などについては、ほとんど反映されていないことをお断りしておきたい。

（3）ステルス性に関する研究

ステルス化の意義

「ステルス」という言葉は、英語で「こっそりすること」、「忍び」を意味する。装備品で使う場合、敵から探知、追尾されにくいことを表わす。

ステルスの対象は電波のみならず赤外線や可視光など、あらゆる電磁波が含まれる。しかし、現代の技術レベルでは、赤外線でミサイルを誘導したり、または見えない〝透明な戦闘機〟を作ることは困難である。よって、現状「ステルス」と言えば電波に対するステルスの意味で使われることが多い。

レーダーの原理は、電波を照射し目標から反射される電波で対象の方向や距離を計算する。したがってレーダーに探知されないためには、いかに照射された電波を相手方向に反射しないかが重要となる。

レーダーが照射した電波は、機体に当たると一部は熱エネルギーとして吸収され、残りの大部分はいろいろな方向へ散乱する。したがって、探知されないためには電波を機体表面でなるべく多く吸収させ、残余の電波は照射レーダー方向へ反射させない工夫が必要になる。前者が電波吸収材や電波吸収塗料といった電波吸収材技術で、後者は電波の反射方向をコントロールする機体形状技術である。

この反射波の程度を表す尺度をＲＣＳ（レーダー反射断面積）といい、レーダーの探知距離はＲＣＳの４乗根に比例するので、ＲＣＳが１桁違えば約56パーセントに、２桁違うと約33パーセントにも減少する。文献によれば第4世代機のF-15は約10平方メートル、F/A-18で約1平方メートル、第5世代機のF-35は約0・1平方メートル、F-22は約0・01平方メートルといわれており、いかに空中戦で第5世代機が探知されにくいかがわかる。

ステルスの歴史

今では耳慣れた「ステルス」という用語が一般に知られるようになったのは1980年代はじめ、米国がレーダーに映らないステルス機の開発を発表してからといわれている。

当時、米国がステルス技術の研究に力を入れたきっかけは1973年からの第4次中東戦争にさかのぼる。米国製のイスラエル空軍機が奇襲してきたアラブ諸国に反撃に向かった際、アラブ側が持つソ連製の対空火器や対空ミサイルで多数撃墜されたことによる。

以後、米国はレーダーに探知されない機体の研究に取り組むことになった。1977年(昭和52年)には、世界初のステルス戦闘/攻撃機F-117の原型の「ハブ・ブルー」1号機が初飛行に成功し、その後、F-117に続いて、F-22、F-35と米国はステルス戦闘機の開発を進めてきた。

ステルス性を有した機体形状を設計するのに1970年代のコンピューターでは能力に限界があったため、F-117は計算が簡単な極端な前縁後退角を持った主翼と多面体で構成される胴体の奇異な形状をしている。そのため、空力性能は重視されなかったが、その後の計算機の進歩により膨大で複雑な計算ができるようになると、F-22やF-35といったステルス性を有し、空力性能も両立した第5世代戦闘機が実用化されるようになった。

ステルスに関する防衛省の取り組み

防衛省におけるステルス技術についての本格的な研究は、当時の防衛庁技術研究本部が実施した研究試作「高運動飛行制御システム」である。防衛省が行う装備品の研究開発は研究試作と開発試作とに区分され、簡単に説明すれば、開発試作は各自衛隊からの性能などの要求に基づき装備品の設計、試作を行うもので、その後の試験（技術試験）で設計どおり出来上がったか否かを確認する。

他方、研究試作は、これまでにない新たな技術を確立するためや、規模の大きい装備品開発に先立って適用技術の実現可能性を見極めるため、設計や試作品製造を行うもので、その後の試験（所内試験）でデータ収集や評価などを行う。

「高運動飛行制御システムの研究試作」は、将来小型航空機に適用する低被観測性（ステルス性）技術及び高運動飛行制御技術についての研究で、2000年度（平成12年度）から2007年度（平成19年度）に研究試作、2003年度（平成15年度）から2008年度（平成20年度）に所内試験を行い、ステルス機の成立性、有効性を評価した。日本のステルス技術研究の先駆である。

研究の主眼はステルス性を備えつつ、同時に戦闘機としての高運動性も両立した機体形状を実現することにあった。ステルス機設計では、いまだ王道があるわけではなく、どの部位にどのように手を加えれば電波反射低減効果があるか機体各部位への地道な工夫の積み重ねが必要となる。RCSを低減する方法とそれらを設計段階で見積る技術を取得するのが研究目的であった。

研究の初期段階では、構造の一部を模擬した部分構造模型や機体全体の縮小模型などを使いＲＣＳ計測などを行いながらノウハウを蓄積してきた。日本オリジナルの、従来は制御が難しい高迎角域でも優れた空力性能を有するステルス機体形状が設計できた。

ステルス性を持たせるため、主翼、胴体、インテークなど、機体上すべてのエッジ部には、照射された電波を特定方向のみへ反射するよう、方向を揃えるエッジマネージメントを施した。

機体外板では繋ぎ目の段差（ギャップ）や隙間（ミスマッチ）が反射源とならぬよう従来は数枚で造っていた外板を一体で作り大型化し、繋ぎ目を減らし、継ぎ目にはギザギザ形のセレーションと呼ばれる独特の形状が施された。エンジンのインテークダクトは入射した電波がエンジン前面のファン・ブレードに反射しダクト内で乱反射しないよう、ダクト内壁に電波吸収材を使い、エンジン性能を損なわない範囲でインテークダクトを曲げてオフセットをとったいわゆる「曲がりダクト」にした。

キャノピーを透過した電波がコックピット内のパイロットや計器、座席などで反射することもわかった。これを防止するためキャノピーには導電性を保持しつつ高い透明度を有するＩＴＯ（酸化インジウムスズ）のメッキを施し、その上に耐久性向上の保護膜をコーティングすることで電波は透過させず視認性のよいキャノピーを作った。

航空機設計において、空力性能は計算機を使った計算空気力学技術（CFD：Computational Fluid Dynamics）や、風洞試験により実際に飛ばさなくても設計段階から高い精度で見積れるが、ＲＣＳ

図1 フランスのRCS計測施設と計測した実大模型（防衛省HPより）

については高精度で見積る技術が日本にはなかったので、この研究はその第一歩であった。

ＲＣＳを見積る技術を得るためには、設計した機体のＲＣＳを検証しなければならないが、そのためには実際に機体のＲＣＳを計測する必要があった。機体の実大模型を製作し２００５年（平成17年）にフランス西部のレンヌにあるフランス国防省国防装備庁所有の大型ＲＣＳ計測施設に持ち込みそのＲＣＳを計測した（図1参照）。

どこの国でもステルス技術などの革新的技術は研究の進捗や技術レベルを他国に知られないよう水面下で行うのが普通であるが、日本国内には大型のＲＣＳ計測施設がないため海外で計測するよりほかなかった。この実大模型はのちに「心神」の通称で国内外の航空雑誌や新聞で取り上げられたためご記憶の方も多いであろう。

フランスのＲＣＳ計測施設は、実機を天井から吊り下げ、回転させて全周360度、下方から上方まで角度を変えてのRCS計測ができる。この計測を通じ、従来の縮小模型などでは分からなかったステルス技術に関する様々なノウハウが得られたといわれている（図1参照）。ステルス性は、電波周波数との関係から実大模型でなければその特性（熱として外板に吸収される分と外板で反射される分）は正確には計測できない。

ステルス化の実証研究

本研究のもう1つの目的は、エンジンの推力偏向システムを使った機体の高運動性の実現である。エンジン排気部に推力偏向ノズルを付けてIFPC（Integrated Flight Propulsion Control）技術により飛行制御とエンジン制御を統合することで、空力舵面の利きが低下する高迎角域でも推力の偏向で高い運動性を実現させることを目的とした。

ステルス機が高性能レーダーと長射程のミサイルを持てば目視外での長距離戦闘が主体となり、戦闘機同士の近距離戦闘は生起しなくなるとの意見もある。しかし、対領空侵犯措置では確認、警告のため相手に接近しなければならず、相手も第5世代機のステルス機同士の戦いでは、接近するまでお互いを発見できないことも予測されることから運動性能の重要性は今でも失われていない。

また、推力偏向で機体の制御ができれば、機体横方向のRCS低減の妨げであった垂直尾翼面積を離着陸の際の横風制限を気にすることなく小さくでき、飛行中に空力舵面の動きが電波を反射して相手に発見されることもなくなる。

F‐22でも推力偏向でピッチやロールの動きを強化しているが、この機能には操舵による舵面の動きに帰因するステルス性劣化を防ぐ目的があるといわれている。

IFPC技術検証のため、技術研究本部は2008年（平成20年）度末まで実施していた研究試作「実証エンジンの研究」で試作したXF5エンジンに3枚の推力偏向パドルを付け推力偏向リグ試験を行った。その他、飛行制御則を検証するためのスケールモデルでの飛行試験も行われ、日本独自のステルス機開発に必要な要素技術に関するノウハウや設計データが収集され研究は終了した。

この研究成果は、その後の「高運動ステルス機技術のシステム・インテグレーションの研究」、「先進技術実証機（高運動ステルス機）」に引き継がれている。「高運動ステルス機技術のシステム・インテグレーションの研究」は2008年度（平成20年度）から2010年度（平成22年度）に行った研究試作で、後の先進技術実証機の構想設計を行った。それに続き「先進技術実証機（高運動ステルス機）」として2009年度（平成21年度）から2016年度（平成28年度）まで研究試作、2012年度（平成24年度）から2017年度（平成29年度）まで所内試験が行われた。

研究試作では構想設計の成果を受け、基本設計及び細部設計などの設計作業と風洞試験などの各種関連試験が進められた。設計の進捗に並行して実機製作が行われ、ついに先進技術実証機（X‐2）が完成した（図2参照）。

航空機開発はいろいろなものを比較検証しながら決めていくトレードオフの連続である。様々な要素技術を採用しながら、それらをどう組み合わせ1つのシステムとしてまとめ上げるかといったシス

図2 飛行中の先進技術実証機（防衛省HPより）

テム・インテグレーション技術が必要となる。

先進技術実証機（X‐2）は、日本の航空機産業がステルス機を開発する技術力を有しているか否かの試金石となった。X‐2は全長14・2メートル、全幅9・1メートル、全高4・5メートル、空虚重量約10トン、アフターバーナー付きの実証エンジンXF5を2基搭載、高運動性実現のため推力偏向ノズルとIFPCによる推力偏向機能を有している。

機体形状は「高運動飛行制御システム」で研究したエッジマネージメント、曲がりダクト、ITOコーティング等々、高運動飛行制御システムの研究の成果を取り入れた。

2016年（平成28年）4月22日に初飛行し、2017年（平成29年）10月までに飛行特性・性能を確認する特性試験、エンジンの作動確認試験、ステルス性を確認する低被観測性試験などの様々な飛行試験（34フライト実施）を無事に行い、数多くのノウハウ、知見を得て研究は終了した。

（4）機体に関する研究

機体構造技術

「機体構造軽量化技術の研究」は、高精度構造解析技術や新構造技術についての研究で、2014年度（平成26年度）から2017年度（平成29年度）に研究試作、2017年度（平成29年度）から2018年度（平成30年度）に所内試験が実施された。

将来の戦闘機ではステルス化で複雑な曲面形状が増え、搭載システムも増加するため機体重量の増加は不可避である。そのため重量軽減策として構造のむだを省く高精度構造解析技術や複合材の適用部位を拡大した新構造技術が必要となる。

高精度構造解析技術の研究は、構造が比較的単純な民間機分野では進んでいたものの、戦闘機分野では進んでいなかった。従来の設計手順は空力やステルス機体形状、艤装などの各検討結果をもとに機体構造の概形を決め、CAD（Computer aided design）モデルを作成、それをもとに有限要素法を使ったFEM（Finite Element Method：有限要素法）解析により機体各部位の強度が最適となるよう設計を精緻化していく。

戦闘機は複雑で大きな空中機動を行うことから構造の各部には複雑な力が加わる。航空機構造は運用中に想定される最大荷重の1・5倍の力が加わっても壊れることのないように設計されるが、その際、機体すべての部位で最適な強度となるよう設計しなければならない。

強度が高すぎれば機体は重くなり、逆に足りないと機体破壊の危険がある。そのため解析はより詳細に行うことが望ましいが、FEM解析に必要なFEMモデルの作成には時間がかかるため、現状では、まず技術者が機体全体の簡易モデルを作成し内部荷重を算出し、代表的部位の強度を評価し、要注意箇所があれば当該部位の詳細FEMモデルを作り、さらに精密な解析をしていくことになる。

もし、これをCADモデルから人の手を介すことなく自動的に詳細FEMモデルが作成でき、その解析結果から直接強度評価ができれば、従来に比べ高精度な解析を短時間で行うことが可能となる。

新構造技術は、一体化ファスナーレス（鋲なし）構造やヒートシンク（熱吸収）構造の新しい技術を戦闘機に適用しようという研究である。従来の機体構造では金属の部材を金属製のファスナーで結合していたが、重量軽減のため、F-2では世界に先駆け軽量な炭素繊維強化プラスチック（CFRP）複合材で主翼の下面外板と桁を一体成型し、その上に上面外板をファスナーで取り付ける構造で軽量化を図った。一体化・ファスナーレス構造は胴体構造にファスナーを使わず複合材の接着成型により一体化して作ろうというものである。実用化されれば戦闘機胴体構造にも軽量な複合材を使うことができ機体の軽量化へ貢献する。

これまで高温となる胴体エンジン周辺部などでは、熱に弱い複合材やアルミ合金などの軽量素材は使うことができなかった。ヒートシールド構造は高温部をヒートシールド材で覆うことで周辺に熱が伝わることがないようにし、周辺の構造材でも熱に弱い軽量素材を使えるようにしようとするもので

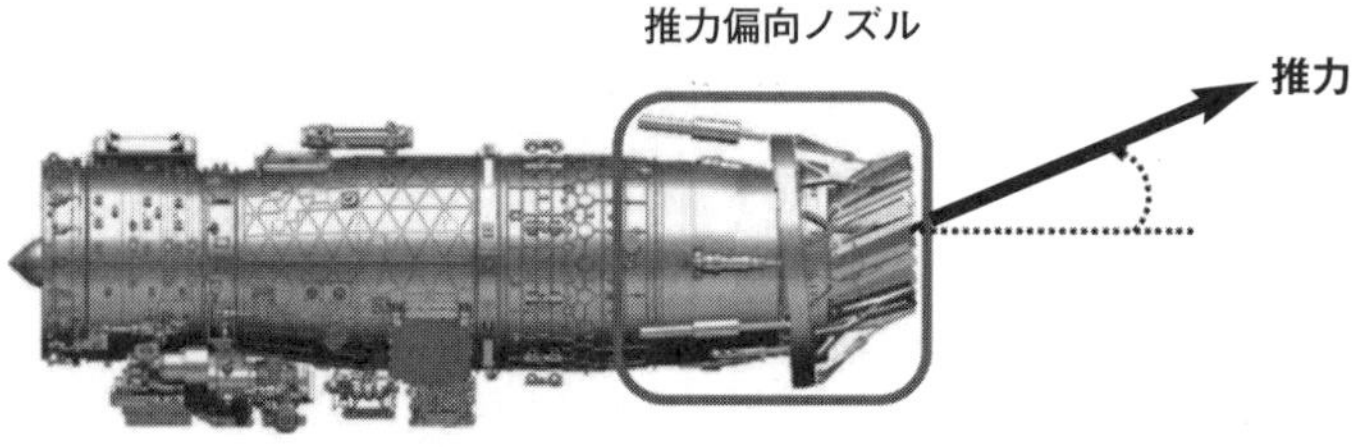

図3 推力偏向ノズルの模式図（防衛省HPより）

ある。今日では珍しくなった航空機への複合材適用に先鞭をつけたのがＦ‐２の複合材主翼であった。日本の得意分野である複合材の適用部位が拡大できれば、さらなる機体軽量化が実現できる。

推力偏向技術

「推力偏向ノズルに関する研究」は、高運動飛行制御技術の研究や先進技術実証機などで蓄積した推力偏向技術のうち、戦闘機への搭載を目指した本格的な推力偏向機構に関する研究で、２０１６年度（平成28年度）から２０１９年度（平成31年度）に研究試作、２０１７年度（平成29年度）から２０２０年度（令和2年度）に所内試験が実施された。

高運動飛行制御技術の研究は、パドルでの簡易的な偏向方式でエンジン制御と飛行制御を統合したＩＦＰＣ技術の確立が目的であった。

他方、本研究が目指すのは最大推力15トン、燃焼器出口温度１８００度の戦闘機クラスのエンジン排気ジェットを全周約20度の範囲で偏向させる三次元可変機構の確立である。同時に、万一、飛行中に推力偏向ノズルが故障し非対称推力となった場合でも、もう一基のエンジンの排気方向を自動的に制御し飛行を継続可能にする故障対応技術についても研究している。もし、この研究で戦闘機に搭載可能な推力偏向ノズルの見通しが得られれば、推力偏向技術の実用化に近づくことになる（図3参照）。

機器冷却技術

今後の戦闘機では相手ステルス機を探知するため、レーダーは大出力・多機能化し、各種のセンサーシステムを搭載することになる。そのため、これら電子機器からの発熱量は増加の一途で、従来の冷却システムでの対応には限界が出てくる。しかし、ステルス性確保の観点では、電波反射の大きい冷却空気取入口のような機体開口部を各所に設けることは難しく、機外への放熱は赤外線の輻射を増加させる。したがって機体内の熱管理をどうするかが大きな課題となる。

冷却や熱管理技術は一見地味で目立たぬ分野であるが、第5世代機で必要な各種電子機器類などを制限なく使うには欠かせない技術である。

「次期戦闘機用小型熱移送システムに関する研究」は、戦闘機の限られたスペースに搭載できる小型の冷却システム及び機体内熱収支の管理技術についての研究であり、２０１６年度（平成28年度）から２０１９年度（令和元年度）に研究試作、２０１８年度（平成30年度）から２０２０年度（令和2年度）に所内試験の計画である。

これまでの冷却は、エンジンから抽出した圧縮空気を使っての熱交換による冷却や、機体各所の空気取入口から得たラムエアによる冷却を組み合わせていた。そのため、ステルス性を損なわずに冷却能力を高めようとするとエンジンからの抽気を増やさなければならず推力低下を招いたり、または熱交換装置が大型化してしまう。そのため、F-22では燃料を使った熱交換などの冷却方式を併用し熱管理するシステムとなっている。

本研究では、従来の冷却方式に加え、代替フロンを使った熱交換装置で装置の小型軽量化を図り、発生した熱を燃料へ排熱する効率の高い冷却システムの実現性について見通しを得ること、すべてのミッション下で使用する電子機器などに制限が生じないよう最適な冷却管理ができる冷却・熱管理システムの開発を目指している。

その他の技術研究

「ステルス戦闘機用レドームに関する研究」は、戦闘機のレーダアンテナを覆うレドームについてステルス化のための複雑形状レドームなどの設計技術に関する研究である。2015年度（平成27年度）から2019年度（令和元年度）に研究試作、2018年度（平成30年度）から2020年度（令和2年度）にかけて所内試験を実施した。

戦闘機の機首には、敵を発見するための火器管制レーダーが搭載される。また近年では各種センサーのアンテナが主翼前縁などに配置されており、これらにはアンテナを保護するためにレドームが取り付けられる。機体のステルス化を図るためには、ステルス性を考慮したレドームの研究が必要となってくる。

ステルス戦闘機のレドームには、ステルス性はもちろんのこと、超音速飛行や機動性を阻害しない空力形状とレドーム内での電波反射やレドーム透過時の減衰などで自機のレーダー性能を劣化させない電気的特性を同時に満足させる必要がある。

また、幅広い温度環境や雨や紫外線、雷などあらゆる環境条件に対応できる耐環境性や強度を満たさなければならない。本研究では機首部及び主翼前縁部レドーム、レドーム評価装置などを試作し、検証、評価を行いステルス機用のレドームの設計・製造技術の確立を目指す。

「電動アクチュエーション技術の研究」は、機体形状の設計自由度を高めるための電動アクチュエーションシステムに関する研究で、２０１５年度（平成27年度）から２０１７年度（平成29年度）まで研究試作、２０１８年度（平成30年度）に所内試験を行った。

従来、航空機の操縦舵面などを動かすアクチュエーターには信頼性などの観点から実績のある油圧式が使われてきた。しかし、この駆動のため、油圧系統の配管を機体内に張り巡らさなくてはならなかった。配管を確保するには機体形状や搭載機器などの配置に制約がある。この制約を減らせれば機体形状の自由度は増し、最適なステルス形状や機器配置などが追求できることから、電気モーターで駆動する電動アクチュエーションシステムの実用化が期待される。

航空機用の電動アクチュエーターについては、民間機の世界では、経済性や整備性に優れた電動化システムの利点を活かそうとして「航空機電動化の促進（MEA：More Electric Aircraft）」に取り組んでおり、研究開発が進められている。他方、戦闘機では、Ｆ‐35には適用されているものの、電動アクチュエーションシステムを採用するためには、耐環境性、耐久性、電磁適合性のみならず戦闘機特有の高加速度環境などの厳しい条件下でも高い信頼性で小型軽量な電動アクチュエーターを開発しなければならず、本研究はそれに必要な技術を確立しようというものである。アクチュエーションシステムとして実用化のため大電力によるモーター部の過熱から保護する発熱制御技術や大電力を供給可能な電源システムなども研究された。

「ステルス・インテークダクトの研究」は、機体正面の電波反射を低減する空気取入口の曲がりダクトに関するもので、2014年度（平成26年度）から2017年度（平成29年度）にかけて研究試作、2016年度（平成28年度）から2018年度（平成30年度）に所内試験を実施した。本研究では、ステルス・インテークダクトのシステム設計や風洞試験模型の製作を行い、エンジン性能を阻害することなくステルス性を発揮するインテークダクトに関する必要な技術資料を収集した。

（5）エンジンに関する研究

国産エンジンの系譜

初の国産ジェットエンジン「ネ20」が「橘花」に搭載されて日本の空を飛んだのは、終戦間近の1945年8月のことである。世界初のジェット戦闘機ドイツのMe262の飛行から遅れることわずか3年であった。

戦後の航空関連の活動禁止7年間の空白の痛手は大きく、次の国産エンジンJ3が飛行したのは1960年で「ネ20」から15年が経過していた。国産初のジェット練習機T－1Bに搭載されたJ3は、推力わずか約1・4トン、重量390キログラムの1軸の小さなターボジェットエンジンにすぎなかった。しかし、その後も地道に研究開発は進められ、T－4搭載の推力約1・6トン、重量約340キログラムの2軸低バイパス比ターボファンエンジンのF3、将来の戦闘機用エンジンを想定し、F3をベースにアフターバーナーを搭載したXF3－400、先進技術実証機X－2にも搭載された推力約5トン、重量約640キログラムの2軸低バイパス比ターボファンのXF5、国産哨戒機P－1用の2軸高バイパスターボファンエンジンF7（推力約6トン）を世に送り出してきた。たゆまぬエンジン開発への挑戦で関連技術と製造ノウハウの蓄積を図り今日に至っている。

1980年代、F－2がまだFS－Xと呼ばれていた頃、日本ではエンジンは米国から購入し、機体は自分たちで開発しようという計画であった。しかし、対日貿易赤字を抱える米国はF－16ベースの共同開発でなければ米国製エンジンは供給しないと主張してきた。

高度な技術とノウハウ、生産基盤がなければ作れない航空機用エンジンの中でも、特に高い信頼性や性能が要求される戦闘機用エンジンを開発、製造できる国は世界でも米国及びロシアをはじめとする数か国でしかない。当時まだ日本は練習機用F3エンジンの実用化に取りかかった段階で、とても戦闘機の要求を満足させるジェットエンジンを自前で開発できる技術レベルではなかった。

したがって、FS－X開発には米国からのエンジン供給が不可欠であった。そのために米国の要求を受け入れざるを得ず、共同開発に決まったといわれている。

そんな過去の経緯もあり、次期戦闘機を日本で開発するには、エンジンを自前で開発できる技術力が不可欠との関係者の思いは強く、官民において不断の努力による研究開発が継続されてきた。

次期戦闘機が目指すステルス機では、ステルス性確保のためミサイル搭載を内装化し、インテークダクトを曲がりダクトとするため、従来機に比べ、エンジンの搭載スペースが制約される。反面、機体の高運動性を実現し、かつ搭載電子機器の増加に対応した十分な発電能力を確保するためには大推力のエンジンが必要となる。

防衛省では次期戦闘機で必要となる推力をエンジン1基あたり約15トンと見積り、大推力でコンパクトな「ハイパワー・スリム・エンジン」の実現を目標に研究が進められた。

戦闘機に搭載されるターボファンエンジンは、ファン、圧縮機、燃焼器、高圧タービン、低圧タービン、そしてアフターバーナー、排気ノズルで構成される。インテークダクトから取り込まれた空気はファン及び圧縮機で圧縮され高圧になって燃焼器に送られる。燃焼器で燃焼した高温・高圧のガスは高圧・低圧2つのタービンを通り、エネルギーの一部はファンや圧縮機を回す駆動力となり、残りが排気ノズルにより膨張、噴射され、高速の排気ジェットとなり推力を発生させる。

エンジン構成要素のうち、特にエンジン性能の鍵を握る圧縮機、燃焼器、高圧タービンをまとめて「コアエンジン」と呼ばれている。エンジン推力は流れる空気流量と排気速度で決まるためエンジン径を大きくすれば空気流量が増え推力も増加する。しかし、これでは機体の空気抵抗が増大してしまう。

そのため、径を大きくせずハイパワーで、かつスリムなエンジンとするためには空気流量や排気速度を増やす必要がある。そのため、燃焼器や高圧タービンの高温化に加え、ファンや圧縮機の高圧力比化や各構成要素の軽量化が課題となった。

エンジンの燃焼温度が高まれば、より多くの燃焼エネルギーが得られ推力も増すが、燃焼器や高圧タービンなどが、高温、高圧に耐えられなければならない。そこで高温に耐えられるかどうかについてタービン入口温度がエンジン性能を示す1つの指標となる。国産エンジンのタービン入口温度は、J3では約900度、F3で約1000度、XF5では約1600度といわれ、ハイパワー・スリム・エンジンでは目標推力達成のため、タービン入口温度は1800度以上とされ、高温化への挑戦が始まった。

ハイパワー・スリム・エンジンへの挑戦

「次世代エンジン主要構成要素の研究」は、エンジンコア部の高温化、軽量化に関する研究で、2010年度（平成22年度）から2014年度（平成26年度）に研究試作、2014年度から2015年度（平成27年度）に所内試験が行われた。

まず、エンジンコア部を構成する圧縮機、燃焼器、高圧タービンの性能向上のため熱空力性能及び構造材料についての研究が進められ、その結果、圧縮機はCFD（Computational fluid dynamics）を使った三次元翼設計による高効率化、軽量化が実現した。燃焼器は二重壁複合冷却構造とし、高圧タービンは国産の新耐熱合金や新冷却構造とすることで高温化を実現した。これによりタービン入口温度1800度以上の実現に一歩近づき、研究は次の段階に進められた。

「戦闘機用エンジン要素に関する研究」は、目標性能を満たすコアエンジンの完成と、その他の構成要素のファンや低圧タービンの高効率化や軽量化を目標とした研究である。2013年度（平成25年度）から2017年度（平成29年度）に研究試作、並行して2015年度（27年度）から2017年度（平成29年度）に所内試験が実施された。

本研究では次世代エンジン主要構成要素の研究成果を使い実際にコアエンジンを試作し、それを防衛装備庁千歳試験場にあるエンジン高空性能試験施設（ATF）を用いて評価した。これにより熱空力的な設計妥当性の確認や各部のマッチング最適化などが行われ、コアエンジンで目標とするタービン入口温度1800度が達成された。

その他、三次元翼設計でファンの大流量化と高圧力比化が図られた。ファンの構造はディスクと翼を一体化したブリスク（Blisk 別称IBR：Integrally Bladed Rotor）構造にしたことで結合部の重量軽減を図った。これまでのエンジン回転体のブリスク構造は、大きな素材から機械加工で削り出すのが一般的であったが、高価な素材のため、削り出しではむだが多くコストもかさむことから、この研究ではチタン合金で作るディスクと翼の結合に線形摩擦接合（Linear Friction Welding：LFW）と呼ばれる部品同士をこすり合わせ、摩擦熱で接合する方法が採用された。

低圧タービンでは、高圧タービンとは逆方向に回転する反転タービンとすることで高効率化を実現した。その他、排気ノズルの部分構造モデルで構造、機能などの確認を行ったほか、ジェネレーターなどの補機類についても一部試作などで機能を確認した。

「戦闘機用エンジンシステムに関する研究」は、これまでの研究成果を結集しハイパワー・スリム・エンジンのプロトタイプエンジンを試作し、地上での性能確認を目的とした研究である。

図4 完成したXF９エンジン（防衛省HPより）

２０１５年度（平成27年度）から２０１８年度（平成30年度）まで研究試作、２０１７年度（平成29年度）から２０１９年度（令和元年度）まで所内試験を実施した。この研究では、構成要素を組み合わせてプロトタイプエンジンを完成させ、エンジンのシステム・インテグレーション技術を確立するほか、機体搭載時、ステルス性に寄与する電波反射や赤外線輻射を局限する形状設計、ＩＦＰＣや整備性向上のため、エンジン運転時の作動状況のモニタリング要領などについても研究した。

こうして、国産のプロトタイプエンジンのＸＦ９が製造され、製造会社での性能確認を経て２０１８年（平成30年）6月29日に防衛省へ引き渡された（図４参照）。ＸＦ９は全長約４・８メートル、直径約１メートル、タービン入口温度１

800度、アフターバーナー作動時最大推力15トン以上と、単発のF-2に搭載しているF110の推力約13トン、直径約1・2メートル、F-35に搭載しているF135の推力約19トン、直径約1・17メートルの米国製エンジンと比較しても、ハイパワー・スリム・エンジンの名に恥じないものであった。

防衛装備庁航空装備研究所により所内試験として、各種機能、性能などの確認や技術データの収集が進められ順調に成果を上げた。しかし、エンジン開発はこれで完成ではなく、実機に搭載し、空を飛ぶまでにはさらに試作、地上エンジン運転試験を重ね、信頼性や耐久性をはじめ、飛行環境下での性能等々、スペックに定められた各種項目の試験にパスしなければならない。日本で戦闘機用プロトタイプエンジンを試作できたことは、次期戦闘機開発への大きな一歩といえよう。XF9の完成の陰には次に述べるそれを支えた日本の関連技術がある。

エンジン開発を支えた技術開発

XF9でタービン入口温度の高温化を達成できたのは、高温高圧となる部材に使った先進的な国産材料に負うところが大きい。特にCMC(Ceramic Matrix Composite)は、セラミック繊維をセラミックで強化した繊維強化セラミックス複合材のことで、炭化けい素からできたS·iC繊維を使用している。重さはアルミミウムより軽く、耐熱性はジェットエンジンのタービン材料で使うニッケル基合金よりも高い特性を有する。

このS·iC繊維は1975年に当時東北大学教授であった矢島聖使氏が開発し、1980年代には国内メーカー2社で製品化された。この繊維は耐熱性や強度に優れるのみならず、電波吸収特性を有することから各国が製品化を研究したが、その製造方法は難しく製品化に成功できたのは日本の2社だけであった。SiC繊維は、F‐22やF‐35の電波吸収材にも使われているといわれており、また、米国の次世代旅客機エンジン「LEAP」でも使われ、今後、さらなる適用の拡大が期待される日本独自の材料である。

従来、国内では作れなかったジェットエンジン用ディスクの製造を可能にしたのが大型部品の型鍛造技術である。高い強度や精度が求められる圧縮機やタービンなどのディスクにはチタン合金やニッケル基合金の鍛造品が使われる。型鍛造技術とは、材料の金属を金型を使って高温・高圧でプレスすることで金属内部の結晶を整え材料強度を高めながら目的の形状に成型する技術である。

エンジン用ディスクなどの大型の鍛造品の製造には大型の型鍛造プレス機が必要となる。しかし、国内には自動車部品用の1万トン級のプレス機はあったものの、それ以上の大型のものはなかったため、戦闘機胴体の大型チタンフレームやエンジン用ディスクの製造では鍛造加工を海外に頼るしかなかった。他方、海外では米国をはじめロシア、フランスでは5万トンから7万トンを超える超大型プレス機を保有し、中国も導入したといわれている。

そんな状況下、2011年に国内の素材、航空機、エンジンメーカー各社が協力し、政府の補助を受け日本エアロフォージ社（Jフォージ）が設立され、岡山県倉敷市に5万トンの型鍛造プレス機を備えた鍛造工場が建設された。このプレス機は最新の制御系を持ち、ロシアなどの旧式の水圧式より優れた油圧式の装置で、大型の高品質なチタン構造部品製造が国内でもやっと可能になった。

このプレス機により日本でも大型鍛造部品の国内一貫生産が可能となったのである。しかし、設備の導入だけでは高精度な製品は作れない。以降、チタンやニッケル基合金製の大型部品の鍛造技術を蓄積していったことで、現在は国内で高品質なジェットエンジン用ディスク、機体用のチタン大型フレームなどの製造ができるまでになった。このような日本の材料技術や製造基盤に支えられXF9が作られたわけである。

（6）アビオニクスに関する研究

各種センサー技術

機体にはレーダーをはじめ電波を使用した様々なセンサー類があるが、従来は個別のシステムとして周波数や覆域ごとにアンテナや送受信機、信号処理機などをそれぞれ搭載していた。もし、複数の機能を兼ねたセンサーができれば、ステルス機にとって搭載スペースや電源容量などの節約だけでなく、電波放射で探知される危険性を極限することができる。

「スマートRFセンサーの研究」は、レーダー、ESM、ECM、通信の複数の機能を1つのセンサーで賄おうという研究で、その実現のため、①素子アンテナや送受信モジュールの広帯域高出力化、②多機能ハードウェア共通化、③複数機能の強調動作のための多機能制御などの技術課題に取り

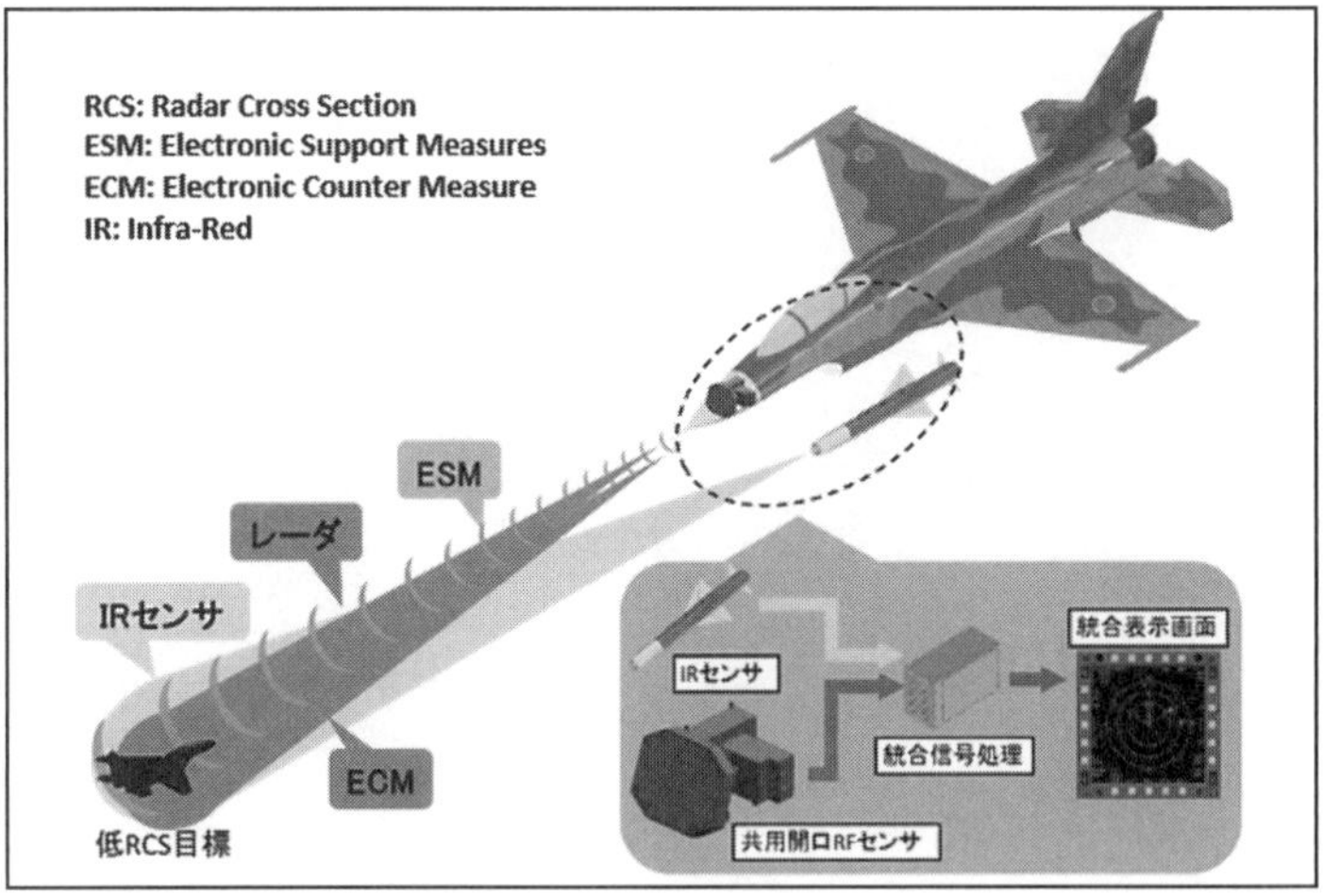

図5 先進統合センサーシステム（防衛省HPより）

組んだ。

２００２年度（平成14年度）から２００８年度（平成20年度）に研究試作、2005年度（平成17年度）から２０１０年度（平成22年度）に所内試験を実施し、試作したセンサーで性能評価を行い、システムの設計、製造に必要な技術的知見を得た。多機能化により搭載スペースの節減や部品共通化が達成できただけでなく、各機能の性能向上も図ることができた。

従来、ＥＣＭを使うとＥＣＭの妨害波との干渉でレーダーが使えずミサイルを射撃できなかったが、アクティブ・フェーズド・アレイ（注：英語ではＡＥＳＡ。Active Electronically Scanned Array）レーダーを時分割で動作させることで同時に使えるようにした。また、多機能化によりＥＳＭの方位情報を使ってレーダー電波を目標にピンポイントで照射したり、または同時にピンポイントで妨害をかけられるようになり自らが発する電波で探知されるリスクを低減できた。

「先進統合センサーシステムに関する研究」は、多機能ＲＦセンサーをさらに発展させ、ＩＲＳＴ機能も統合しようという研究である（図５参照）。現在は探知が困難なステルス機などの低ＲＣＳ目標に対し、目標が反射及び輻射する微弱な信号で機能するセンサーシステムの技術的見通しを得るため、２０１０年度（平成22年度）から２０１８年度（平成30年度）にかけ研究試作、平成２０１５年度（平成27年度）から２０１８年度（平成30年度）に所内試験を行った。

機能統合したセンサーシステムを試作し、Ｆ－２に搭載して飛行試験で実証しようというものである。送受信素子に従来のガリウム砒素（GaAs）より高出力で高効率な窒化ガリウム（GaN）を使用した小型・高出力のアクティブ・フェーズド・アレイ・レーダーや高性能の赤外線センサーなどから得られた情報を統合し、ＲＣＳの小さな目標でも探知・追尾できるセンサーシステムの実用化に必要な技術資料を収集した。

自己防御と警戒・技術

「先進ＲＦ自己防御シミュレーションに関する研究」は、敵の航空機やミサイルから発する電波を自機の全球（上下左右前後３６０度全方位のこと）範囲で瞬時に受信・探知し、妨害する自己防御システムについての研究である。

２０１３年度（平成25年度）から２０１６年度（平成28年度）に研究試作を行い、２０１５年度

（平成27年度）から２０１８年度（平成30年度）で所内試験を実施した。本研究ではＥＳＭアンテナやシステムを模擬したシミュレーションプログラムを試作し、全球で探知、妨害の一連の動作をシミュレーションしてシステム化に必要な技術的知見を得た。

「将来ミサイル警戒技術に関する研究」は、赤外線を使った遠距離で探知可能なミサイル警戒システムの研究である。２０１２年度（平成24年度）から２０１７年度（平成29年度）に研究試作、２０１５年度（平成27年度）から２０１８年度（平成30年度）に所内試験を実施した。従来のミサイル警戒システムは、ミサイルが放射する紫外線を検知し警報するシステムであったが、ミサイルプルーム（噴出ガス）の希煙化で紫外線の放射量が減少したため探知距離が減少し、警報を発してから対処までに十分な時間がとれなくなってきた。

研究では赤外線を使用したミサイル警戒システムのシステム設計を行い、センサー部、信号処理部などを試作し実際に実機へ搭載して評価する。この研究で脅威ミサイルに対し、より遠方から警報を発することができ、非脅威ミサイルやクラッターに対する誤警報も少ないミサイル警戒システムの成立性についての見通しを得た。

統合火器管制技術

ステルス性能と同様、第５世代機を象徴する機能の１つが統合火器管制といえる。

統合火器管制とは、編隊内で大容量・高速ネットワークを構築し、目標情報を共有することで各機が保有するミサイルなどのリソースを有効に活用した組織戦闘を可能にするものである。もし、編隊内で連携した火器管制ができれば、相手が発見困難なステルス機や数的劣勢な状況下でも、効率的、効果的な戦闘が可能になる。「戦闘機搭載用統合火器管制システムの研究試作」は、統合火器管制に必要な関連技術についての研究で、２０１２年度（平成24年度）から２０１９年度（令和元年度）まで研究試作、２０１５年度（平成27年度）から２０１９年度（令和元年度）に所内試験を実施した。

第１段階ではシミュレーターを使った検証・確認を行い、第２段階では実際に航空機を使った飛行実証を行い、組織戦闘に必要な統合火器管制システムの確立を目指す。研究では僚機間で共有したセンサー情報をもとに目標の航跡情報を生成する統合航跡生成や、編隊内の各機の役割を管制するセンサー・シューター・リソース管理（編隊内の状況に応じた探知戦闘機、射撃戦闘機の任務分担管理）、複数の僚機の赤外線センサー情報で目標との距離を特定するパッシブ測位（電波などを出さず、センサーが受信したデータのみからの測位方式）などの各機能の実用化を目指している。

地上シミュレーションでは、様々な戦闘状況下を模擬した検証を行うことで統合火器管制の有効性について確認した。また、統合火器管制で連携した状況での目視外戦闘要領などについての検証も行った。飛行試験では僚機間で情報を共有するための大容量・高速で秘匿性に優れた僚機間のデータリンク技術についての技術的見通しの確認をした。

ＵＨＦ帯を使うリンク16（Link-16）のように戦術情報の交換を目的とした低周波数帯でのデータリンクでは伝送容量が小さく、編隊内で組織戦闘に必要なセンサー情報を共有することはできなかった。統合火器管制に必要な編隊内での情報共有にはミリ波帯のような高周波数帯を使った大容量・高速のデータリンクが不可欠であり、第5世代機ではF‐22のIFDL、F‐35のMADL（Multi-function Advanced Data Link）といった専用のデータリンクを持っている。

また、ミリ波帯データリンクは伝送容量が大きいだけでなく、電波の指向性も鋭く波長が短く空中での減衰が大きいため、敵に探知されにくく妨害も受けにくいとのメリットもある。しかし、実用化にはアンテナの高性能化、装置の小型軽量化、高速で移動する航空機に追随するアンテナ制御技術、ミリ波帯の移動体通信に適したネットワークなどが必要である。

2010年（平成22年）に情報通信研究機構（NICT）が、旅客機内での動画配信などのため、地上と航空機間でのミリ波帯を使った高速移動体通信システムの実証実験に成功した。防衛装備庁では本研究の成果を活用して戦闘機用の専用データリンク開発を目指している。

戦闘機に搭載するため、システムの小型軽量化やほかの電子機器などとの干渉防止、ビーム制御技術などについて研究するとともに、実環境下で気象や飛行条件が通信に及ぼす影響データの収集や検証を行う。これら技術課題に実用化のめどが立てば、統合火器管制によるネットワーク射撃の実現が期待できる。

その他の技術研究

「赤外線画像の高解像度技術に関する研究」は、赤外線画像装置の高解像度化についての研究で、

２０１４年度（平成26年度）から２０１７年度（平成29年度）に研究試作を行い、２０１６年度（平成28年度）から２０１９年度（令和元年度）で所内試験を行う計画である。

将来の戦闘機では相手から探知されないよう、自らが電波を出さなくてもよい赤外線センサーの活用に期待が高まっている。しかし、夜間や悪天候時でも精度の高い目標識別・追尾などを行うためには、より解像度の高い赤外線画像が必要となる。

この研究ではＦ‐２用に開発したＦＬＩＲポッドを使い、より精度の高い試作品を製作し実環境においての確認、評価を行う。これにより赤外線画像装置の望遠時の空間安定化精度や解像度の向上、広帯域化についての技術的見通しを得ることを目的としている。

（7）機体構想に関する研究

次期戦闘機をターゲットにした各種要素技術に関する研究と並行して、これまで次期戦闘機をどのような仕様とするか、機体構想についての検討、研究も行われてきた。

次期戦闘機についての機体構想の研究の歴史は、意外と長く２０１１年度（平成23年度）からの「次期戦闘機機体構想の研究」に始まった。研究試作が２０１１年度（平成23年度）から２０１３年度（平成25年度）、所内試験が２０１２年度（平成24年度）から２０１４年度（平成26年度）に行われた。

この研究は次期戦闘機のいわゆる概念設計の一環であり、次期戦闘機に想定される機能・性能などに基づく機体形状や規模を三次元のデジタルモックアップでイメージ化しその成立性を確認しようとするものであった。

この成果は関連システムなどの研究の際の目標設定に資するほか、次期戦闘機の要求性能検討にも活用されている。作成した三次元デジタルモックアップの様々な性能諸元は対戦闘機戦闘型のフライトシミュレーターに入力され、航空自衛隊のパイロットにより各種シミュレーションが行われ、その妥当性や改善点が評価、確認された。

研究ではウエポンの搭載要領やステルス形状、飛行性能などを変化させた複数のデジタルモックアップが作られ、それは製作年度にちなみ、23DMU、24DMU、25DMUと呼ばれている。以降、「次期戦闘機バーチャル・ビークルの研究試作」(バーチャル・ビークルは仮想機体の意)が2014年度(平成26年度)から2015年度(平成27年度)に研究試作、2016年度(平成28年度)から2017年度(平成29年度)に所内試験が行われ、新たなデジタルモックアップ26DMUが作られ比較検証が行われた。

「次期戦闘機の技術的成立性に関する研究」は、次期戦闘機に最適な仕様を精度よく求めるための研究で、2015年度(平成27年度)から2017年度(平成29年度)に研究試作、2016年度(平成28年度)及び2017年度(平成29年度)で所内試験が実施された。

この研究では、関連する先行研究で得られた成果や試験データをもとに性能の異なるシミュレーションモデルを複数作成し、それらにより多数機の戦闘シミュレーションを行った。その特徴は、次期戦闘機で実用化しようとする、僚機や脅威機を表示する統合火器管制システムなどを模擬したコックピット・モックアップを使い、パイロットが操縦して戦闘を行うパイロット・イン・ザ・ループ・シミュレーションで確認したことにある。

このシミュレーション結果をもとに、基本的性能を確認、取捨選択することで次期戦闘機に必要な機能、性能を精度よく見積る技術を確立し、２０１８年度（平成30年度）の「将来戦闘機システム開発の実現性に関する研究」では、コスト低減や国内の開発体制や海外との協力などの検討に必要な技術資料の収集を行う研究を実施した。

（8）ウエポンに関する研究

ウエポン内装化技術

これまでの戦闘機ではミサイルなどのウエポンは主翼下面などに懸架して搭載していたが、機外搭載物の電波反射がＲＣＳ増加を招くため、ステルス性を重視する第5世代機ではステルス性を損なわないよう胴体内のウエポンベイに格納する。しかし、ウエポンベイからミサイルを発射させるには発射時の空力的な諸問題や発射機構などをどうするかが課題となる。

「ウエポン内装化空力技術の研究」は、ウエポンベイからのミサイル発射に伴う空力的課題を把握するための研究で、２０１０年度（平成22年度）から２０１３年度（平成25年度）に研究試作、２０

13年度（平成25年度）から2014年度（平成26年度）に所内試験を実施した。

本研究では、胴体内に内装したミサイルの発射時の機体から発生する衝撃波などがミサイルなどに及ぼす空力的影響や、ミサイルが機体から分離する際に発生する様々な空力的現象を風洞試験やシミュレーションなどにより解明した。

「ウエポンリリースステルス化の研究」は、ウエポン内装システムの成立性の確認を目的に、2013年度（平成25年度）から2016年度（平成28年度）に研究試作、2016年度（平成28年度）から2017年度（平成29年度）に所内試験を実施した。

本研究では、ミサイルなどを格納するウエポンベイの形状設計や、そこから安全、確実に発射するためのランチャー機構などの考案を行った。ランチャーを模したリグ（枠組み構造）試験装置などを試作し各種風洞試験などにより機能性能を確認し、ウエポン内装システムの技術的見通しを得た。

ミサイル開発

ミサイル開発と戦闘機開発は、一般的には直接リンクしないが、運用者にとってどんなミサイルが搭載できるかは重要な問題となる。

日本では、これまで空対艦及び空対空の各種ミサイルを開発・量産しており、その技術、性能は内外から高く評価されている。特に、現有のMRM（中距離空対空ミサイル）のAAM‐4B（99式空対空誘導弾〔改〕）は、同クラスの米国製のAAM‐120C（AMRAAM）と較べても低RCS

目標対処能力やＥＣＣＭ性などで優れているといわれている。

しかし、Ｆ-35にはウエポンベイ寸法やソフトウェア改修経費などの制約からＡＡＭ-４が搭載できない。もし、胴径をスリムにしようとすると容積の多くを占める推進薬を減らさざるを得ず、射程が短くなるなどの問題がある。加えて、機体のミッション・システムのソフトウェア改修には膨大な経費と期間が必要である。

そのため、航空自衛隊ではＡＡＭ-４と並行して、Ｆ-35用にＡＩＭ-１２０を取得しなければならなかった。ＡＡＭ-４より小型で高性能なミサイルが開発でき、ソフトウェア改修などにかかる経費の問題が解決できれば、入手、維持、改修が容易になるなど、有利な国産ミサイルをＦ-35を含むすべての空自戦闘機に搭載することができ、次期戦闘機も国産ミサイル搭載を前提に設計ができる。

英国が主導し欧州6か国が共同開発したＭＲＭ「Meteor」は、２００２年（平成14年）から開発に着手し、現在、スウェーデンをはじめ欧州での量産配備が始まっている。このミサイルは斬新な高速・長射程のダクテッド・ロケット・エンジン推進装置を有し、胴径はＡＩＭ-１２０と同等であるが射程ははるか優れている。

フィン（翼）などの軽微な改修でＦ-35へ搭載が可能といわれているが、フランス製のガリウム砒素（GaAs）素子を使ったシーカーは、ＡＩＭ-１２０に劣るといわれ、１００機以上のＦ-35を調達する英国にとってもその改善が課題であった。

２０１４年（平成26年）、日本の防衛装備移転三原則が制定されたのを機に日英間で日本のシーカー技術と英国の推進技術を組み合わせた新たなミサイルの実現可能性に関する共同研究がスタートした。日本は２０１７年度（平成29年度）までに「中距離空対空誘導弾用小型化シーカー技術の研究試作」として、ＡＡＭ－４Ｂで培った窒化ガリウム（GaN）素子を使った小型・高出力シーカーとＭＲＭ「Meteor」の推進装置を組み合わせたミサイルを想定し、その誘導性能のシミュレーション分析などを行った。

「将来中距離空対空誘導弾に関する研究」は日英共同研究として、２０１８年度（平成30年度）から２０２２年度（令和４年度）の研究試作で、日本のシーカー、英国の推進装置を使ったミサイルを試作し、２０２１年度（令和３年度）から２０２３年度（令和５年度）の所内試験で発射試験などによりその性能を検証する予定である。

これが実現すれば、Ｆ－35のウエポンベイに搭載可能な国産ＭＲＭを取得できるようになり、空自戦闘機全機種で弾種の統合を図ることができる。また、欧州各国の戦闘機にも搭載されるようになれば、さらにスケールメリットが生まれ単価低減が図れるのみならず、ソフトウェアなどの改修経費も英国などと分担することが期待できる。

（９）２０１９〜２１年度のシステム・インテグレーションなどの研究

防衛省が取り組む次期戦闘機の関連研究について紹介してきたが、今後も研究は続く。２０１８年

（平成30年）12月、防衛省が公表した『平成31年度予算の概要』（２０１９年度予算）では次期戦闘機に関する取り組みとして、新たな3件の研究試作が記載されている。研究の詳細やスケジュールなどは不明であるが、その成果は次期戦闘機の開発での活用が期待されるものである。

「次期戦闘機の開発に係る総合的な実現可能性に関する研究」は、次期戦闘機の開発において海外メーカーと協業する際のコンセプトや開発プランを検討し、相手国などの能力評価を実施するもので8億円が計上された。

「遠隔操作型支援機技術の研究」は、研究開発ビジョンの「アイ・ファイター」のコンセプトの1つである無人機との連携に必要な編隊飛行制御技術や、遠隔操作するためのマン・マシン・インターフェイスについて研究するもので、２０１９年度（平成31年度）8億円、２０２０年度（令和2年度）1億円、２０２１年度（令和3年度）15億円が計上されている。

有人機の支援をする無人機（防衛省は遠隔操作型支援機と呼んでいる）については、使用する無人プラットホームだけでなく制御要領など、まだまだ課題は多い状況である。次期戦闘機の開発に着手しようとする今、なぜ無人機なのかとの問いに対して、有人機の機数が限られること、それを無人機が補い、それだけセンサーによる情報を獲得できるようになる。また、危険な状況に対しても無人機ならば人命を気にすることなく適確に対応することができるとの利点があるからである。

欧米の技術動向でも有人機が多数の無人機をコントロールして戦闘を行う構想が見られ研究も始まっている。実現には長い道のりがあろうが、研究を進め具体的課題を明確にしておけば、次期戦闘機開発時の拡張性検討やインターフェイス設計で将来を見越した検討に資する可能性が期待される。

「戦闘機等のミッションシステム・インテグレーションの研究」は、オープン・システムズ・アーキテクチャ（米軍では一般的にOSA：Open Systems Architectureと呼称しており、以下、本稿でもオープン・システムズ・アーキテクチャと呼称。オープン・アーキテクチャと呼ばれることもある。第6章5項に経緯、内容を詳述）を適用し、飛行制御、エンジンやアビオニクス、ウエポンなどを統合したミッション・システムを構築するためのインテグレーション技術について研究するものである。

オープン・システムズ・アーキテクチャとは、中枢コンピューターと搭載機器などの間に中間システムを置き、その仕様や規格を公開して、搭載機器などのハードウェアやソフトウェアを機能ごとにモジュール化したコンポーネントとして開発し、その中間システムにつなげることにより、中枢コンピュータのソフトウェアに関与することなく、第三者でも搭載電子機器などの構成品を提供できるようにすることである。

本研究は、２０１９年度（令和元年度）から２０２３年度（令和5年度）に研究試作、２０２３年度（令和5年度）から２０３６年度に所内試験を計画している。研究試作経費は２０１９年度（令和元年度）57億円、２０２０年度（令和2年度）76億円、２０２１年度（令和3年度）49億円が計上されている。

研究では各種センサーや統合火器管制などの先行研究の成果を活用し、各機能をモジュール化したミッション・システムを構築、Ｃ‐２輸送機に搭載し飛行試験により実環境下での検証を行う。

オープン・システムズ・アーキテクチャを採用すれば、戦闘機開発にあたりプライム・インテグレーターは特定のベンダー（搭載装備品等の開発製造企業）に縛られることなく仕様や規格を満たす構成品から自由に選択し組み込むことができるようになる。その成功例としては、パーソナルコンピューターのWindowsにおいて「プラグ・アンド・プレイ」と呼ばれる、どこのメーカーのハードディスクやＵＳＢメモリーでもWindowsの仕様に準拠していれば接続使用することができる機能が挙げられる。

さらに、オープン・システムズ・アーキテクチャを適用すれば、メーカー間の競争の活発化や、開発ずみの資産の再利用や異なるシステム間での相互利用が可能になり、従来の装備品開発と比べ技術的リスクを局限しつつ開発期間を短縮できコストも安くなる。

また、開発コストのみならず部品枯渇対策においてインターフェイスが十分に機能していれば、異なるものを使用できる。これによりライフサイクルコストの低減、新しい技術を使った能力向上、さらに機能追加なども大規模な改修を必要としないなどのメリットもある。

しかし、共通の仕様や規格が成熟していない場合は準拠させることで新たなコストが生じたり、共通化させることで性能に制約が生じたり、仕様などが公開されるためセキュリティーへの影響が懸念されるなどのデメリットも考えられる。

したがって、どのようなオープン・システムズ・アーキテクチャを採用していくのかインテグレーターとなるプライムメーカー及び開発する官側のシステム・インテグレーション能力が重要となる。

次期戦闘機においては、オープン・システムズ・アーキテクチャの在り方が非常に重要な課題であり、詳細は次章「ミッション・システム」（373頁）で考察する。

2、次期戦闘機開発にあたっての基本的な事項

X-2がミッション・システムを搭載しないステルス形状などの検証のための研究機にしかすぎないものであったとしても、先進技術実証機事業成功の意義は大きい。

国産のXF5エンジンやその他の関連技術を結集し、日本独自の構想によるステルス機X-2を設計、製造、そして実際に飛行させたことは、ステルス機のプラットフォームを日本が独自に作れる技術力を持っていることを証明した。加えて、センサー、ネットワーク、統合火器管制などの第5世代機に不可欠な先進的技術に関する研究成果と、これまで防衛省が航空機開発で培ってきた要素技術を組み合わせることで次期戦闘機は開発できる。あとは、何のために、どんなコンセプトの、いかなる機能、性能を持つ戦闘機を作るのか。そのためにどのような技術を使うのかを決めるばかりである。

もちろん、必要な技術力を日本が持っているとはいえ、開発経験や技術者の規模の小さい日本の航空産業では欧米の巨大企業と比べれば技術成熟度が低いところもあるかもしれない。しかし、だからといって安易に海外企業と組むのではなく国内の防衛航空産業を将来どうするのかを含め、確固たる戦略を持って開発に着手しなくてはならない。

優れた技術があるから優れた戦闘機が生まれるのではなく、戦闘機を開発するからそこに優れた技術が生まれるのである。

(1) 次期戦闘機はどのような機体か

防衛省は「将来戦闘機の研究開発ビジョン」で「アイ・ファイター(i^3 Fighter)」及び「カウンター・ステルス・ファイター」の2大コンセプトを打ち出した。しかし、その実現は長いもので30〜40年先を目指している。特にアイ・ファイターの「無人機等と連携した運用」や「レーザー兵器等のライト・スピード・ウエポン」などの実現は当分先であり、ビジョンが示す戦闘機がそのまま次期戦闘機の姿とはならない。

ビジョン策定から11年が経過し、日本を取り巻く安全保障環境は急速に変化しつつある。特に宇宙、サイバー、電磁波といった新たな領域の利用は拡大し、日本の防衛力はこれらの領域を含むすべての領域での能力を有機的に融合して戦うことが求められるようになっている。戦闘機はこれまでのように空の脅威を制すればよいだけでなく新たな役割も果たさなければならない。

2018年(平成30年)12月に政府が定めた『中期防衛力整備計画(平成31年〜平成35年度)』では、将来戦闘機について「戦闘機(F-2)の退役時期までに、将来のネットワーク化した戦闘の中核となる役割を果たすことが可能な戦闘機を取得する。そのために必要な研究を推進するとともに、国際協力を視野に、我が国主導の開発に早期に着手する」と記されている。

航空自衛隊は、F‐2の用途廃止をいつから始めるか正式には発表していないが、機体の耐用命数や能力向上の可能性、費用対効果、世の中の技術動向などを考慮すると、2030年代中頃には減勢が始まるものと考えられる。

F‐2開発を例にとれば、開発着手から実用性評価を終え量産機の配備が始まるまでに約10年、新機種を運用するパイロット、整備員などを養成し、各種機材、施設などを取得し運用環境を整え、所要の機数を揃え、新機種の任務態勢を固めるまでにさらに5年以上を要する。

ステルス戦闘機F‐22の登場以来、日本ではF‐4の後継機にF‐35を選定した経緯もあり、次期戦闘機はステルス性を備えた第5世代戦闘機でなければならないとの考えが多い。研究開発ビジョンが示す「カウンター・ステルス・ファイター」もその特徴から第5世代機を指向している。他方、日本はすでに第5世代機のF‐35を導入しているので、次期戦闘機には優れたレーダーと長射程のミサイルを持てば、多くの弾薬を搭載でき価格や維持費も安くすむ第4・5世代機で十分ではないかとの意見もある。果たして次期戦闘機にはどのような戦闘機が必要なのであろうか。

(2) 戦闘機の世代区分

第2次世界大戦以降、ジェットエンジンの出現により戦闘機に必要な機能・性能は大きく変化した。どんなに優れたレシプロ機でもジェット機の前では勝負にならず、ジェット機の登場以降、戦闘機はジェット機であることが前提となった。新たな技術の出現が、戦闘機に求める性能を一瞬に変化させたのである。

戦闘機の世界には、このような革新的技術の出現で、その機能、性能が大きく飛躍するステップがあり、このステップがいわゆる戦闘機の世代区分である。世代区分には明確な定義があるわけではないが、概ねその特徴は次のように区分されている。

主に1950年代に開発されたジェットエンジンを搭載し、亜音速で飛行可能なF‐86やMiG‐15に代表される第1世代。1960年代初頭に開発されたアフターバーナー付きターボジェットエンジンを備え超音速飛行ができ、初めて火器管制レーダーを搭載したF‐104やMiG‐21に代表される第2世代。1960年代後半に開発された全天候性を備え、夜間戦闘能力を持ち各種任務が可能なF‐4やMiG‐25に代表される第3世代。1980年代の主力となる大推力のターボファンエンジンと優れた空力特性により格闘戦能力に優れ、進化したアビオニクスや飛行制御技術を有するF‐15やSu‐27に代表される第4世代。

さらに第4世代機のなかでも、特に進化したアビオニクスやフライ・バイ・ワイヤの飛行制御系などを持つ1990年代以降に開発されたF‐2やF／A‐18E／F、欧州のタイフーンなどを指して「第4・5世代機」と呼ぶこともある。そして、高いステルス性を持ち、ネットワークで共有した情報とセンサー情報を融合して、効果的な戦闘ができるF‐22やF‐35を第5世代機と称している。

第5世代機のF‐35を実際に配備しているのは米国、英国、日本などであるが、米国はF‐35を開発参加国はもちろん、世界の同盟各国へも売り込もうとしている。また、ロシアや中国でも第5世代機の配備を急いでおり、そう遠くない将来、各国の戦闘機が第5世代機に塗り替えられる日が来ることは疑う余地もない。

ひとたび世代が移行すると、その革新的技術を備えているのは当然となり、その後の開発ではレベルの違いはあるにしても同じ方向を目指すようになり、再び世代を後戻りすることはない。

航空自衛隊がF‐4の部隊配備を開始したのは1971年（昭和46年）であった。その後、1980年代に搭載アビオニクス類の能力向上のために大規模な改修を施したが、2020年代に入りF‐35と交代し、2020年度（令和2年度）に全機が退役した。

機種により状況は異なるが、日本では1機種の運用期間は概ね30年から40年ほどとなる。加えて、今後、安全保障環境が変化し、新たな戦闘様相に対応するための新たな部隊や装備品が必要となれば、戦闘機に投入できる防衛予算は今以上に厳しくなるであろう。そうなれば機種更新サイクルはさらに延び、1機種の運用期間は半世紀近くか、場合によってはさらに長くなる可能性がある。

次期戦闘機は数十年先の脅威に対してでも陳腐化することなく活躍できる戦闘機でなければならないため、選択肢は第5世代機をおいてはほかにない。米軍の演習でも第5世代機のF‐22が空対空戦闘において、第4世代機相手に圧倒的な優位を誇ったといわれている。また、2019年春に米空軍が実施した実戦に非常に近い環境での「レッド・フラッグ」演習では、F‐35はF‐15、F‐16などの第4世代機に対し、15対1の撃墜率（キル・レシオ）を上げたと報じられている（Aerospace Daily,2019.2.8）。

これらが示すように質は量では補えない。運用開始後に第4世代機をステルス性向上のために、形状を変更して第5世代機に改修することはできない。したがって、開発当初から第5世代機を追求していく必要がある。

（3）航空自衛隊の戦闘機体系と次期戦闘機の役割

第2章でも述べたように、現在、航空自衛隊ではF‐35、F‐15及びF‐2の3機種の戦闘機を運用しており、これまで3機種体制を追求してきた。これは、もし何らかの理由で1機種が長期間の飛行停止になったとしても、残り2機種で任務態勢を維持できるようにするためである。

また、3機種体制は『防衛計画の大綱』で戦闘機の総機数が定められている日本では、1機種当たりの機数が少なくなり、機種更新時の経費増加の負担を分散できること、3機種を順次更新することで常に最新の戦闘機を取得できることなどのメリットをもたらしている。

２０１１年（平成23年）、防衛省はF‐4後継機種としてF‐35Aを選定し、2個飛行隊分42機の導入を決めた。２０１８年（平成30年）1月には、1号機が航空自衛隊三沢基地に配備され、２０１9年度末まで運用試験を実施した。２０１８年12月に政府はF‐35の取得計画を変更し、当初の42機に加えて、短距離離陸・垂直着陸型機42機を含む追加105機の導入（合計147機）を決めた。『防衛計画の大綱』別表では日本の戦闘機部隊は13個飛行隊とされている。将来の戦闘機体系はF-35の6個飛行隊、F-15の4個飛行隊、残り3個飛行隊は次期戦闘機の体制となるであろう。もちろん次期戦闘機は、第5世代機としてステルス性やネットワーク能力などの基本的な機能、性能は備えなければならない。

2019年度（令和元年度）、2020年度（令和2年度）予算には、現有のF-15のレーダー能力向上、搭載弾薬数増加や電子戦能力向上などの能力向上事業も盛り込まれている。3機種をどのように使い分けるべきか、F-35、F-15と次期戦闘機を組み合わせた運用を考えなければならない。

日本へ侵攻する敵航空戦力に対し、探知されにくく優れたセンサーを持つF-35を前方に出し、ステルス化された発見困難な敵を発見させ、その情報を次期戦闘機がF-35仕様のデータリンクにより受信し、F-15に中継するとともに（注：現時点のF-35はステルス性確保のためF-35同士のデータリンク〔MADL：Multifunction Advanced Data Link〕しか使えない。よって、次期戦闘機はF-35のデータを受信し、後方のシューター〔ミサイル射撃機〕のF-15などに送信する役目をも持つことになろう）、次期戦闘機も限定的にシューターとしても活躍する。

F-15は多くの弾薬が携行可能なのでF-35の情報をもとに後方から射撃する。そうすればステルス性確保のためF-35の宿命的な欠点といわれる携行弾薬数の少なさを克服した戦い方ができる。

多用途性やネットワークでの情報収集能力はF-35が最も得意とするところである。次期戦闘機は、F‐35とF‐15の不足している部分を補完する役割を付与することが最も効率的だと考える。

次期戦闘機の性能は、F‐35を凌駕する高性能を追求する必要はあるのか。将来の戦闘機体系は、センサーとしてのF‐35、シューターとしてのF‐15の組み合わせを中核と位置づけ、次期戦闘機には、変わりゆく戦闘様相のなかで、時代に応じてF‐35、F‐15の不足する能力を補う役割とするのがいちばん効率的だと考えられる。

もちろん次期戦闘機は第5世代機として、ステルス性やネットワーク能力などの基本的な機能、性能は備えなければならない。しかし、当初から世界随一の性能の戦闘機を目指し、どう変化するか不透明な戦闘様相に備えるより、時代の変化と財政状況に合わせ必要な能力を逐次付与することを前提とした、柔軟性とコストパフォーマンスを重視した戦闘機とすればよいであろう。

これにより世の中の動向に応じた航空防衛力を構築することができ、経費の平準化や開発・生産基盤の維持にも寄与する。しかし、能力を付与する改修ひとつに何年も要していたのでは意味がない。日本が独自の判断で運用ニーズを反映し、改修や能力向上が短期間で実現できるものでなければならない。

（4）次期戦闘機の要求性能

第5世代機といっても具体的にどのような機能、性能を有する戦闘機が必要となるのか。開発にしろ、導入にしろ、新しい戦闘機の取得プロセスは、まず、運用要求に基づき必要な機能、性能を定義した要求性能の策定から始まる。

ただし、実現不可能な絵空事や途方もない経費を要する要求では意味がなく、技術的実現可能性や量産単価、開発期間などを考慮し、防衛予算の枠内で成立目途のある要求にしなければならない。

かつては戦闘機の要求性能は、敵の能力を見積り、現在、運用する戦闘機の能力を分析し、不足している機能や劣っている性能を補うことを考えればよい状況であった。どんな要求になるかは実戦経験を経て開発された欧米の戦闘機が手本となったが、今は第5世代機の登場や戦闘様相の急激な変化で戦闘機の役割がどう変わるか不透明であり、世代移行後でも通用する要求性能の策定は非常に難しい状況である。

防衛省では、仕様の異なる機体モデルを使った戦闘シミュレーションで、その違いが結果にどう影響するかという研究も行っている。しかし、現状で必要な要求性能を導くことはできても、将来の敵の能力や戦い方を想定した世代移行後も通用する要求性能とすることは難しい時代である。

第5世代機の特徴であるステルス性やネットワークでつながった火器管制能力などのミッション・システムの優劣は、ステルス設計のノウハウやシステムソフトウェアの構成やその出来で決まる。

第5世代機は従来の戦闘機と異なり、外見上の特徴や機能の有無では能力を評価ができず、実際に対峙して戦ってみる以外には評価は難しい。したがって第5世代機は秘密のベールに包まれている。ロシアや中国でも本格的な第5世代機の開発が進んでいるとの報道はあるが、その実力は不明である。

世代移行後にも通用することを重視すれば、F‐22やF‐35を凌駕する最強の戦闘機を作らなければならず、技術的にも経費的にも現実的なものではない。将来の戦いでは、新たな電磁波、宇宙領域を含むすべての領域の能力を融合した相乗効果で戦うのであれば、戦闘機単体の性能のみで議論する時代は終わったのかもしれない。これら新しい領域については、次期戦闘機を量産後、どのような対応が必要か明確になってきてから能力向上で対応することになるであろう。

装備品の開発を成功させる第一歩は、的確で合理的な要求性能の策定にかかっているといわれる。どんな機能が欲しいか、どの程度の性能が必要かを明確に定義し、概念的な表現やあいまいな要求を排除することが重要となる。

しかし、将来に対応した要求にしようとすれば定性的、概念的な表現が多くなる。他方、定量的、具体的に表現しようとすれば、運用者はあれもこれも盛り込もうと「足し算」的な発想になり、技術者は先進性があり難易度の高い技術に挑戦しようとしてしまう。その結果、「総花的」な要求となり、経費の増大を招き、技術的にも難度が高くなり実現性が乏しくなる。そのため最終的には既存機の性能を少しよくした妥協の産物に落ち着くことになりかねない。

このジレンマから抜け出すためにはどうしたらよいのか。要求性能の策定にあたっては、次期戦闘機1機種に着目するのではなく戦闘機部隊全体で何をしたいのか、その能力を整理する必要がある。そして、その中から次期戦闘機に求める役割を明確にし、割り切るところは割り切り、重視するところは重視した要求性能とすることである。

日本の戦闘機部隊が将来備えるべき能力は何か。平時においては、①常時継続して対領空侵犯措置ができること、②抑止力として有効に機能すること。有事においては、③発見困難なステルス目標などの経空脅威に対処できること、④精密な対地、対艦攻撃など多用途な任務ができること、⑤他アセットとの情報共有で戦力の相乗的能力発揮の司令塔的役割が果たせることなどが考えられる。

これら必要な能力をどの機種で行うのか、保有する機種で割り振るのである。第5世代機の登場で質は量で補えないことが証明されたが、対領空侵犯措置などの常時継続的に広域をカバーする任務では機数の確保も必要となる。質が必ずしも量を補えない場面が存在することから、限られた予算のなかで、質と量が適切なバランスをとった戦闘機体系を考えなければならない。

次期戦闘機の要求事項の中で1つだけはっきりしていることがある。次期戦闘機が運用に入る頃には航空自衛隊の戦闘機はF‐35が主体となり、パイロットもF‐35パイロットが多数になると考えられる。その状況を考えると期待される次期戦闘機はF‐35並みの第5世代機のステルス性とレーダーなどミッション・システム性能を当初から備えていなければならない。ステルス性は機体形状、機体構造が大きく寄与するので、運用途中でステルス性向上の方策を取り入れるわけにはいかない。したがって次期戦闘機は当初から第5世代機としてのステルス性保持が絶対条件である。

新聞報道などによると、防衛省が考えている次期戦闘機の要求性能は、ステルス性、大航続距離、ミサイルなどの大搭載量のようである。重要なことは、ある程度以上の大航続距離を要求すると、機体重量が非常に大きくなることである。機体が大きくなれば量産価格が非常に上がることになる。これは米国のランド研究所が、これまで開発されたいろいろな機種を調べて、機体重量と量産価格の関係をまとめ上げたDAPCA推定方法（Development and Procurement Cost of Aircraft）による傾向である。

したがって、戦闘爆撃機のような大航続距離を要求すると機体が大きくなり、その結果、量産価格が通常の戦闘機の2倍、3倍となる可能性がある。量産価格が上がると、財政枠に収まらず、総機数が制限されることがある。

陸上自衛隊のOH－1観測ヘリコプターは250機取得予定だったのが、量産価格が上がったため、取得は34機に終わってしまった。また、陸自AH－64アパッチ戦闘ヘリコプターは64機取得予定が13機で終了した。このように、量産価格の高騰は取得総機数に大きく影響するので、要求性能は運用者と技術者が密接に検討し、取捨選択のうえ、適切に設定する必要がある。

3、独自開発と共同開発をめぐる議論

戦闘機開発をめぐる議論のなかで、なかなか結論が出ない課題の1つに開発・取得要領がある。導入か開発かの選択では、現在購入可能な第5世代機は世の中にF－35しかなく、新たな機種を取得しようと考えると選択肢は開発しかない。

一方で、開発には日本の単独開発、既存機ベースの共同開発、複数国での新規共同開発の3方式が

考えられる。それぞれの場合のメリットやデメリットを比較し、最適な手段を選ぶ必要がある。次期戦闘機については、防衛省は日本主導の米国などとの新規共同開発を選択したが、3方式のメリット、デメリットを概観してみたい。

新規共同開発の代表例はF‐35プログラムに見ることができる。F‐35はF‐16などの旧世代機の更新のため、米国が主導し、英国、オランダ、イタリアなどの8か国が参加する国際共同開発で、開発終了後はそれぞれ参加国でも配備する計画である。

共同開発は米国にとっては、開発にかかる膨大な経費を開発参加国と分担、量産機数増による量産コストの低減、同盟国・友好国との関係強化が可能となり、参加国にとっては、最新の戦闘機を優先的に取得できるとともに自国企業の製造分担を獲得できるなどのメリットがある。さらに量産機数が増えることは取得や維持コストの低減につながるという大きなメリットがある。

F‐35については、開発を主導する米国はF‐35の技術開示について最大の出資国である英国に対してさえ制限を加えている。開発を通じて参加国に技術情報が全部共有されることはない。したがって、設計ノウハウや試験データなどの技術情報が共有されなければ、開発に加わっても技術力の向上にはつながらず、運用段階で独自判断での改修をすることもできない。

次期戦闘機開発を共同開発とするならば、日本が主導する開発でなければならないが、技術を持っている共同開発参加国が自国に配備する戦闘機を日本主導のもとに開発しようとするとは考えにくいため、日本が開発費を出資し、日本が装備する戦闘機を共同開発参加国の企業と開発することとなる。

既存機ベースに開発する場合は、ベースとなる第5世代機はＦ‐22とＦ‐35の2機種があるが、航空自衛隊が3機種体制を追求するのであれば候補はＦ‐22に絞られる。２０１８年に米国ロッキード社からＦ‐22をベースにし、Ｆ‐35のミッション・システムを搭載する案（いわゆるＦ‐57案）が提案された。

これにはベースとなる技術、特にステルス技術などの革新的技術の開示や、それらの派生技術の取り扱いが問題になることが想定された。その反面、ベース機ですでに実績ある技術を流用できれば、Ｆ‐35を凌駕する最新の航空機が開発できるとともに、技術リスクはなくなり開発期間やコストの低減ができ、新規開発の技術に資源を集中できる。しかし、Ｆ‐2開発の教訓としていわれるように、共同開発には、技術情報の扱いだけでなく経費分担、ワークシェア決定など、容易に乗り越えられない障壁を覚悟しなければならない。特に、ステルス技術は機微な情報なため、米国政府に供与を許可させるには、たとえば米国がステルス機運用で直面する整備コスト問題などに日本が独自技術による解決策を示せるなど、米国に見返りとなる十分なメリットがなければ実現は難しいであろう。

日米の共同開発といっても、米国が開発機を自国の戦闘機として基地に配備する、または、開発経費を分担する可能性は非常に低いであろう。ベースとなるＦ‐22の技術情報開示に莫大な経費を米国から請求されたり、Ｆ‐2の飛行制御ソフトウェアのように開示を拒否されることもあり得る。

仮に、日本が開発経費を全額負担し、量産機数も空自配備分だけであれば共同開発であってもライフサイクルコスト（ＬＣＣ）上のメリットはあまりないかもしれない。しかも、複合材技術のように日本固有の技術を米国に無償で供与せざるを得なくなる心配もある。

防衛省は「改修の自由度がない」という理由で「F‐22＋F‐35」の派生型機提案を早い段階で断ったと伝えられるが、開発の諸々の条件は日本の交渉力次第であり、どこまで日本の意見が通るか、もう少し検討してもよかったのではないかとも思う。

これまでの米国政府や企業の対応を踏まえると、交渉にあたり日米双方がウィンウィンとなる魅力的な開発となる条件を日本側がしっかりと作り、交渉の俎上に持っていけば、世界最高の戦闘機を作ることができたのではないか。また、日米同盟の強化に大きく寄与することにもなったとも思う。

では、日本が独自で開発する場合はどうか。1兆円近くかかるともいわれている開発費は全額日本が負担しなければならず、また、適用する技術は自国で確立するか他国から有償で導入しなければならない。最悪の場合は断念しなければならない技術も出てくるであろう。

しかし、独自開発の最大のメリットは、開発で培った技術力がその後の航空機開発などに活かすことができ、国内の技術基盤や生産基盤を継承できることにある。有事あるいは平時を問わず、他国に頼らずとも自分たちの手で必要なことができるという安心感は運用者の信頼を得るためには何ものにも代えがたい財産となる。

開発で得られた各種試験データや設計に関する知見などをすべて自国で持っていれば、運用中に発生した不具合や事故に対しても迅速な原因究明や対策検討ができる。そうでなければ、海外メーカーに検討を依頼し、その回答が得られるまで全機の飛行を停止しなければならない事態もあり得る。また、将来の能力向上や改修などについても、外交関係や他国の事情に影響されることなく日本独自の判断で決めることが可能となる。

もし、次期戦闘機に〝時代や状況に応じ自分たちで自由に改修できる柔軟性〟を期待する場合、独自開発は最も適した開発形態といえる。ただ、ここで注意しなければならないのは、外国から導入しなければならない技術がある場合である。韓国では、ＫＦ‐21の試作機を開発中であるが、当初独自開発を掲げて開発を始めたものの、米国からアクティブ・フェーズドアレイ・レーダー、赤外線探知装置などについてブラックス・ボックスでも供与不可と伝えられ、さらにレーダー、赤外線探知装置についてはヨーロッパからも供与を断られ、やむを得ずイスラエルと共同開発を始めたと報じられている。このように、独自開発を目指すときは、事前に日本が必要とする技術・搭載装備品などについて、相手国と綿密に調達・導入可能かどうか調整しておかなければならない。

これまでのことを整理すると、共同開発か独自開発かの選択は最終的に技術面及び経費面２つのポイントにかかってくる。開発に不可欠であるが日本にはない技術や、共同開発形態でなければ供与してもらえない技術がある場合は、ほかの案件には目をつぶってでも技術を持つ国と組んで開発しなければならない。

しかし、日本では第5世代機に必要となる要素技術について研究を重ね、先進技術実証機、ハイパワー・スリム・エンジン、高出力レーダーなどなどは実証段階に至っている。また統合火器管制やデータリンクなど、その他の技術は開発を通じて実用化できるめどを事前の研究で確認した。

日本が研究していない技術、または日本より高いレベルの技術を持つ欧米企業は存在するであろう。しかし、その技術を適用するため共同開発のデメリットを甘受しても見合う技術があるのか。あるとすれば、それは第5世代機の特徴であるF‐35並みのステルス技術及びミッション・システム管制に必要なプログラムのソースコードであろう。

レーダーや赤外線センサー、電子光学センサーといった各種センサーからの情報やデータリンクを通じて得た情報をどのように融合して目標を識別、追尾するかのアルゴリズムには、これまでの米国の運用・技術ノウハウが詰まっている。ミッション・システム管制を実現するためのソフトウェア開発は一朝一夕には困難である。もし、ミッション・システム管制のノウハウが供与されるならば共同開発は1つの選択肢であろう。

次に経費面ではどうか。戦闘機開発事業に要する経費は約1兆円ともいわれる。共同開発とすることで開発総経費や量産単価、維持態勢整備などのLCCを低減できるのであれば共同開発にも意義がある。しかし、F‐2の例でもわかるように、共同開発には言語の違い、国の制度の違い、商慣習の違いなどで単独で開発するより余分な経費も発生してしまう。また、複数国間での共同開発では、どんな戦闘機を開発するか関係国間で合意を得るため長期間の討議が必要であり、最大公約数的な結論としなければならないことも考えられる。

海外企業が開発参画に熱心なのは、相手方から得られる新技術、開発から得られる利益が魅力的であるからといわれている。共同開発とは名ばかりで、開発経費は日本が全額負担、日本だけが配備する戦闘機ならば日本には経費的メリットはなく、海外企業を潤すことにしかならない。

また、共同開発には第三の視点として二国間の同盟を強化する効果がある。日米共同開発の場合、最高の戦闘機を生み出そうというプロジェクトに両国の技術者が共同で協力する態様は、陰に陽に両国間の信頼を強める。

4、日本主導開発の課題

(1) 開発技術者人材の確保

次期戦闘機で想定される3種の開発形態のなかで、日本にとってメリットが大きいのは日本主導開発であるが、これには課題も多い。

開発には多額の経費が必要となるが、それ以外にも多くの開発技術者が必要となる。開発を成功させるためには様々な技能や資質を持った専門家が必要で、多くの技術者の知恵を結集しなければならない。日本の産業全体でみると航空機産業は小規模なものでしかない。しかもその内訳は、ボーイングをはじめ海外の民間航空がこれまで活況を呈してきたことから、大部分はその下請けの民需部門が占めている。

また、三菱重工の民間旅客機ＭＳＪの開発が事実上、凍結されたことで、余剰技術者は１０００人規模といわれている。Ｆ‐２戦闘機開発を終了してから20年近く経ち、これに関わった経験者が退職している状況で、軍用機開発経験のある防衛航空機部門の人材は限られており、開発着手までに各分野に適合する必要な人材を確保しなければならない。そのためには、プライムとなる企業は、自社の余剰技術者を重用するのではなく、開発経験がある他社の助けを借りて、技術者を糾合し、合同設計チームを設立して開発にあたらなければならない。

今日、航空機の飛行制御はフライ・バイ・ワイヤが用いられ、エンジンもＦＡＤＥＣで制御されるなどコンピューター制御が必然で、乗員のワークロード低減に貢献している。また、無線機で見られるように機能をソフトウェアで実現すればハードウェアに手を加えずソフトウェアの改修だけで機能の向上ができ、多機能化も図れるため、各種機能におけるソフトウェア開発が一層、重要になるであろう。

したがって、戦闘機に必要となるソフトウェアの規模はますます増大することとなる。また、従来はレーダーをはじめ、各種アビオニクスをそれぞれの独立したシステムとして作ってきたが、第５世代機では機体も各種センサーも１つのシステム、ミッション・システムとして構築されている。

さらにネットワークへの対応も必要で、１９９０年代中頃から戦闘機のソフトウェア規模は機体サイズの大小に関係なく増加している。使われているプログラムのソースコード行数で比較すると、Ｆ‐22では１７０万行、Ｆ‐35では約５・６倍の９５０万行になるといわれている。

Ｆ‐35では開発にかかった全工数の約半分がソフトウェア開発に費やされ、そのうち飛行制御やエンジン制御の工数より、レーダー、電子戦などのセンサーや火器管制部分のミッション・システムが半分以上を占めたといわれている。これら膨大な量にのぼるソフトウェアを独自に作るだけのソフトウェア技術者をどのように確保するかが大きな課題となる。

現在はデジタル・トランスフォーメーション（ＤＸ）の時代で、どの産業界もシステム・エンジニア、プログラマーを大量に必要とする時代である。次期戦闘機開発に必要なＩＴ技術者を確保することが成功の大きな要件となる。

（2）新たな効率的開発態勢の構築

開発がスタートすると防衛省による業者選定が行われる。国内の機体メーカー1社では、必要な技術者や製造能力を確保できないこともあるが、めったにない開発機会に国内の技術基盤、生産基盤を育てる意味でも国内技術の総力が結集される。

選定では、防衛省の契約相手方となり完成した試作機を納入する主契約企業（プライム）と、その下で製造を分担する協力企業（サブコン）、インテグレーションを支援する外国企業が選ばれる。なお、防衛省は２０２０年7月「次期戦闘機の開発体制については、戦闘機全体のインテグレーションを担当する機体担当企業が、エンジン担当企業やミッション・アビオニクス担当企業を下請けとすることで、これら企業と緊密に連携しつつ、主導的な立場で開発を進める『シングル・プライム』体制とする」と公表し、10月、機体担当企業として三菱重工との契約を締結した。開発体制の詳細は今後定められることになると思料される。

従来の体制の在り方を述べると、プライムであっても官の許可なく製造分担を変更したり、参加希望企業を理由なく排除はできない。また、エンジンやレーダーは製造メーカーと防衛省が直接契約し、納入されたエンジンやレーダーがプライムに官給品として提供され、機体に組み込まれるのが従来の通例である。

設計作業は当初、プライムを中心として各社から経験のある技術者が参加した合同設計チームによる構想設計、基本設計で全体の概略が決まると、以降は分担する各メーカーで細部設計（機体の部品、構造などを規定する図面の作製作業を実施）が進められる。

開発では各部位や系統の設計結果を検討、選択しながら最適な設計にまとめるシステム・インテグレーションが重要といわれるが、これまでの開発ではプラットホームとしての機体の成立性に力点が置かれ、サブコン各社が設計した部位を組み合わせた機体との整合性が注目された。

これまではレーダーやエンジンは、それぞれの契約がプライムから分離していることもあり、それらの設計細部にプライムが口を挟むことはなかった。防衛省の航空機開発はレーダーやエンジンの重量や大きさ、インターフェイスなどが守られていれば問題とされなかった。しかし、第5世代機ではエンジンやレーダー、ほかのセンサー類などが大きなソフトウェアで制御される1つの大きなシステムとなるため、設計途中においてもシステム全体のインテグレーションができる技術者と、全体のインテグレーションを行える権限がプライムに必要となる。

規模が大きく開発機会も多い欧米の航空機メーカーには、あらゆる技術分野に精通し、設計全体をインテグレートできる知識と経験を有した技術者が存在する。

しかし、市場規模が小さく開発機会も少ない日本では、機体、エンジン、アビオニクスそれぞれのメーカーは専業化し技術者の数も少ない。従来のままでは各メーカーは、契約で割り当てられた責任を果たすことにだけに注力して、システム全体を見て開発を仕切る人材がいない。

このシステム・インテグレーション技術を持つ人材は開発を通じてしか育てられない。なぜ開発を通じてしか育てられないのか。航空機開発に必要な知識には形式知と暗黙知の2種類が存在し、システム・インテグレーション技術は後者にあたる。

形式知は図面や設計計算書などで明示化でき、プリントなどを通じて人へ空間的、時間的に伝えることができるが、暗黙知は技術者個人の洞察力や思考過程によるもので、空間的には伝えることはできても、世代を超えて伝えるには、世代をまたがる共同作業の「開発」を通じてしかできない。伊勢神宮の式年遷宮はこの暗黙知を絶やさぬための儀式といわれるが、航空機開発はシステム・インテグレーション技術など、開発に不可欠な技術継承の場でもある。

次期戦闘機の開発では知識や経験を有した人材の不足を補うため、構想設計から細部設計に至るまでプライムと関連メーカーの技術者が垣根を越えて協力できる新しい開発態勢や契約形態を考えなければならない。少なくともチーフデザイナーには設計すべてにわたる発言権（当然、発出元企業がバックアップする発言権）を与え、技術検討、全体のコスト管理、スケジュール管理を、プライムがプライムの責任として一元的に行える日本独自の開発形態を構築していかなければならないであろう。

（3）開発インフラの不足

第5世代機開発成功の鍵は、その膨大なソフトウェア作成にかかっている。作成したプログラムをいきなり実機に搭載するには大きなリスクがある。通常、出来上がったプログラムは単体で機能確認をした後、搭載機器を組み合わせた試験装置でプログラムを作動させて問題がないことを検証し、その後、実機で飛行試験をする。しかし、条件の厳しい空中とは違い、地上確認試験には限界もあった。

飛行試験を開始してから不具合が見つかると、修正には時間を要し開発スケジュールにも大きく影響する。特に第5世代機のように膨大な機能を1つのシステムで制御する航空機では、飛行試験までに不具合を排除できるかが重要となる。

そのため、F-22やF-35の開発では、搭載装備品単体がある程度出来上がると、それを民間機のセイバーライナーやBAC-111に搭載し、単体の種々の確認を空中で行い、それから各システムと結合し、地上でのアビオニクス・インテグレーション試験を行った。その後、旅客機を改造した専用の試験機を使って検証を行った。

F-35の専用試験機はCATBirdと呼ばれるB737-300の改造機で、実物のレーダーはじめ、各種センサーやアンテナなどが実機と同じ位置関係で搭載され、機内には計測システムやF-35のコクピットが設置されていた。これを使い実環境において各種条件下での検証をすることで地上では発見が難しかった不具合（プログラム・バグ）を見つけ、飛躍的に量が増加するソフトウェア開発に対処した。

日本ではF-2用レーダー単体の開発ではC-1輸送機を母機とする試験機でシステム確認をしたが、次期戦闘機でもミッション・システム全体及びそれを動かすソフトウェアを検証するC-2輸送機やP-1哨戒機を母機とする専用試験機が開発当初から必要となる。防衛省では現時点でC-2を母機とする専用試験機が考えられているようである。

ほかにも次期戦闘機の開発に必要となるものの、日本国内では十分ではない試験施設などがある。本章前半でも触れたが、ステルス性能は第5世代機にとっては秘中の秘であるが、国内には実機レベルのRCSを計測可能な施設がない。

また、エンジン開発では高空の飛行環境下を模擬し、性能確認を行うATF（Altitude Test Facility）と呼ばれる性能確認施設が必要となるが、国内には防衛装備庁が千歳に保有する推力5トン級のものが最大で、推力15トン級の大型エンジンの試験施設がないため、これらの試験施設を海外で借りる必要がある。

ステルス性能計測の施設としては米国カリフォルニア州ポイント・マグーにある米軍の屋内RCS計測施設レーダー・反射率研究所、ヘレンデールのロッキード・マーティン社が保有する屋外でのR

ＣＳ実大計測が可能なHelendale Avionics Facilityがある。また、テネシー州の米空軍Arnold Engineering Development Centerには大型実エンジンの高空状況を模擬できるＡＴＦがある。

しかし、秘匿性の問題やほかのプログラムとの競合からこれら施設が希望どおり借りられるかの保証はない。同盟国として日本の次期戦闘機やエンジン開発に米国から協力を得なければ貸してもらえる保障もない。

試験施設などについては欧米に頼らずに自前で持つことが理想的ではあるが、これら施設は汎用性に乏しく、開発の機会が何十年に一度しかない日本で持つには負担が重過ぎる。そのため、借用を拒否されたり、種々の取引材料を持ちかけられた場合でも開発がとん挫しない代替手段などを考える必要がある。したがって、国際協力を視野に入れた日本主導の開発を追求することが必要になる。

（4）日本主導開発を追求する意義

米国ランド研究所のアーサー・Ｊ・アレキサンダー博士は、日本の防衛産業は、政府の密接な監督指導下で調整され、カルテル化され、目標管理されてきたにもかかわらず、いまだに技術的卓越性や国際的リーダーシップを発揮していないと指摘していた。

厳しい財政状況や少ないインセンティブ、少ない調達数量、少ない開発経験を考えれば、日本が自前で研究開発を進めると、莫大なコストと高度な技術の壁に阻まれ、その結果、本来、運用者が求める装備体系や戦力の維持に制限が生ずると指摘している（Alexander, A., *Of Tanks and Toyotas-An Assessment of Japan's Defense Industry*, RAND Corp., N-3542-AF,1993）。

日本は戦後、官民挙げて航空産業の振興に力を入れた。最新の軍事技術に触れることで民需分野の発展に期待したからである。その結果、民需分野ではボーイングなどの一流のサプライヤーに成長した。しかし、アレキサンダー博士が指摘するように、高い技術力に支えられ実戦経験を反映した米国製システムを導入または共同で開発するほうが効率的でコストパフォーマンスの高い防衛力整備が可能な状況が今も続いている。

現にF‐35、E‐2D、グローバルホークなど米国製兵器のFMS調達が主流である。しかし、それでもなお、日本主導開発を追求するのはなぜか。

装備品は戦闘様相を想定して作られるが、戦闘様相は決して想定どおりには展開しない。新たな領域の出現で戦闘様相が変わろうとしている将来においてはなおさらである。

運用者からここを改修して欲しい、このプログラムを変えてほしいといった要望が多く出ることは想像に難くない。戦闘機は、①自由に日本製ミサイルや装備品を搭載、②自由に時代や予算に応じたアップグレード、③不具合があれば独自に自由に改修、ができなければ日本の防衛は自主独立しているとはいえない。そのためには日本に機体を触る権利とすべての技術情報、そして技術力を持った技術基盤の3つが揃わなくてはならず、日本主導開発によらなければそれらの獲得は難しい。

将来にわたり技術基盤を維持するには、開発を通じ培った暗黙知の継承と先進技術への挑戦が必要となる。算盤をはじけば、自らが新たな技術に挑戦するより共同開発で欧米が開発した技術を導入し、簡単な改修や修理のみを日本で行うことにすればよい。

しかし、独自の技術を生み出し実用化する過程で得られるものは技術導入では得られない。いくら日本で先進技術の研究を進めても、それが開発につながらないのであれば研究のための研究にすぎず、研究をする意味はない。次期戦闘機の開発は、日本の防衛産業が世界に伍していけるように脱皮する最後の機会であると認識している。

ホンダジェットの成功は、欧米企業の下請けに甘んじてきた日本の航空産業において久々の明るいニュースであった。ホンダジェットがなぜ成功したのか。ホンダが卓越したアイデアを持ち、それを実際に創り上げる技術力に優れていたのは事実であろう。しかし、その技術基盤を作り上げたのは、自前開発にこだわり海外から経験者を招聘せず、30年もの長きにわたって1円の利益も上げない研究を継続したホンダの社風にあるといわれる。

さらに開発・量産にあたっては日本国内での実施にこだわらず、耐空証明の取得や将来の市場を見据えて開発・量産・販売拠点を米国に置いた先見性にある。開発、量産において米国の豊富な航空機関連の人材の確保ができた。

次期戦闘機の開発では、日本政府と国内の関係メーカーが損得勘定を超えて、日本のためにどれだけ肝を据えて米企業も取り込み、開発に取り組めるか。その真意が問われる。

第6章　次期戦闘機の運用上の課題

1、インターオペラビィリティ（相互運用性）の確保

安全保障環境が急速に厳しさと不確実性を増すなか、日米安全保障体制は将来にわたりわが国の安全保障の基軸であり、世界の平和と安定に大きな役割を持つ。他方、米国は自らのプレゼンスを維持しつつも、日本に対しては相応の役割を求めている。そのため、日米が真の共同作戦を行うために忘れてはならないのが米軍との相互運用性（インターオペラビリティ：Interoperability）の確保である。

インターオペラビリティとは同盟国間で共同作戦を効率的、効果的に行うための運用や後方支援での共通性や互換性のことである。燃料や油脂、弾薬、ミサイルなどで同じものが使えれば不足時に相互で融通ができる。指揮、通信では周波数などの電波特性、メッセージのプロトコル、データなどの

フォーマットを合わせ、同じシステムを導入すれば作戦遂行に必要な戦術情報の共有が図れる。

したがって、装備品開発ではインターオペラビリティの確保が運用者の重大な関心事である。国産哨戒機P‐1の開発では、開発に先立ち米海軍哨戒機P‐8とのインターオペラビリティをどう確保するかを検討するため、2002年（平成14年）から2006年（平成18年）にかけて海上自衛隊は、開発を担当する技術研究本部とともに米海軍との間で共同研究を行い、十分な議論のうえ開発に臨んだ。この研究は開発の最終段階まで継続され、相互運用性の確保に必要な設計となっているか確認したといわれる。

（1）MADL《マドル》との連接

MADL（Multifunction Advanced Data Link）は、F‐35専用の多機能データリンク（種々のデータを送受信する通信システム）の名称で、F‐35のステルス性を保護するために、電波は強い指向性を有するものを使い、F‐35間だけでデータを送受信するシステムである。

第5世代機を目指す次期戦闘機（F‐X）では、これまで以上に米軍を含む他アセットとの情報共有が重要となる。領域をまたがる戦闘様相の中で米軍との間で、どのような相互運用性を確保しなければならないかを明確にする必要があり、航空自衛隊は米空軍と十分な議論を行う必要がある。

航空自衛隊は、将来147機のF‐35を装備することになる。したがって、まずはこれら日本のF

-35（データリンクとしてMADLおよびリンク16〔Link-16〕を搭載）と次期戦闘機の間で指揮通信の相互運用性を持つことが運用上必須であり、これが実現されれば、米国とのインターオペラビリティも必然的に確保されることになるであろう。

特にF-35戦闘機にはISR（Intelligence, Surveillance and Reconnaissance：情報収集、警戒及び偵察機能）の役割があり、その収集する電波情報、赤外線画像情報、可視画像情報をどうファイルに圧縮保存し、また可逆的に生情報に解凍できるかが、F-35にとって重要な要素となる。次期戦闘機は、これらの情報をF-35と同じ方式で圧縮保存し、かつ生情報に解凍できるようにしなければ、日本のF-35とのISR情報の相互運用性を保持することができない。次期戦闘機とF-35とを運用している相乗効果を活かすためにも、この相互運用性は保持しなければならない。

F-35のMADLについて概説すると、F-35の4機編隊間のみの情報共有のために設計されており、ほかの僚機に提供する内容は、その機が検出した空中物体情報、地上物体情報、海上物体情報の生データとともに、各物体の確率情報、識別情報、電波情報、総合情報である。各機は、自機が保有するデータとほかの3機からくるデータ及びリンク16などのほかの情報源からの大量のデータをデータ・フュージョンにより統合し、各物体の情報の精度を上げて、敵、味方、第三者物体に分けて識別、位置情報等を漸次確実にしていく。

一例として、F-35において僚機と一緒にMADL情報をもとに相手複数機の位置情報などを三角測量の要領で取得する方法を図1に示す。1機のF-35が僚機のF-35のレーダーが捉えた目標のデ

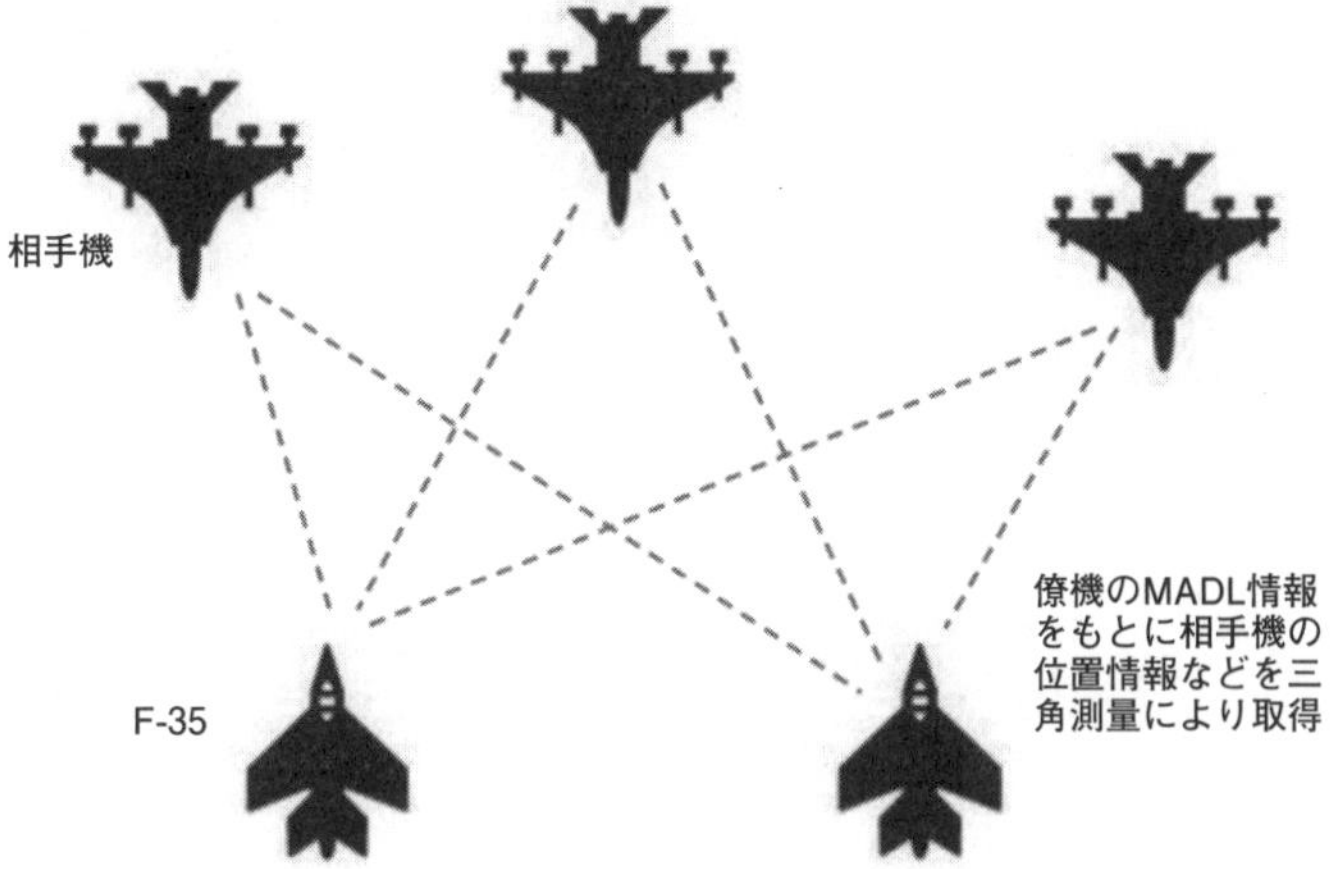
相手機
F-35
僚機のMADL情報
をもとに相手機の
位置情報などを三
角測量により取得

図1 MADLの使用例

（Hamstra, J.W. *The F-35 Lightning II : From Concept to Cockpit*, AIAA, 2019を基に作成）

ータをMADLにより受信し、自機のレーダーが電波を発することなく電波探知で捉えた同一の目標の同一時刻データの両方を使い、三角測量の要領で目標の正確な距離、方位を算出し、目標情報を得ることができる。すなわち、通常の1機でその搭載レーダーだけで相手を追尾捜索する（電波放射が長くなり、ステルス性が損なわれる）という方法ではなく、ステルス性を最高度に確保するため4機で大きな電波探知レーダー網を構成し、瞬時に大きな捜索探知範囲を確保しようというものである。これは、電波天文学でも複数の電波望遠鏡（電波を送受信する大口径のパラボラ・アンテナ）を地理的に離して設置し（たとえば日本の国立天文台野辺山観測所のレーダーと米国パロマ天文台のレーダー）同じ天体目標を同時に観測する方式と同じである。

第5世代戦闘機間（F-22、F-35）及び第4

世代戦闘機との連接については、米国でも様々な手段（直接連接、ゲートウェイ連接）が研究されているが、最近ではＡＢＭＳ（Advanced Battle Management System：米軍開発中の先進戦闘管理システム）の開発プログラムの一環として、Gateway oneというデータ形式を変換しＦ-22とＦ-35を直接情報交換する技術の研究も実施されていて、２０２０年12月に試験が成功したという報道があった。

また、ＪＡＤC^2（Joint All Domain Command & Control）構想の下に、陸海空海兵宇宙軍の装備品（センサーからシューターまで）をクラウド通信によって連接する方法がＧＡＦＡやUberまで参加して、研究及び実験（バリアントシールド統合演習）されたと伝えられている。

防衛装備庁は、２０２１年度（令和3年度）から２０２２年度（令和4年度）の間、次期戦闘機と米軍が連携するための将来のネットワークについて、「ネットワーク構成検討」として、米国政府及び米国企業の協力を得て、米国装備品とのデータリンク連接に関する研究を実施する計画である。

次期戦闘機にどのような連接方法を適用するかは、次期戦闘機のシステム全体の開発の進捗との関係で決定されていくものと予想されるが、防衛装備庁の中には次期戦闘機の初期形態（ブロック１）ではリンク16連接とし、ＭＡＤＬとの連接は将来の拡張性とする考えもあるようで、この点についても米空軍との緊密な協議をすることが必要である。

（2）ミサイル、弾薬の相互運用性と国産装備品の運用

航空自衛隊は、空対空ミサイルとして、F‐15、F‐2用の空対空ミサイルのAAM‐5とAAM‐4、F‐35用のAIM‐9XとAIM‐120Cを保有することになる。F‐15にはAIM‐120Cの搭載も可能である。また、日英でミーティア（Meteor）をベースにF‐35に搭載可能なミサイルJNAAM（Joint New Air to Air Missile）を共同研究中である。

航空自衛隊が次期戦闘機用も含め、将来どのようにミサイルを保有し運用するかは、慎重に検討すべき課題であるが、インターオペラビリティの確保及び国産装備品の生産・技術基盤維持の両面から最適な解を出す必要がある。

なお、F‐35は他国が独自の装備品を搭載することを可能にすべく開発されている。F‐35はミサイル、爆弾の搭載には、UAI（Universal Armament Interface）という新しい規格を採用している。これは、ミサイル、爆弾のプラグ&プレイを目指したもので、米空軍が強力に推し進めており、F‐15Eの新モデル、F‐16の新モデル、JDAM（全部の型）、JASSM、SDB（小型胴径爆弾）、F‐35などに適用されている。

これは三本柱からなっており、1つは武装に対しての共通のソフトウエア・インターフェイス、2つ目は攻撃ミッションが決まったときパイロットなどが携帯するミッションデータ・ファイルにどの

武装にも適用できるミッションデータ・ファイルの共通フォーマット（ファイルの形式）、3つ目は戦闘機の中心のOFPプログラム（Operational Flight Program）の変更なしで武器投下シーケンスを変更可能にするアルゴリズムの採用である。搭載武器に関してもプラグ&プレイの時代がきたわけである。

（3）ステルス性能

安倍政権当時、官邸を中心にEF－18Gグラウラー電子戦機の導入を検討したことがあるが、米空軍では戦闘においてはステルスの確保が重要であり、グラウラーの運用は太鼓を叩いて作戦するようなもので、保有する考えはないという意見もあった。新聞報道などによると、防衛省が考えている次期戦闘機の要求性能はステルス性、大航続距離、ミサイルなどの大搭載量のようである。

大航続距離及びミサイルなどの大搭載量を要求すると、機体のサイズが非常に大きくなり、高いステルス性能の要求は困難になる。航空自衛隊の次期戦闘機の運用構想は公表されていないが、日本に侵攻する敵航空戦力に対し、探知されにくく優れたセンサーを持つF－35を前方に出し、ステルス化され探知困難な敵を発見させ、その情報を次期戦闘機がF－15に中継するとともに、次期戦闘機も限定的にシューターとしても活用するというものであると推定される。

言い換えるとF－35と戦域を分離する考えのようであるが、米空軍は、2016年6月に公表した

『Air Superiority 2030 Flight Plan（航空優勢２０３０計画）』において、２０３０年代以降には高度に相手と競合する作戦環境が出現すると予想している。米空軍はこの計画をもとに、航空優勢確保のための代替案分析を実施し、戦闘機については、ＰＣＡ（Penetrating Counter Air：突破型対航空機）やＮＧＡＤ（Next Generation Air Dominance：次世代航空支配機）の研究として発展させているが、いずれも高いステルス性能を要求している。

将来、日米が高度に競合する作戦環境において共同運用する際に、次期戦闘機を後方に配置する縦深性のある作戦がとれるのか、航空自衛隊と米空軍でしっかり検討する必要がある。

次期戦闘機に求められるステルス性能も、この検討の結果に左右されると考えられる。ステルス性は機体形状、機体構造が大きく寄与するので、開発が完了した後の運用途中でステルス性向上の方策を取り入れるわけにはいかない。航空自衛隊および米空軍の間でインターオペラビリティの検討が急がれる所以である。

2、ミッション・システム

次期戦闘機が運用される20年後には、Ｆ-35のパイロットが多数輩出されていると考えられる。その際、次期戦闘機が比較されるのは当然、Ｆ-35であるから、次期戦闘機のミッション・システム

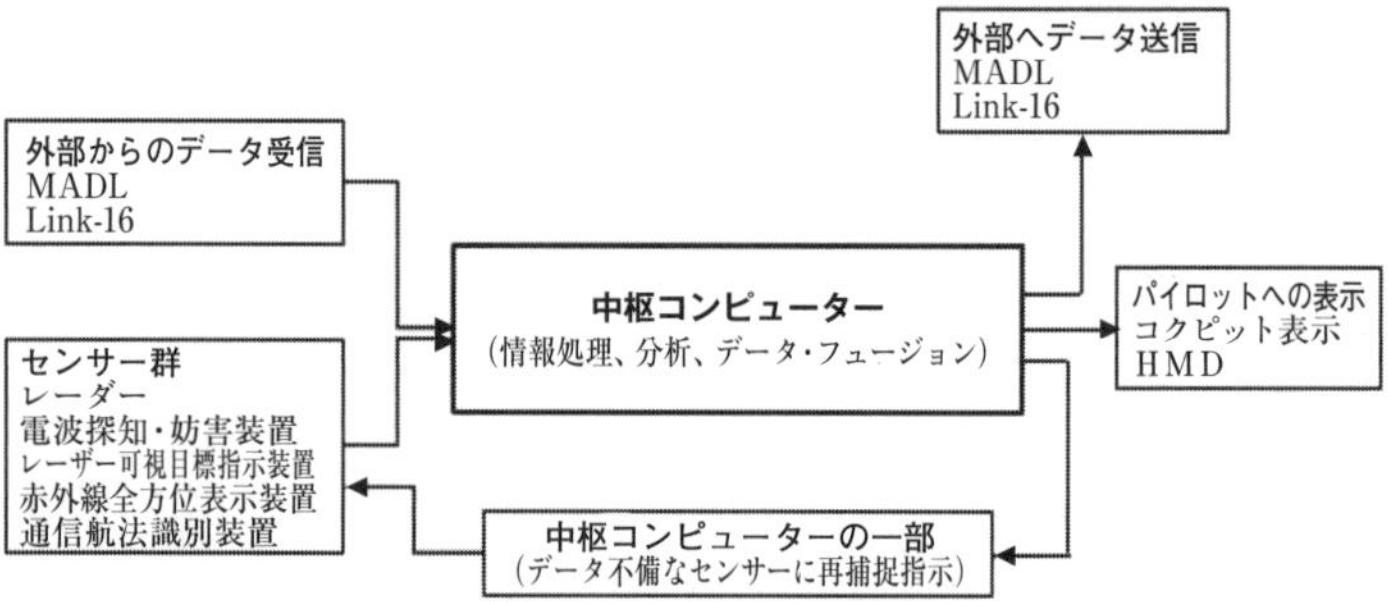

図２ ミッション・システムの構成と役割

（Hamstra, J.W. *The F-35 Lightning II : From Concept to Cockpit*, AIAA, 2019を基に作成）

は、Ｆ‐35を凌駕するものを開発しなければならない。そのとき忘れてならないのは、Ｆ‐35は日々進化しているということである。たとえば、今のミッション・システムの中枢コンピューターは、２０２３年納入の機体から、計算速度が現状の25倍になるとのことである。

ミッション・システムの役割、内容については、世界でいちばん進歩している現時点のＦ‐35のものに基づいて説明する。ミッション・システムの目的は、パイロットに敵味方の状況および自分の置かれている状況の正確で迅速な状況認識（Situational Awareness）を与えること、それに基づいてパイロットが正確で迅速な決定を行うことを支援することである。そのために、このシステムはセンサー群、中枢コンピューター、それに組み込まれた強力なソフトウェアから構成される。その構成、働きは、図２のようになる。

センサー群は、５個のセンサー機器、すなわちレーダー、電波探知・妨害装置、レーザー可視目標指示装置、赤外線全方位表示装置と通信航法識別装置からなる。

F-35のレーダーはAN/APG-81と呼称され、アクティブ・フェーズド・アレイ・レーダーでノースロップ・グラマン社製である。アクティブ・フェーズド・アレイ・レーダーとは、1000個以上の多数の小さな送受信モジュールがレーダー面に埋め込まれており、そのモジュール1つひとつが電波を送受信する型式のもので、最新式のレーダーである。

空中・地上目標を捜索、次に探知し発見すると、それを追尾する機能を有している。そのほか、大きなレーダー面を活用し、受信機能を利用して相手の電波を探知する機能、また、必要によっては、このレーダーの送信機能を利用して、電波妨害を行う新しい機能が追加されている。

電波探知・妨害装置は、AN/ASQ-239と呼称され、BAE社製である。主翼前縁、後縁にアンテナを装備し、相手が放射する電波の探知、相手の位置データ取得、電波妨害を行う。また、ミサイルに追尾された時のための自己防御として、電波ミサイル用チャフ散布装置、赤外線用ミサイルに対して赤外線妨害装置（フレア）を有している。

レーザー可視目標指示装置は、AN/ASQ-40と呼称され、ロッキード・マーティン社製である。高精度な赤外線探知装置で、空中・地上目標を探知、ミサイルなどで攻撃する場合は目標指示のためのレーザー光を照射する。また、赤外線捜索探知機能（FLIR）、赤外線探知追尾機能（IRST）も併せ持つ。

赤外線全方位表示装置は、AN/ASQ-37と呼称され、ノースロップ・グラマン社製である。2023年納入のF-35からはノースロップ・グラマン社に代わり、レイセオン社が納入することになっており、米国の装備品メーカーの競争の激しさを如実に示している。本装置は、胴体上下左右6か所に同一の赤外線探知装置を搭載し、上下左右前後の360度の状況が、パイロットのヘッド・マウンテッド・ディスプレイ（HMD）に映し出されるようになっている。すなわち、パイロットには視認できない機体の下方の状況がHMDには映し出され、状況把握ができる。

通信航法識別装置は、AN／ASQ－242と呼称され、ノースロップ・グラマン社製である。通信航法用のコンピューターが2台あり、これが音声・データ（MADL、Link16）の通信統御、電波航法・電波着陸指示装置、敵味方識別装置、秘匿装置、慣性航法装置・GPS装置のそれぞれの機能を統御している。この装置は、相手から電波探知で発見されないように最大限の方策を適用するとともに、通信妨害に対しても周波数切り替え（Frequency Agility）、広範囲スペクトラム（Spread Spectrum）、アンテナ指向性制御などの手段を用いて対抗するようにしている。この通信航法識別装置は既存の軍用機、民間機との適合性を保有している。

中枢コンピューター（Integrated Core Processor）については、F－35のミッション・システムの頭脳と呼ばれるものである。この中に組み込まれたソフトウェアにより、それぞれのセンサーのデータが処理され、センサー相互のデータ（MADL、データリンクの情報も含む）が関連付けられ、そのデータの信頼度が分析され、最終的に1つの目標に領域（地上、空中、海上）、所属（味方、敵、中立）、クラス（ヘリコプター、戦闘機、輸送機など）、型式（UH－60、F－22、F－35、C－17など）、細分型式（UH－60J、F－35A、C－130H等）により構成されたタグが付けられ、パイロットへ情報として提供される。

この際に使用される重要なソフトウェアがデータ融合ソフト（Data Fusion）である。このソフトは、同じ目標についてレーダー、電波探知・妨害装置、僚機のMADLなどから入ってくる誤差により少しずつ異なる多数のデータを整理して目標の1つのデータとして確定するものである。さもないと、パイロットの表示装置には、多数のデータが表示され、どれが本当の目標のデータかわからなくなる。

F-35の開発においても、飛行試験の最後の段階でも同一の目標が表示装置に雲のように多数現われる『表示装置クラッター問題』が発生し、この解決に苦労したという。よいセンサーを持っていても、よいデータ・フュージョン（データ融合）のソフトがないと正しい目標の情報は得られない。中枢コンピューターは、正確なセンサー・データが得られていないと判断すると、正確なデータが得られていないセンサーに何度も指示を出して正確なデータを再取得するよう作動する。

また、この機体が取得したセンサー・データ、分析したデータをMADLで僚機に、リンク16で所要の戦闘部隊などに伝送する。また、レーダーなどのデータは整理した形で、赤外線全方位表示装置、レーザー可視目標指示装置の画像情報はそのままの形で、コックピットの表示装置、ヘルメットのHMDに表示される。これらの中枢コンピューターとセンサーなどの関係は前述の図2に示すとおりである。このソフトウェアはF-35のソフトウェア950万行の大半を占めているといわれている。

3、電子戦

電子戦についても、この能力はF‐35がいちばん進歩していると考えられるので、それをもとに解説する。現在の航空戦は、電波を出すと敵に発見されてしまうので、極力電波を出さないのが常道である。こちら側が相手の電波を発見したら、強力な電波をこちらから放射して相手のレーダーなどを妨害するよう対応している。

僚機間のデータリンクMADLで前述したが、F‐35ではMADLを使用して僚機の相手方電波探知情報を含めて相手の位置を特定し、電波妨害をかける。4機のF‐35のうち、どの機が妨害電波を仕掛けるのがいいのか、中枢コンピューターが判断し、自動的に対応する。このために、ホーム・オン・ジャム（HOJ：妨害電波源を追尾すること）能力に優れている最新の相手方のSAMでも、妨害電波を発するF‐35がその任務を仲間のほかのF‐35に瞬時に入れ替わることにより、SAMは目標を特定することが困難になるとされている。

また、電波妨害についても電波探知・妨害機か、レーダーが仕掛けるのかも中枢コンピューターが判断する。電波ミサイル妨害用チャフ散布も赤外線ミサイル妨害用の対応も中枢コンピューターが自動的に対応している。通信妨害についても、中枢コンピューターの指示に基づき通信航法識別装置が実施するようになっている。

サイバー攻撃にも対処が施されており、F‐35の飛行試験などでサイバー攻撃からの対処が十分かどうかの確認が米空軍で継続されているようである。

4、無人機運用

無人機については、防衛省も2019年度から『遠隔操作型支援機技術の研究』という名称で、各種有人任務を支援する遠隔操作型支援機を実現するための有人機／支援機の協調行動、戦術機動などを実現する技術の研究が進められている。各国では有人戦闘機をどのように支援するかの無人戦闘機の研究が盛んである。

米空軍では、2020年12月、無人ウイングマン構想（Skyborg）のデモ機を製造する4企業が決定され、2023年の実用化を目指して、中国やロシアなどの強固な防空網を構成する敵との対峙を想定し、ISR偵察や攻撃を安価で撃墜されても経済的負担が少なく、人工知能で任務遂行可能な無人機開発をするものである。

たとえば、リスクの高いエリアでのISR任務を無人機が担当し、有人機は敵から遠い空域に在空して無人機からの入手情報を基に指揮統制をしたり、無人機が兵器を多量に搭載してシューターの役割を担い、有人機が各種情報を基に無人兵装機を誘導するなど、様々な任務分担が構想されている。

すでに米空軍研究所は、無人ウイングマン機を想定した試験機XQ‐58A（Valkyrie）で飛行試験を

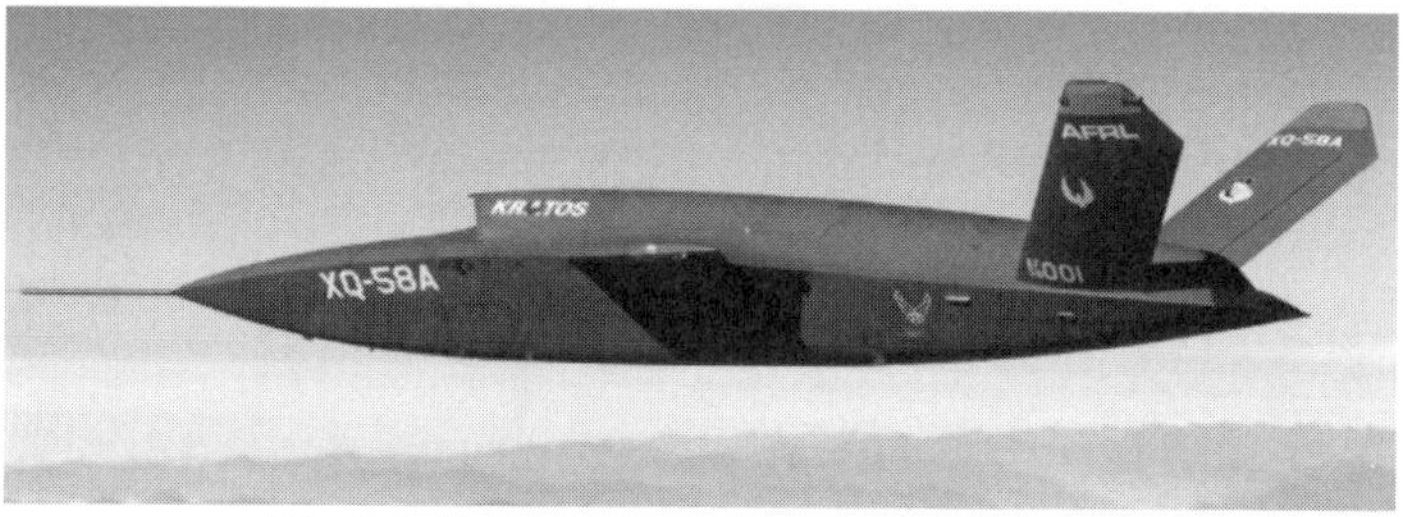

図3 無人機XQ-58A Valkyrie（Kratos社HPより）

4回実施しており、ここで得られた知見も前述のデモ機開発に活かされる（図3参照）。

また、オーストラリアとボーイング社が組み、米空軍と同様の構想による「ロイヤル・ウイングマン」という名称で3機の試験機導入を決めており、その初号機納入式が2020年5月に、スコット・モリソン豪首相も参席して行われた。

地道な研究としては、DARPA（国防高等研究計画局）がF-16パイロットとAIパイロットとを1対1でシミュレーターを用い対戦させ、有人のほうにはいろいろハンディがあることが後でわかったが、AIパイロットが5戦5勝で勝利した。今後も有人パイロットが飛行する時に無人機にはどのような協調操作をさせるべきかの研究が行われる。

すなわち、有人パイロットはどこまでAIを信用することができるようになるのか、またAIはどこまでパイロットの心理を理解し、協調できるようになるのかの深遠な研究である。

その後、この研究は2対1（2が有人パイロット、1がAIパイロット）で、武器も機銃、短射程ミサイル、長射程ミサイルを使ったシミュレーションを実施している。２０２３年には実機のＬ39ジェット練習機をＡＩ化し、有人パイロットが飛行するとき無人機にはどのような協調操作をさせるべきかの研究を実施しようとしている。また、２０２０年12月には米空軍がＵ‐２高高度偵察機を使って飛行試験を行い、有人パイロットが操縦、ＡＩ無人ソフトが偵察任務にあたり、敵の地上ミサイル発射機の監視を行い、有人と無人のシステムによる協調操作が可能なことを示した。

5、オープン・システムズ・アーキテクチャ（OSA）

（1）ＯＳＡ規準の選択

前項で解説したミッション・システムについて、次期戦闘機では最高のものを作るために２つの大きな課題がある。１つはオープン・システムズ・アーキテクチャ（OSA：Open Systems Architecture、オープン・アーキテクチャとも呼ばれる）で、もう1つは前述したデータ・フュージョン（データ融合）である。

冷戦期間中、米国では経費を度外視して最先端の科学技術を結集し、高い信頼性や性能を有した兵器システムの開発に力を注いでいた。そのため、他国に技術が流出しないよう高い秘匿性が求められ、民需部門とは完全に隔離された特定の兵器メーカーとそのベンダーにより独自の仕様や規格に基づく兵器開発が行われた。その結果、高度な技術が応用されている兵器は、運用が始まってからも、その維持は開発したメーカーにしかできず、軍は競争性のない高い維持費を払い続けなければならなかった。

冷戦崩壊後、米国にとって兵器システムの高額な開発費、維持経費が大きな負担となり、LCC低減が大きな課題となった。また、世の中のデジタル化が進むと兵器システムにも応用可能な高い信頼性や性能を有する製品や技術が民需分野でも現れるようになった。

そのような背景下の1990年代中頃、国防省は全軍種の兵器システム調達でオープン・システムズ・アーキテクチャを採用するよう指示した。この取り組みを推進、監督するため国防省内にはOSJTF（Open Systems Joint Task Force）を設置した。

オープン・システムズ・アーキテクチャとは、第5章でも述べたが、中枢コンピューターと搭載機器などの間に中間システムを置き、その仕様や規格を公開して、搭載機器などのハードウェアやソフトウェアを機能ごとモジュール化したコンポーネントとして開発し、その中間システムにつなげることにより、中枢コンピューターのソフトウェアに関与することなく、第三者でも搭載電子機器などの構成品を提供できるようにすることである。

OSAとなれば開発後に他社が開発した安価で供給に不安のない構成品に置き換えたり、改修や能力向上もほかの既存品を再利用し短期間、安価でできるようになる。メーカー間で互いに競わせることができるようになり、ＣＯＴＳ（Commercial off-the-shelf）と呼ばれる民生品活用の機会も増えた。米国のＯＳＡは、今やアビオニクスシステムやコンピューターシステムにとどまらず航空機や艦艇などの大規模な兵器システムにも広がっている。

米国防省は産業界と協力、合意しながら米空軍のＯＭＳ（Open Mission Systems）や米海軍のＦＡＣＥ（Future Airborne Capability Environment）といった兵器システムの規格の標準化を進めた。民間規格や国防省規格を基に開発したシステムの試験などを通じ、規格などの整備、検証が行われている。ところが、ＯＳＡの概念は非常に高邁であるものの、準拠する基準をどの軍種が提唱するものにするのがよいかとか、また各装備品ベンダーがプライムの兵器メーカーにベンダーが有するノウハウやソフトウェアを吸収され、交渉の優位性を失うことを恐れ、実際にはＯＳＡ化は思うほどのスピードではなかなか進捗しなかった。

しかし、ここ10年、この傾向が大きく変わりつつある。それは冷戦終結以降、兵器システムの更新サイクルが延びると搭載装備品の部品が旧式となり、提供してくれるベンダーがなくなり部品枯渇に陥ったり、ソフトウェアが古くなったが、維持できる技術者がいなくなり不具合が是正できず、そのため装備品の稼働率低下が大きな問題になってきた。

また、能力向上を行おうとすると、新しい搭載機器搭載のためのハードウェア、ソフトウェアの改修は非常に高額な経費がかかり、かつ改修には長期間を要するという状況が非常に顕著になってきた。そこで、米軍はＯＳＡで部品枯渇などに対処しようと本腰を入れ始め、強力にＯＳＡを推進し始めた。たとえば、米空軍はOMSについてU‐2高高度偵察機、無人偵察機のRQ‐4グローバルホークのほか、多数の秘匿されたプロジェクトで飛行試験を実施している。さらに第5世代戦闘機のF‐22、F‐35にも採用されている。米海軍のFACEについては、AV‐8Bハリアー、C‐130T輸送機の搭載アビオニクスのソフトウェアに試行するとの報道があった。

機体、エンジン、センサーやデータリンクなどのアビオニクスシステム、電子機器冷却システムやウエポンなど、あらゆる機能を1つの巨大なシステムとして統合制御する第5世代機では、OSAは効率的に開発し、高騰するLCC低減のための切り札となりつつある。

OSAはF‐35にも適用されており、2023年納入の低数量量産計画（LRIP‐15）から本格的なOSAになるといわれている。ソフトウェアは一般的な言語のC++で書かれ、コーディング規約のJSF++やハードウェアの仕様などは公開され、開発に参加していない第三者でもF‐35に搭載するコンポーネントを製造できる可能性を持つ。

F‐35は、2020年以降に2500機以上の量産が見込まれる世界最大の戦闘機プログラムである。たとえば、F‐35の中枢コンピューターは、前述のように2023年納入機からロッキード社製からハリス社製になり、DAS（Distributed Aperture System：360度全方位の赤外線探知装置）は、ノースロップ・グラマン社製からレイセオン社製になる。

コンピューターやDASの担当メーカーの変更も、OSAのおかげで可能となったものである。すなわち、コストと性能で勝れば、日本メーカーにもF‐35の搭載装備品などのサプライヤーとなるチャンスがある。

なお、米国防省においては、2017年の法律によりOSAをMOSA（Modular Open Systems Approach）と呼称するようになったが、本書では一般的に通用しているOSAで記述している。

（2）次期戦闘機のOSA

次期戦闘機では、米空軍仕様のOMSを採用することが、147機調達予定のF‐35の今後の維持整備のことを考えると適切であろう。すなわち、次期戦闘機の搭載装備品サプライヤーがF‐35と同じOSAを習熟する機会を得て、これにより、F‐35の不具合などに対し、日本側が何らかの知見を得て、F‐35の稼動率に寄与することができるようになると考える。

さらに日本の搭載装備品サプライヤーに力がつけば、世界のF‐35向けに次期戦闘機の搭載装備品を供給する可能性が出てくる。もちろん、ロッキード・マーティン社、米空軍にF‐35構成品として認定してもらう必要があるが、日本の防衛産業もガラパゴス企業とか、お荷物部門と揶揄され、年間数機分の細々とした生産態勢から脱却できる。このことは、航空自衛隊にとっても、次期戦闘機の装備品が、今後2500機の生産が予想される全体数の大きいF‐35にも使用されることとなり、LCC低減につながる。

防衛省は2019年度（平成31年度）予算で、次期戦闘機適用を目指したOSAによるミッション・システムの研究に着手したが、関係者のＯＳＡに対する認識がどのようなものかは現時点では明らかにされていない。

しかし、もし、日本独自のＯＳＡとしたならば、外国装備品メーカーは数量の少ない日本仕様の製品を作ることに二の足を踏むか、請け負ったとしても法外な価格を請求するであろう。日本独自の仕様、規格は安価な海外製品の輸入障壁となるし、将来的には逆に日本製品が外国マーケットで競争する際の輸出障壁となる。

次期戦闘機の装備品などが、日本国内でしか通用しなかった「ガラパゴス携帯」と同じ道をたどることがないよう切望する。

もし、次期戦闘機を海外でも通用するＦ-35と同じＯＳＡの米空軍方式のＯＭＳを採用して搭載装備品などを開発すれば、外国メーカーも当然、次期戦闘機の搭載装備品の選定に名乗りを上げるであろう。そのため、価格と性能で優れた装備品を提供できなければ国内メーカーが選ばれるとは限らず、国内の防衛産業の瓦解を加速することにもなりかねない。国内メーカーは次期戦闘機の搭載装備品について三菱重工に対する提案活動を本格化させているが、国内メーカーの中には、海外メーカーと組んで、Ｆ-35が搭載する装備品を提案する動きもある。

次期戦闘機のミッション・システムに米空軍のＯＭＳが採用されれば、当初の搭載装備品としてＦ-35の装備品を搭載することは次期戦闘機の生産コストとスケジュールのリスクを軽減することにもつながる。この際も、国内メーカーは今までに培った技術力を結集し、Ｆ-35搭載装備品製造企業と同程度か低価格で提供することが求められる。さらに、その後も当該装備品に改良を加えたり、低価格で性能に優れた装備品を開発するなどの努力が求められる。

国内メーカーの現状は、F-35の構成品の製造参画では「ジャパン・プレミアム（ロッキード純正部品より高価格になること）」と揶揄され、MRO&U（Maintenance, Repair, Overhaul & Upgrade: 整備拠点）の選定ではアフォーダブル（手ごろな経費）でないとして、残念ながらほとんど選定されなかったのが現実である。

国内メーカーが今までの「原価+利益モデル」から「ベストプライスモデル」にパラダイムシフトできるかが、OSAの時代における生き残りの鍵といえる。反対に、日本の防衛産業がこの競争に勝ち抜けば、次期戦闘機のみならず前述の2500機近くのF-35のマーケットが視野に入ってくる。

米国政府は今後もOSAを活用し、F-35の性能向上を図るとともに、価格低減、信頼性向上を目標とするサプライチェーン構築を目指している。日本の防衛産業がこの中に入り込んでいくのは、それこそ煮だった釜の中に入り込むようなものであるが、米国防長官が1993年、米防衛産業に示した「最後の晩餐」（1993年春、アスピン国防長官はペリー国防次官とともに米国航空・防衛産業の大手企業15社〔ボーイング、マクドネル・ダグラス、ロッキード・マーティンなど〕の最高責任者を国防省の夕食会に招待し、業界の再編成を促した。この夕食会は〝Last Supper〔最後の晩餐〕〟と名づけられ、米国航空・防衛産業界の大再編成の契機になったイベントとして語り伝えられている）を迎えないで、自立していくためには、それだけの覚悟がいるということであろう。

ＯＳＡの意義は仕様、規格をオープンにすることにあるのではなく、オープンにすることにより、企業間の競争性を生み出しコストを削減するとともに部品枯渇に対応することにある。ＯＳＡが時代のトレンドということに疑う余地はない。日本メーカーがその特色を出し、経験を積み重ねた欧米メーカーとの競争に勝利し、この潮流に乗れるよう、官民ともに一層の努力が必要とされる時代である。

6、ソースコード

ソースコードとは、コンピューターに組み込まれているプログラム（ソフトウェア）の元の原本で、通常C++、FORTRAN、Python、Javaなどのプログラム言語で書かれたものである。これを見れば、技術者はこのプログラムの目的のためにはどういう計算をしているかがわかる。この原本を元に、0と1の機械語に翻訳したものがマシーンコードで、これがコンピューターに組み込まれ計算を行う。

ソースコードという用語が知られるようになったのは、ＦＳ－Ｘ開発において米国側がＦ－16の電気式操縦装置のプログラムのソースコードを日本側に開示しないということが起こったことからである（第3章参照）。米国側は、日本がこのソースコードを勉強して民間機に流用すると考えたのが不開示の理由であった。

ソースコードは、本と同じようなものなので、そのプログラムの大きさを行数で表すことができる。Ｆ‐35の場合、機体全体を統括するＶＭＣ中枢コンピューター（Vehicle Management Computer）とミッション・システムの中枢コンピューター（Integrated Core Processor）が主体で、その下に小型のコンピューターが多数ぶら下がっている。ソースコードの規模は、９５０万行といわれている。Ｆ‐22は１７０万行であったから、大幅に増えていることがわかる。なおスマートフォンは１２０万行といわれているので、現代の戦闘機のソフトウェアの規模が格段に大きいことがわかる。

従来はレーダーをはじめ各種アビオニクスはそれぞれ独立したシステムとして作ってきたが、第5世代機では機体も各種センサーも1つの大きなシステム、ミッション・システムとして構築している。加えてネットワークへの対応も必要で、戦闘機に必要となるソフトウェアの規模はますます増大している。日本においても、Ｐ‐１哨戒機のミッション・システムのソフトウェアとして米側のものと遜色のない規模のものを製作した経験があるので、十分日本の力で次期戦闘機のミッション・システムのソフトウェアを完成することができるものと思う。

Ｆ‐35の開発においても、飛行試験の後半、スケジュールを進捗させるための飛行試験の新しい領域への検討と実施ずみの飛行試験結果から出てくるプログラム不具合への対処が並行作業となり、ＩＴ技術者の不足がたびたび指摘されていた。次期戦闘機開発においても優秀なＩＴ技術者、プログラマーを事前に十分に確保することが成功の大きな要件となる。

7、維持整備体制

（1）後方情報システム

Ｆ‐35は後方情報システムとして、ＡＬＩＳ（Autonomic Logistics Information System）を開発したが、現在、故障の少ない新しいシステムのＯＤＩＮ（Operational Data Integrated Network）に換装中である。このシステムは、端末を機体に接続することで故障個所と対処方法を診断するとともに、交換部品の在庫状況も把握するシステムであり、稼働率の向上に寄与するといわれている。

次期戦闘機も、Ｆ‐35と同等の後方情報システムを開発する必要がある。Ｆ‐35ではシステム及び構成品の故障についてモニターしているが、次期戦闘機については、これに加えて一次構造部材の荷重についてもモニターできれば、亀裂などの機体構造の診断と処置方法を確立することが可能となる。また、機体ごとに疲労寿命などの把握が可能となる。

（2）搭載装備品の共用化

プライム企業の三菱重工（ＭＨＩ）は、サブシステム及び構成品の選定のために、関係会社から提案の受け付けやヒアリングを実施中である。

搭載電子機器装備品については、次期戦闘機専用に開発するのではなく、他機種と共通のOSAとし汎用性を有する設計とすれば他機種においても搭載が大きく期待できる機体そのものの量産数を輸出などの手段によって増加するよりも、搭載電子機器装備品の輸出、他機種での使用を考えるほうがずっと可能性が高い。また、量産数を増やせば、価格は低減し、LCCを低減することができる。前述のように、F-35との互換性を図れば、F-35の2500機近くのマーケットを狙うことでLCCの低減を目指せる。

(3) サプライチェーンの確保

日本が次期戦闘機開発を行うには、射出座席や油圧アクチュエータ、空調機器部品などといった、日本国内では空白または撤退した分野について欧米から調達せざるを得ないのが現状である。前述のように日米共同開発のFS-X(F-2)では米国政府から肝心の飛行制御ソフトウエア(ソースコード)が開示されず、日本は独自に開発しなければならなかった。韓国においてはF-35を購入する見返りに技術供与を前提に米国企業の支援を当てにしたKF-21では、米国政府がレーダーやセンサーなどの主要技術の供与を許可せず、計画は変更され、遅延している。

米国政府は軍事的、経済的に自国に脅威を与えかねない技術供与には極めてセンシティブである。

米国の国益にならないことに親切に手を差し伸べることは絶対ない。次期戦闘機への外国からの技術供与、搭載装備品などのサプライチェーンをどう構築するかは、日本が開発を行うためには乗り越えなければならない大きな課題である。

日本では防衛産業の撤退、縮小、倒産、廃業が続いている。これは、国内企業への防衛発注が縮小傾向にあり、かつ防衛装備品の技術などが、ほかの民需分野に活用できず、企業経営者は防衛生産にメリットを感じられなくなり、株主に説明できなくなってきているためである。この傾向は、今後も強くなると予想され、次期戦闘機の開発で搭載電子機器などの日本企業による開発が危ぶまれる。

また、せっかく欧米の企業が搭載電子機器などで日本企業に協力しようにも協力相手がいないという状況になりそうである。サプライチェーンをどう構築するか、日本の防衛企業が弱体化している状況において非常に重要な問題となっている。

（4）3Dプリンターを利用した部品製作

空幕において、次期戦闘機の部品生産に3Dプリンターを利用することを検討中である。3Dプリンターは、原材料の省資源化、生産工程のスピード化、軽量化に寄与することから、軍用装備品においても活用が拡大しつつある。2018年にGE社はエンジン部品に3Dプリンターで作成した部品を使用する試験を公表した。

ＮＡＳＡは宇宙ステーションに３Ｄプリンターを搬入し、微小重力化における部品製造の実験を実施した。また、米国及び中国は、修理のための寄港をなくす効果があるとし、艦上において艦艇の修理部品を製作し交換する試験を実施している。日本においては、ＩＨＩもエンジン部品の３Ｄプリンターによる製造の研究に取り組んでいる。

第7章　次期戦闘機開発の運営管理上の課題

1、開発経費、生産機数及び量産単価

(1)　開発経費

防衛省はF‐X（次期戦闘機）の開発経費について、2010年（平成22年）に公表した『将来戦闘機に関する研究開発ビジョン』のロードマップで、「開発段階では、機体規模にも依存するが、5000〜8000億円規模の経費が必要」と記述している。

開発を始めた2020年10月の段階で、防衛省は次期戦闘機の開発経費や量産単価を公表していないが、政府関係者から開発経費1・5兆円、量産単価200億円という数字が示されていたようである。これらは今後、構想設計作業の進捗に応じて見積りが確定されることになるが、開発初年度の2

020年度（令和2年度）予算における次期戦闘機開発経費が111億円（関連経費含み約280億円）、2年度目の2021年度（令和3年度）予算では576億円（関連経費を含み約731億円）であることから、開発経費の総額が1兆円を超えることは十分に予想される。

なお、2020年11月14日に実施された「次期戦闘機の調達について」の行政事業レビューに関して共同通信は総額1兆2千億円かかると見込まれると報道している。

防衛省は、2018年（平成30年）11月に公表した『将来戦闘機開発で重視する5つの視点』に「開発、取得のコスト」を掲げていることからも、次期戦闘機の開発にあたって、開発経費と量産単価を重視していることが分かる。

次期戦闘機開発に関し、日本政府は2018年12月に閣議決定した31中期防で国際協力を視野に日本主導の開発とすることを決定した。そして、防衛省は2020年12月18日に公表したお知らせ『次期戦闘機（F-X）のインテグレーション支援に係る情報収集の結果及び次期戦闘機の開発に係る国際協力の方向性について』の中で、国際協力を共同開発ではなく、開発全般としては米国のロッキード・マーティン社（2021年9月時点、同社はインテグレーション支援候補企業で正式には指名されていない）のインテグレーション支援を受け、日米インターオペラビリティ確保については日米協力で実施し、エンジン及びアビオニクスなどの各システムについては米国と英国の協力を追求することを決定した。つまり、我が国は次期戦闘機の開発について、新規国内開発を選択し、開発経費や技術リスク低減のために米英両国から支援と協力を得ることにしたのである。

開発経費は今後、初期形態（ブロック1）に求める機能・性能、拡張性への対応、改修の自由度の目標値、サブシステム・コンポーネントの選定（単独／共同開発、改造／新規開発、輸入など）、試作機の機数及び米英両国からの支援と協力の内容などを決定することによって確定されるが、過去の航空機開発の事例のように、結果として、政府が見込んでいる開発費を大幅に超過することは許されない。

特に周辺国の軍事活動の活発化や防衛装備品の近代化のスピードの増加、新たな技術の出現などに対応するため、防衛予算の所要が増加することが必至である状況を考えると、次期戦闘機の開発経費の増大はたとえ少額であっても許容されないと考えるのが妥当である。財務省の「失敗できない」枠組みが必要との指摘は、開発にはリスクがあるわけだから適当ではないが、防衛省が追求しようとしている、日本主導の開発、抑制的な米国の支援及び防衛装備移転を睨んだ日英協力の推進という3つの考えの下に実施する開発には、開発リスクを極小にするための何らかの枠組みが必要である。

空幕は2035年頃の脅威動向を踏まえつつ、次期戦闘機に求められる役割に必要な性能・機能を有する戦闘機の開発を要求したものと考えられる。これを受けて、防衛装備庁及び三菱重工（MHI）を中心とする日本企業には、前述のとおり米英両国の支援と協力を得ながら、2026年度（令和8年度）に試作機製造を開始し、2030年度（令和12年度）までに飛行試験を開始。2031年度（令和13年度）には量産初号機製造を開始し、2035年度（17年度）に開発を完了するという相当タイトなスケジュールを予定しており、技術リスク、スケジュールリスク（遅延）を最小限に抑え、開発経費の増大を防ぐ必要がある。

防衛省は、２０２０年11月14日に実施された『次期戦闘機の調達について』の行政事業レビューに示した資料で、開発経費の高騰やスケジュールの遅延などの開発リスクを低減させるための手法として、以下の取り組みを実施するとしている。
①シングル・プライム体制の採用：プライム企業がインテグレーションを担う体制とし、プライム企業と各構成品製造企業との緊密なコミュニケーションを確保する。
②国際協力関係の構築：我が国企業よりも実績などにおいて優れた部分を有する国外企業と協力することにより、開発リスクを低減する。
③ＥＶＭ管理手法の導入：アーンド・バリュー・マネジメント（EVM：Earned Value Management）手法による工程の「見える化」を図り、開発の進捗状況を定期的・定量的に確認する。
④リスク分析手法の活用：設計の初期段階から、予見し得る技術的リスクなどを網羅的に整理し、各リスクが発生する可能性及び影響度を評価する。
⑤モデル・ベース・デザインなどの活用：コンピューター上のモデルを用いた設計や検証を繰り返すことにより、製造段階で技術リスクが顕在化することを限定する。

（2）生産機数

防衛省は次期戦闘機の生産機数と量産単価についていまだに明らかにしていない。次期戦闘機はF‐2戦闘機の後継機として開発されるものであることから、防衛省が現時点で次期戦闘機の開発機数として想定しているのはF‐2の保有機数である91機程度と予想される。

防衛省が将来の戦闘機体系として各所で説明している資料にも、91機のF‐2が次期戦闘機に置き換わるべく表記されている。なお、防衛省は、2020年（令和2年）12月18日のお知らせにおいて、「開発経費や量産単価については、今後、構想設計作業の進捗に応じ、見積りを確定していくこととしています」と説明している。量産単価は生産機数によって変動するので、量産単価の見積り確定前に生産機数が決定されることになる。

これに対し、自民党有志の研究会の緊急提言（2020年〔令和2年〕11月）では、機体の生産数量を増やすことも提言し、具体的には、①F‐2後継以外の所要増（F‐15の後継、偵察や教育所要）を図る、②機体及び搭載装備品は共同開発・共同使用、輸出を念頭に必要な措置を講ずる、③設計段階からベース機を定めた上で、海外仕様などバリエーションを持たせることを提言した。

また、2020年12月17日に防衛省が自民党国防部会に次期戦闘機のインテグレーション支援に関わるRFI（Request For Information：情報提供要求）結果を説明した際に、出席した議員からは、

計画年	戦闘飛行隊	教育飛行隊	予備	術科教育	飛行教導隊	曲技飛行隊	合計
当初	60	21	39	2	8	11	141
1995	60	21	39	2	8	0	130
2004	60	21	15	2	0	0	98
2008	60	21	11	2	0	0	94

図1 F-2戦闘機の調達計画の変遷

サブシステムの輸出の可能性を追求すべく、英国との調整を続けるべきなどの意見が出た。生産機数が多ければ量産単価が低減することから、次期戦闘機の生産機数が最大どの程度見込めるかについて考察（予想）してみたい。

F-2後継機としての生産機数

次期戦闘機と置き換わるF-2の保有機数は91機であるが、それでは生産機数は何機であったのか振り返ってみよう。1995年（平成7年）12月の閣議了解では、130機（戦闘飛行隊60機、教育飛行隊21機、予備39機、術科教育2機、飛行教導隊8機）であったが、最終的には、2008年（平成20年）12月の閣議決定で、94機（戦闘飛行隊60機、教育飛行隊21機、予備11機、術科教育2機）となった。空幕において当初141機構想があったが、これはブルーインパルス用として11機を含んでいた（図1参照）。

予備機には在場予備機（定期修理中の機体があっても、部隊において任務遂行に必要な機数を確保できるようにするための予備）と減耗予備機（事故により航空機が消耗しても、部隊において任務遂行に必要な機数を確保できるようにするための予備〔F-15は11機事故、F-2は2機事故、5機津波による損傷により喪失〕）がある。

在場予備機については修理要領の設定、減耗予備機については減耗率の設定と減耗実績によって生産機数は変動する。なお、次期戦闘機には拡張性が重視事項にも入っており、生産直後から計画的に（たとえば5年ごとにアップグレードするとして年間20機程度）アップグレードされることを考慮すると、このための予備機も必要となってくる。したがって、次期戦闘機の予備機については、11機～20機程度とするのが妥当と考えられる。

術科教育用は整備員の教育用に配備するものであり、元々はこれ専用に製造されていたが、一度も飛行させることなく用途廃止することの問題が指摘されて、F‐2以降は、当初から定期修理に入る前の機体を第1術科学校で使用することとされた経緯がある。

したがって、F‐2後継機としての次期戦闘機の生産数としては、94機～103機（ほぼ100機程度）と予想することができる。

その他の生産数

次期戦闘機のF‐2後継機以外の所要については、まずF‐2の最初の計画数130機にも含まれている飛行教導隊（現飛行教導群）用がある。飛行教導群は、新たに導入された戦闘機や諸外国の戦技戦法の変化に応じた対戦闘機戦闘に関わる戦技に関する調査研究と関係部隊（戦闘機部隊及び警戒管制部隊）の指導を任務とする部隊であり、現在はF‐15を使用している。

F‐15の後継機としては、F‐35あるいは次期戦闘機が考えられるが、最終的には、クラウドシューティングも可能な次期戦闘機に移行すると仮定して、飛行教導群配備用としての生産数を８機と予想する。

飛行隊数は、２０１３年（平成25年）の閣議決定された25大綱によって、ＲＦ‐４偵察機を装備していた航空偵察部隊の代わりに戦闘機部隊を１個飛行隊増強して、13個飛行隊とすることとされた。当初はＦ‐15で新編する予定であったが、可動機数の確保が困難なために、Ｆ‐35に変更され、２０２４年（令和６年：次期防初年度）以降新編する予定とされている。

戦闘機部隊は７基地に配備され、防空及び対領空侵犯措置任務を遂行しているが、近年のスクランブル回数の激増により、パイロットの負担軽減及び訓練時間の確保の必要性が認識されている。この課題を解決するための手段としては、各基地に２個飛行隊を配備することが考えられ、空自として13個飛行隊から14個飛行隊への増強を検討することが考えられる。

また、２０３５年頃には中国の第５世代戦闘機が４５０機を超える見積りもあることから、飛行隊数を増強し、第５世代機である次期戦闘機を充てることは合理性があると考えられる。この場合、次期戦闘機の生産機数に14個目の飛行隊を対象とすると20機の所要が予想される。

安倍政権時の２０１７年（平成29年）～２０１８年（平成30年）頃に電子戦機ＥＦ‐18Ｇ（通称グラウラー）の導入が議論されたが、Ｆ‐35の増強を検討している時期と重なっていたことなどで、31中期防では計画されなかった。我が国周辺の国の地対空ミサイルの能力向上や空母の増強などを考慮すると電子戦機の必要性は引き続き残っており、次期戦闘機に電子戦能力を追加した派生型機を生産することは十分検討の余地がある。

したがって、次期戦闘機の生産機数に電子戦部隊用を対象とすると12機程度の所要（オーストラリア軍と同程度）が予想される。

さらに2035年以降にはF‐15近代化機の後継機が検討されると考えられるが、さらなる近代化の経費が高額であることから、102機のすべてがアップグレードの対象とならない可能性がある。したがって、F‐15近代化機のうち1個飛行隊の後継機を次期戦闘機とし、残りの3個飛行隊をアップグレードした後、後継機（ポストF‐X）に機種変更することは、戦闘機体系確保の点からも可能である。この場合、次期戦闘機の生産機数にF‐15近代化機1個飛行隊用を対象とすると20機の所要が予想される。

以上、その他の生産数を合計すると、60機となるが、特に14個飛行隊への増強と電子戦部隊の新編が実現するためには政治的課題がある。防衛計画の大綱には戦闘機部隊数（13個飛行隊）、作戦用航空機数（約370機）、戦闘機数（約290機）が記載されていて、この修正には閣議決定が必要である。

さらに戦闘機部隊の増強及び電子戦機部隊の新編そのものの必要性が先に議論され、決定されることが必須であることは論を俟たない。

以上の諸点から、次期戦闘機の生産機数はF‐2後継機及びその他の所要を合計すると、国内所要として、最大で約160機と予想される。もちろんこの数字は次期戦闘機に対して空自が高く評価することが前提であり、そうでない場合にはその他の所要の60機は次々期戦闘機、あるいはF-35によって充足されることになる。また、2020年から防衛省においてT-4中等練習機の後継機の検討が始まっているが、教育飛行隊21機を軽戦闘機タイプのT-Xで更新する案を空幕が採用する場合、次期戦闘機の製造機数は逆に減少し、約70機となる可能性もある。

量産単価

量産単価については、防衛省から公表されたものはないので、今後プロジェクトを進めていくうえでの考慮事項を示してみたい。

米国防省ではアフォーダビリティ（Affordability）の確保が最優先である。アフォーダビリティとは、予想される予算規模内で取得しようとする装備品の所要（機）数が購入できるか否かを吟味し、その確保を図ることである。すなわち、どんなに優秀な戦闘機でも、価格高騰のため予定機数を調達できないことになっては無意味であるということである。

国際安全保障産業協会（ISIC-Japan）の防衛産業フォーラム（Defense Industry Forum）（2020年9月9日実施）において、岩﨑元統幕長と一緒に講演したカーライル元中将（NDIA会長〔National Defense Industrial Association〕、元太平洋空軍司令官、元米空軍戦闘軍団司令官）もアフォーダビリティの重要性を強調していた。

F-22戦闘機については当初から機体規模と量産価格については非常に厳しい議論が米空軍運用者

（パイロット）と技術陣との間でなされた。1980年代、F‐22の開発を始める前の研究機YF‐22開発の際、運用者は5万ポンド重量（25トン）、量産価格3500万ドル（35億円）であることを要求、空軍技術者、会社はそれでは要求を満たせない、6万ポンド（30トン）、4000万ドル（40億円）になると激しく対立し長く議論が続いた。

結局、技術陣の要求が通り、機体規模と量産価格が設定された。後日、開発されたF‐22の価格は高騰したため、量産取得機数が削減され、当初取得予定だった451機が最終的に195機（試作機8機を含む）で終わった。単価は当時の価格で150億円といわれている。カーライル元中将の発言もF‐22のことが念頭にあったのであろう。

量産価格は、機体規模と大きな相関がある。米国ランド研究所の種々のデータに基づいた統計式によると機体規模が大きくなると量産価格が上昇する。これを基に前述のYF‐22の議論が行われたわけである。

日本のF‐2戦闘機の最後の量産価格（2007年度8機調達、2011年度最終号機納入）は約150億円であった。F‐2の全備重量は、22トンといわれている。22トン、150億円が日本の今後の戦闘機の量産価格設定の指標になるのではないかと思う。このように考えると、次期戦闘機はアフォーダビリティが確保されたものであることを強く望みたい。

さらに検討しておくべき課題は機数増への取り組みである。現在の航空自衛隊の戦闘機体系は、F‐2約90機、F‐15約200機、F‐4が退役して後継のF‐35が約40機である。将来的には、さらにF‐15のうち能力向上が難しい古いタイプであるPreMSIP機約100機がF‐35に置き換わる計画である。

F‐2は教育所要も含め94機が生産されたが、次期戦闘機は大幅な能力向上と大型化に伴い価格も高額となることから、防衛省は、現時点でF‐2の代替所要のミニマム案としては70機から80機の生産についても検討しているようである。開発経費は現時点で1兆5千億円程度といわれているが増加する可能性もある。

これだけの巨費を投じて生産機数が100機にも満たないとすれば世界的にも例がない事業計画となる。また機数が少なければ少ないほど単価は上昇し、補用品やスペアパーツの製造、維持整備費も高額になっていく。このため機数を増やす努力は喫緊の課題であろう。

F‐2の場合、1990年初頭の開発の段階では141機生産する計画であった。それが、1995年にブルーインパルス分が削減され130機となり、2004年には教育用や予備機などが削減され98機となり、さらに2008年には4機削減され最終的には94機となった。P‐1やC‐2も計画時より生産数は削減されており、次期戦闘機もこの点は留意する必要があろう。

機数増のため航空自衛隊の所要増を考えた場合、F‐35と置き換えないF‐15の能力向上機であるMSIP機約100機の後継も次期戦闘機とすることがあり得る。ただし、この場合、航空自衛隊の戦闘機体系の考え方が変わってくる。

航空自衛隊は、約330機保有する戦闘機について、従来から3機種運用を行ってきた。2機種は防空を主任務とし、残る1機種は対地・対艦攻撃能力を有する支援戦闘機であった。前者はF－4とF－15、後者はF－2が該当する。また、事故などにより1機種が飛行停止となってもほかの戦闘機が代替できるよう複数機種を保持する構想でもある。

F－15 MSIP機の後継も次期戦闘機とすると、航空自衛隊は将来的にF－35と次期戦闘機の2機種運用の体制に転換することとなる。

一方、かつての戦闘機は防空任務と対地・対艦攻撃で役割を分けていたが、F－35にしても次期戦闘機にしても多様な任務を行えるマルチロール機であり、双方の任務が可能である。

また、米国は例外としても、英独仏など欧州主要国も戦闘機は2機種運用が主流である。次期戦闘機は拡張性や能力向上も重視しており、F－15 MSIP機の後継とすることは現実的かつ有力な選択肢である。また、ベース機となる機体を設計した上で、複座タイプとすることや情報収集タイプ、電子戦に特化したタイプを生産していくことも考えられる。実際、F－2もF－15も複座タイプを生産している。

また、機能を特化させた上で無人機タイプを開発することもあり得るかもしれない。さらに現在、国産の練習機であるT－4はブルーインパルスにも使われているが、T－4は老朽化が進んでいる。将来的に、ブルーインパルスも次期戦闘機に置き換え、有事の際には防空戦闘や損耗予備などに備えることも考えられる。なお、次期戦闘機をT－4の後継に充てることは、能力的にも価格的にも現実的ではないが、F－2と同様、教育所要として次期戦闘機を調達することはあり得る選択肢である。

2、開発のプロセスの概要と開発期間

2019年11月に防衛省が自民党国防議員の会合で発表した資料の中に一般的な戦闘機開発のプロセスが示されている（図2参照）。

それによれば、開発の全体の流れは以下のようになる。

構想設計（防衛省の次期戦闘機に対する要求を分析、必要な機能・性能を設定、それら機能・性能を実現する機体、システム、サブシステムに配分）→基本設計（機体構造、装備品の細部仕様を設定）→詳細設計（製造に必要な情報を設定）→試作機製造（試作機を製造、各システムが所要の機能・性能を発揮できることを地上で確認した上で初飛行を実施し、基本的耐空性を有することを社内飛行試験で確認）→地上試験（機体構造が一発破壊〔力が加わった時に瞬時に発生する破壊〕や疲労破壊することがないことを強度試験で確認）→飛行試験（戦闘機システムとして所要の機能・性能を有すること、運用に供し得ることを確認）。以上の試作機開発の結果を受けて、量産機製造の判断がなされる。

前述のような開発の流れで、防衛省機の場合、事業管理の観点から開発の結節ごとに技術的な妥当性を審査する技術審査が開催されることになっている。審査員には当該プロジェクト関係者だけではなく防衛省内の有識者も含まれる。こうすることで客観的な評価がなされるシステムが構築される。

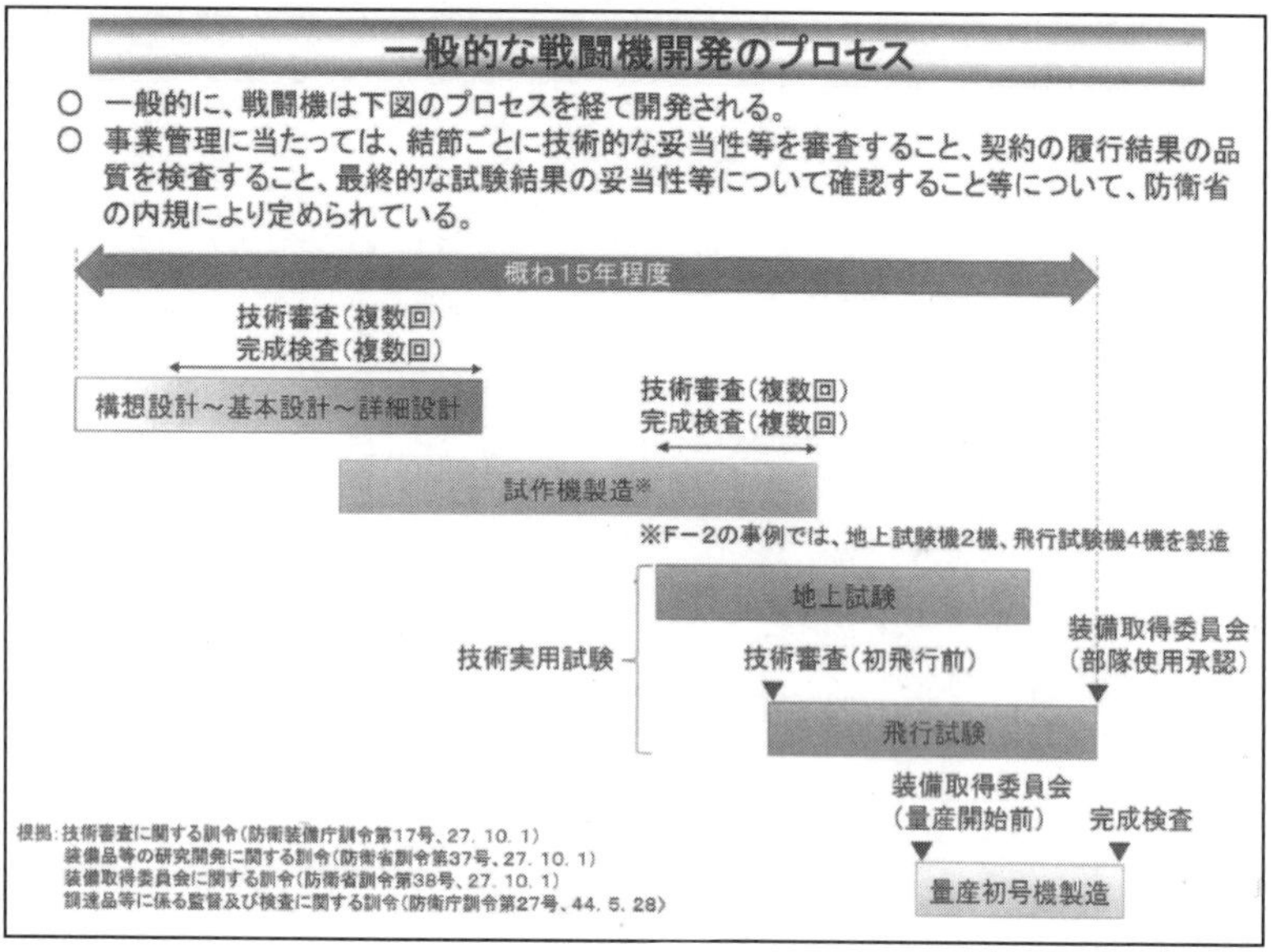

図2 一般的な戦闘機開発のプロセス

（防衛省資料「次期戦闘機について」）

また、防衛省機の場合、たとえば設計段階において構想設計から詳細設計までの一連の設計作業は始めから終わりまでの単独の契約ではなく、概ね各設計段階に応じた複数の契約となるのが通常である。技術審査はそれぞれの契約ごとに開催されるため、技術審査は各開発の段階に対し、その詳細に及ぶこととなる。

さらに各契約業務の中で、業務の冒頭にその業務計画の妥当性を審査する計画審査、設計の妥当性を審査する設計審査、設計に付随する試験の妥当性を審査する関連試験審査、業務の成果となる納入品の妥当性を審査する完成審査など、業務全体をきめ細かくトレースしていくシステムが構築されている。

このように防衛省機の開発は審査という

システムを通して、発注側の防衛省と受注側の企業とが技術的にきめ細かく双方の意見を交換しながら、双方合意のうえで開発を正しい方向へ導いていく開発プロセスをとっているところに特徴がある。

現時点で、次期戦闘機の開発スケジュール案は、開発経費や量産（目標）単価、量産機数とともに、防衛省から公式に発表されていない。

2020年7月7日、自民党国防議員連盟（会長：衛藤征士郎、元防衛庁長官）の会合において、「次期戦闘機の開発に係る全体スケジュール（検討中の案）」が示され、報道もされたが、その時点における防衛省の検討中のスケジュール案は以下のとおりであり、開発開始から開発完了まで15年となっている。

● 設計（構想設計～基本設計～詳細設計）：2020年度～2027年度
● 試作機製造：2024年度～2032年度
● 地上試験：2027年度～2035年度
● 飛行試験：2028年度～2035年度
● 量産初号機製造：2031年度～2035年度

防衛省は、2021年（令和3年）の前半に開発のプランニング、つまり開発計画のリスクの分析・評価、コスト削減についての評価をプライムの三菱重工（MHI）及びISP（Integration

Support Partner：インテグレーション支援パートナー）の候補であるロッキード・マーティン社の協力を得ながら実施する計画とされているので、この開発のプランニングの結果を踏まえて、当初段階の開発スケジュールが確定するものと思われる。

防衛省は、従来の開発の教訓を踏まえ、開発のプランニングにおいて、すべてのリスクを洗い出し、実際のリスクが発生した際のプランB（代替案）についてもあらかじめ検討する考えであるので、プランニングの結果、開発スケジュールの遅延が最小限に抑えられることを期待したい。

また、構想設計においては、機体の形状や重量、エンジン推力などのトレードオフ検討が実施されるが、本検討の結果によっても以降の開発スケジュールが修正される可能性がある。

なお、飛行試験とは別にＦＴＢ（Flying Test Bed：試験用航空機）に搭載し、ミッション・アビオニクスの飛行試験評価がなされると考えられる。

開発スケジュールの中で、特に飛行試験の開始については、戦闘機搭載用エンジン（搭載エンジンがＸＦ９となった場合）の設計・製造が我が国にとって初めての経験でありリスクがゼロではないことから、ＸＦ９エンジンの設計・製造のスケジュールの影響を受けると考えられる。

さらに、エンジン及びアビオニクスなどのシステムに関する日英協力が協議中であり、２０２１年中には結論が出ないと予想され、スケジュール遅延の要因となる可能性がある。

3、企業連合と契約制度

（1）要求性能の検討

航空自衛隊が新しい戦闘機を取得する場合、まず航空幕僚監部を中心に将来の脅威分析が行われる。そして、防空面での将来の戦い方や運用構想と呼ばれるオペレーションの具体的方法、さらにはどのような役割の戦闘機を何機保有すべきかとの戦闘機体系が検討される。

こうした検討を通じ、新たに取得すべき戦闘機の役割や求める能力、所要機数が明らかになってくる。そして、防衛装備庁が行う将来の技術動向の調査やコスト分析も考慮し、航空幕僚監部が次期戦闘機に求める具体的な「要求性能」を定めることとなる。

具体的にいえば、20年後、30年後の中国軍機・ロシア軍機の能力や数量を分析し、我が方の勢力との航空優勢をシミュレーションし、いかに優勢を勝ち取るかとの研究が行われる。併せて将来の航空戦力に必要な任務と能力、すなわち対領空侵犯措置、有事の防空任務、対艦・対地攻撃といった必要な機能が考えられる。

さらに将来の技術動向から、無人機や様々なセンサーとの連携、ネットワーク戦への対応など必要な機能が検討され「要求性能」が決まっていく。

次期戦闘機に既存の外国機を導入すべきか、国内開発とすべきかとの選択は、要求性能を十分に満たし得るかとの観点を中心に、ライフサイクルコスト（LCC）、整備性、拡張性、開発や調達にかかる期間、産業基盤の維持など様々な要素が勘案され決定される。

一方で、戦闘機をはじめとする防衛装備品の取得については、日本と諸外国とでは重点の置き方がやや異なっている。日本の場合、運用者のニーズである性能・能力（＝要求性能）が最優先となる。その上で、コストや整備性、産業基盤なども考慮される。他方、諸外国では運用者のニーズは当然重視されるが、自国の産業基盤の維持強化や輸出、共同開発を通じた友好国との関係強化といった政策的・産業的な面にも相当の力点が置かれている。

防衛産業はすそ野（サプライチェーン）が広い産業であり、これが強化されれば、自国の安全保障に寄与するのみならず、経済へのプラスの効果、技術の民間部門へのスピンオフ（波及効果）、雇用、税収増など幅広いメリットがある。また、他国と共同開発を行えば、人的・技術的な交流の拡大、共通の装備品の使用などにより防衛面で相手国との関係が格段に強化される。

防衛装備品の開発や取得が産業政策と密接に結びついているのは世界的には常識といえる。米国では公共事業で使用する物資・サービスについては、「バイ・アメリカン」と呼ばれる自国が開発製造した製品を優先的に購入する政策がとられている。また機微性・秘匿性が極めて高い物品を除き、輸出を前提に開発が進められる。

たとえばF‐35の場合、開発のほとんどはロッキード・マーティン社が行ったが、開発当初から輸出を念頭に置くとともに、導入を予定する国を募り、米国を含めて9カ国の共同開発がとられた。またASEANや中東諸国、インドなどでも外国製装備品を導入する場合は、たとえば購入額に対する30パーセントを国内産業に裨益《ひえき》させるなどのオフセット条件を設けて国内産業の振興を図っている。

他方、高度な防衛技術を保持すること自体が大きな抑止力であり、戦闘場面でも決定的な優劣を生むため、近年、諸外国では機微技術（重要で秘匿度が高い技術）は外国には開示しない傾向が強くなっている。たとえば、自衛隊が導入したイージスシステム、滞空型無人機グローバルホーク、早期警戒機E‐2D、戦闘機ではF‐35に加え、F‐15の能力向上の際も、技術が日本側に開示されず、米国側の支援がなければ故障探求が行えない状況になっている。さらにサイバー攻撃の高度化により、情報流出の防止も徹底させるべき状況が生じている。

（2）開発・生産体制の構築

このような状況下にあって、どのような企業連合を採用するかという開発体制の問題がある。従来の防衛省発注の開発プロセスでは、開発経費が予算に計上された後、競争入札により開発のプライム（主担当）企業が選定される。資格要件などの一定の条件を満たした上で価格競争による入札を行うのが一般的である。ただ開発の内容によっては、価格以外に企業側提案も含めた評価点方式による総合評価方式による競争入札もとり得る。

また、開発の継続性を確保する場合やノウハウを明らかに1社しか有していない場合は随意契約によりプライム企業が選定されることもある。選定されたプライム企業は、設計、試作品製造、試験、事業管理などに責任を負い、国内外の下請け企業を自らが決めることになる。ただし、エンジンやレーダーなど大型の搭載装備品は、防衛省（官側）が別途契約をしてプライム企業に引き渡す「官給品」供与の形をとる場合が多い。

戦闘機など高度かつ大規模な航空機を開発する場合は、プライム企業のみでは設計に関する技術者が不足することと、一企業だけでなく国内企業全体の技術レベルを向上させるためプライム企業に関係各社から技術者が集められ、設計チームが組織されるのが通例である。

契約方式は企業連合の在り方や開発体制に直結する。F-X（次期戦闘機）では、契約方式と開発体制について防衛省内で従来のプライム制の可否やほかの可能性も検討された。自民党の中からも変革を求める声が上がっていた。

変革を求める問題意識の1つは、従来の方式で効率的なオールジャパンの開発体制となり得るかということである。次期戦闘機については、機体各部の製造、ステルス技術、高出力レーダー、精密測定機器など複数の日本企業が技術を有している。先進技術実証機X-2の開発に際しても200社以上の日本企業が参画した。

防衛省（官側）は、国内外の最も優れた技術をできるだけ低コストで導入したいと考え、運用者の航空自衛隊はこの部分はこの製品を活用したいなど、きめ細かな要望があり得る。

また、サブコントラクター、下請け（ベンダー）企業の能力に制約がある場合は、生産の自由度がなくなり困難をきたす場合がある。たとえば、川崎重工製のC－2輸送機とP－1哨戒機の巨大な主翼はスバルが製造している。かつて輸出のため機体の増産が検討されたことがあったが、川崎重工が増産したくてもスバルの生産能力が課題となった。巨大な主翼を製造するラインを増やすことはスバルとしての多大な投資とその後の活用があるかというリスクが生じるからである。

また、新明和工業製の飛行艇US－2は、航空機全体の8割程度が他社の製品で成り立っている。このため、価格低減や輸出仕様を検討した際には、他社の意向に大きく左右されるとともに複雑な調整に多大な困難をきたすこととなった。

日本の戦闘機技術はある程度の棲み分けはできているとはいえ競合する部分がある。戦闘機としての全般管理・設計、インテグレーションは三菱重工に一日の長があるものの、川崎重工にも高度なシステムをインテグレーションするノウハウや経験が蓄積されている。

川崎重工は極めて高度な戦闘指揮システムを有するP－1や、戦闘機の形態に近い練習機T－4を設計・製造した実績があり、優秀な設計者も少なくない。F－2開発の当初には、この2社がプライム獲得に向け競争したこともあった。

また、レーダーをはじめとするアビオニクスは三菱電機が秀でているものの、東芝や富士通にも特筆すべき技術がある。エンジンはIHIが独占的ではあるが、独自開発するか、ロールスロイスなど外国企業と共同開発をするかなどの課題がある。

そこで、次期戦闘機開発にあたっては、どのような企業体が開発を進めていくのかがいろいろ議論されることになった。それは、今回の開発がこれまでとは比較にならないほど規模が大きく、複雑なシステムであることから、国内の関連企業が結集して国全体が総力を挙げて取り組む必要があるとの認識に基づくものであった。

また、今回の開発プロジェクトを防衛産業再編のトリガーにしたいとの思惑も一部にはあった。

連合企業体形式で議論になったものは、コンソーシアム形式、ジョイントベンチャー（JV）形式、SPC（Special Purpose Company：特別目的会社）形式、日航製形式、従来のプライム形式である。

コンソーシアム形式は、単なるとりまとめ企業から特定の場所で設計作業を行うなどの実作業を伴うものまで幅が広いが、ここでは一例として一般財団法人日本航空機エンジン協会を紹介する。

1981年、ジェットエンジンの国際共同開発の際、日本側をとりまとめる団体として日本のジェットエンジンメーカー3社、石川島播磨重工業（現、IHI）、三菱重工業、川崎重工業の協力のもと設立された。民間航空機エンジンの開発に関する調査・研究、それらに伴う試験や分析、民間航空機エンジンの製造などの促進を事業としており、V2500エンジンの開発を手がけ、現在はプラット&ホイットニー社（P&W社）の次世代中小型民間輸送機用エンジン（PW1100G‐JM）開発生産事業、ジェネラル・エレクトリック社（GE社）の次世代大型民間輸送機用エンジン（GE9X）開発事業の日本企業側とりまとめを行っている。

ジョイントベンチャー形式は、土木建設業界でよく実施されている形式である。1つの工事を施工する際に複数の企業が共同で工事を受注し施工するための組織（ジョイントベンチャー）を設立し、工事にあたる形式である。このシステムは、大規模かつ高難度の工事の安定的施工の確保などを図ることを目的に1951年（昭和26年）に建設省（現、国土交通省）において法制化され、運用が開始された。

近年、建設される大規模構造物は、様々な要素が複合して設計されていることが多く、各分野に秀でた企業同士がJVを構成することで、1つの工事に対して総合的な受注・施工を行うことにより、円滑かつ速やかな施工を行う状況となっている。各工事の発注に関する公告が行われた時点で、発注機関に対してJVの結成を届け出る。最も出資比率の多い企業が幹事会社となり、工事受注・施工の際に主導的な立場をとる。

SPC形式については、例としてPFI事業（Private Finance Initiative）である気象庁静止地球環境観測衛星の運用等事業及び内閣府準天頂衛星システムの運用等事業の支援業務を実施するためのそれぞれのSPCがある。

設立されたSPCは人工衛星地上局の整備、維持管理、運用業務を受注し、作業を行っている（運用要領は図3を参照）。なお、PFI事業とは、公共施設などの建設、維持管理、運営などを民間の資金、経営能力及び技術的能力を活用して行う手法で、新しい事業についてPFI事業として行うことが適切か否かの評価に基づきこの方式の採否を選択する必要がある。

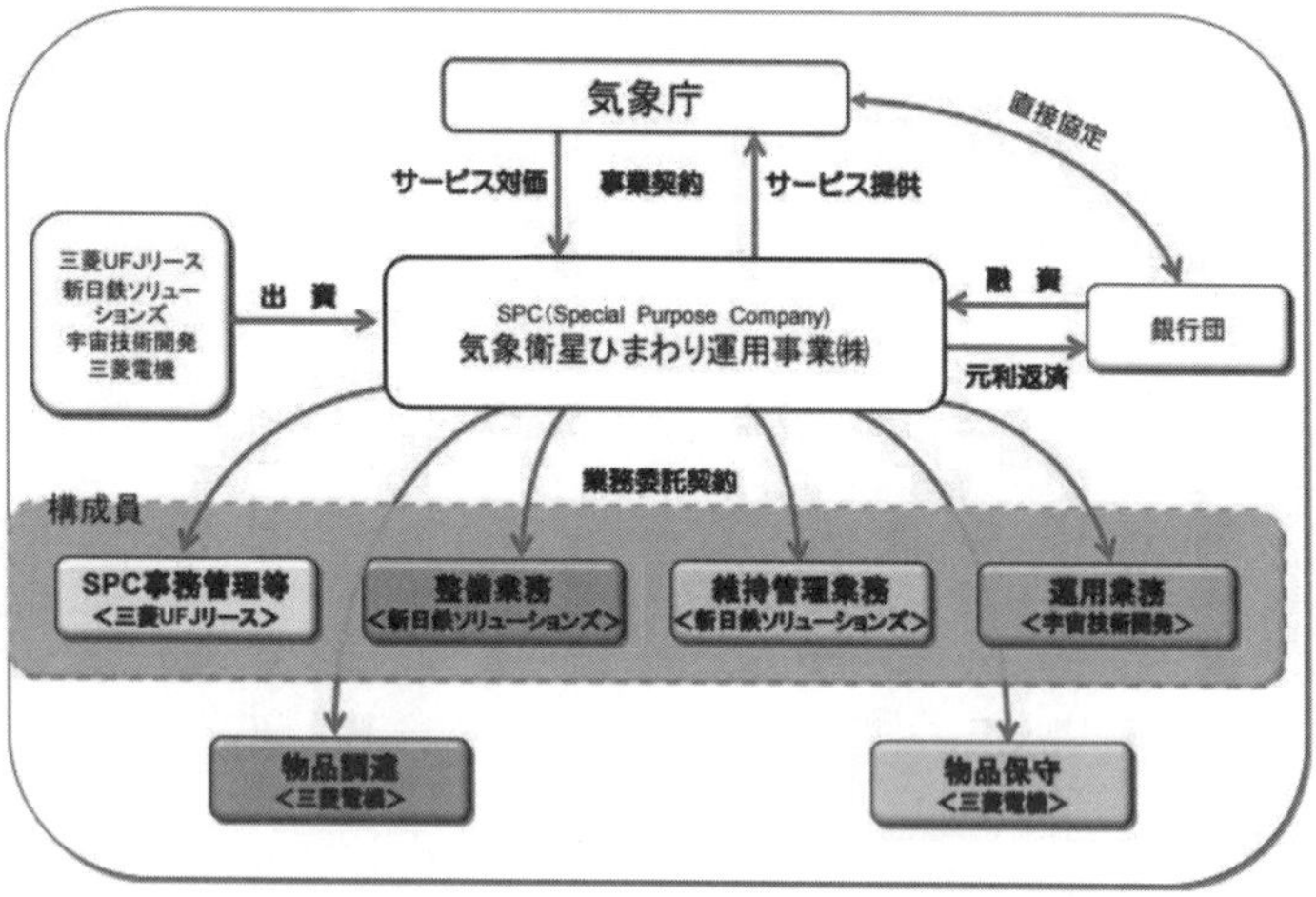

図3 ひまわり運用等事業実施体制図

（赤石一英「ひまわり運用事業について」測候時報、2012）

その後、この事業に参画する民間事業者がSPCを設立する。SPCは、株式会社が一般的であり、参画する民間事業者より出資される。発注者にとっては、SPCが複数の事業を一体的に管理・運営することになるというメリットがある。また、事業に関わる資金調達はSPCによるものであるため出資企業のバランスシートには負債を記載しなくてよく、オフバランスとすることができ、出資企業の財務に与える影響を軽減できる。すなわち人工衛星PFI事業はほかのPFI事業に比べ、総事業費が大きいため、オフバランスは、民間事業者にとって、非常に大きなメリットということである。また、SPCが倒産した場合、資本拠出企業に影響を及ぼさない（倒産隔離）メリットがある。

　日航製形式は、1959年法律により設立された特殊法人日本航空機製造株式会社の形式である。YS‐11旅客機を開発するために設立され、当初、資本金は5億円（政府が3億円、民間からの出資は2億円）であった。民間分の出資は機体メーカー、材料・部品メーカーに加えて、商社、金融機関が出資した。

日航製は、各社からの出向技術者によりYS‐11の開発が行われ、製造は各社に分担して委託した。また、日航製はYS‐11の販売を行ったが、販売に伴う赤字が累積し、そのため1982年、解散した。

従来のプライム形式は、1社がプライムとなり、そこに各社から設計人員が出向して、開発作業を実施し、製造は各社が分担して実施するものである。設計作業のとりまとめ、機体製造のとりまとめは、プライムが行う。

以上の形式のどれか、またはその変形をもとにして、しっかりしたサプライチェーンを保持し、情報管理もきっちりした企業連合を創出したいと各関係者が過去2年ほど議論してきたが、一長一短があり、なかなか議論が深まらなかった。結局、2020年10月30日、シングル・プライム制ということで、防衛省は三菱重工と契約を締結した。

（3）企業連合体運営上の課題

ここで企業連合体創出のためにどのような議論があったか、まとめてみる。

1 資本金関連

●資本金は誰が拠出するのか？

●政府も半額程度出資して、後押しできないのか？

2 事業関連

●企業連合体を維持していくための事業が次期戦闘機開発後も継続するのか？

●どのようにしたら、技術者の派出元企業から企業連合体への強力な支援を得ることができるのか？

3 人事関連

●最高責任者に適する人材はいるのか？

●企業連合体へ派出された技術者、事務職者などの人事管理をどうするのか？

●企業連合体へ出向している人員のモチベーションをどうやって維持させるのか？

●1つのプロジェクトでも、経営的なことをする人、プロジェクト管理をする人、基本的なことを実施する人、図面を書く人、計算する人、プログラムを作る人、機体部品を作る人、機体を組み立てる人、機体の修理をする人と作業が進む段階に従い、必要とする人材及び人数が異なることにどう対処するのか？

4 リスク関連

●製品の製造責任は誰がとるのか？

●リスク・シェアはどのようにするのか？　リスク生起原因に関係ない企業にも資本金を拠出しているだけでリスク・シェアを要求できるのか？
●資本金拠出企業は、企業連合体が倒産した場合の影響回避（倒産隔離）ができるか？

5 一般事項関連

●設計、製造などの契約をどのように結ぶのか？
●情報保全をどのようにするのか？
●独禁法上の問題をどうするのか？
●航空産業企業経営陣には、現時点において企業連合体を志向するインセンティブはない。これにどう対応するのか？

大きなプロジェクトの場合、一括して契約する方式のシングル・プライム方式、対象を独立性が高いいくつかの内容に分けて契約する分割契約方式がある。防衛装備庁は、機体とエンジンを別々に契約する方式を採用する方針であったが、２０２０年5月の大臣報告においてシングル・プライムの方が妥当ではないかとの指摘を受けて、最終的にはシングル・プライム方式を採用した。

そして、２０２０年10月30日、防衛省は三菱重工（ＭＨＩ）と契約を締結した。これに基づき、設計作業が始まることになる。今回はシングル・プライム契約ということで、ＭＨＩのもとで次期戦闘機の開発事業が一括して行われるということである。

次期戦闘機において、全機のシステム・インテグレーションが重要なのでMHIが全体の取りまとめをするということは納得ができる。エンジンについては、2020年度契約の次期戦闘機（その1）においては、FXET（次期戦闘機エンジニアリングチーム）内のエンジン設計室（室長はIHIの技術者）が中心としてエンジンに求められる各種要求を検討することとなる。そして、2021年度契約の次期戦闘機（その2）においては、エンジンの設計は機体と切り離して直接IHIと契約する予定であるといわれている。

エンジンの選定および設計について、MHIとIHIの責任分担については分からない部分が多いが、非常に注意して実施して欲しい。

従来のエンジン選定は、防衛省が行ってきた。防衛省には、機体に関する専門の自衛官、技官、エンジンに関しても専門の自衛官、技官が在籍している。特に自衛官には、装備部門の業務でエンジンの維持整備、特にトラブル対策、分解修理などに知悉している人材がいる。エンジンは戦闘機の要である。パイロットの中には、機体の一部に不具合があってもエンジンさえ正常であればどんな状況にも対処できると言っている者もいるくらいである。

このような運用者の声がしっかりとエンジン選定の評価に届くようにして欲しい。米軍では、常に戦闘機の開発は、米軍が主導するという形で、エンジンの選定も官が行っている。官が適切にMHIを指導し、適切なエンジンを選定し、開発していくことが望まれる。

さらに今後、予想される重要な点がある。日本主導で国際協力を視野に入れて次期戦闘機を開発するとしているが、その元となると考えられるのが米国政府との次期戦闘機開発に関わる了解覚書（MOU）である。MOUは米国企業が、日本に技術を開示する際のその内容を、米政府が担保するものである。そのMOUがないことには、三菱重工がどう米企業に技術開示を請求しようが、後ろ盾がないことになる。

今後、MOUが両国間で作成されるのかもしれないが、開発計画を遅滞させないためにも早期に締結されることを希望する。

さらにエンジン及び搭載電子機器（アビオニクス）などの各システムについても、米国及び英国と協議し、協力の可能性を追求することとなっているので、これらの協力についても取り決め、あるいは覚書が早期に締結されることが重要である。

4、国際装備移転

(1) 防衛装備移転三原則

防衛装備移転の意義は「防衛装備移転三原則」の前文に記載されているとおりであり、次期戦闘機の国際装備移転の意義としては、同盟国である米国及びそれ以外の諸国との安全保障・防衛分野における協力の強化、防衛装備品の高性能化の実現と費用の高騰への対応、我が国の防衛生産・技術基盤の維持・強化、我が国の防衛力の向上に資することと理解される。

２０１４年（平成26年）４月１日、政府は「国家安全保障戦略」（２０１３年〔平成25年〕12月17日閣議決定）に基づき、防衛装備の海外移転に関して、武器輸出三原則等に代わる新たな原則として、「防衛装備移転三原則」を策定した。これは、我が国が掲げる国家安全保障の基本理念を具体的施策として実現するとの観点から、防衛装備の海外移転に関わるこれまでの政府の方針について改めて検討を行い、新たな安全保障環境に適合するように包括的に整理し、明確な原則を定めたものである。

その三原則は、①移転を禁止する場合の明確化、②移転を認め得る場合の限定並びに厳格審査及び情報公開、③目的外使用及び第三国移転に係る適正管理の確保である。なお、「防衛装備移転三原則」と同時に「防衛装備移転三原則の運用指針」も策定され、①防衛装備の海外移転を認め得る案件、②海外移転の厳格審査の視点、③適正管理の確保、④審査にあたっての手続き、⑤定期的な報告及び情報の公開、⑥その他について規定している。

次期戦闘機の国際装備移転については、２０１８年（平成30年）11月、自民党国防部会有志議員は第一次提言において、次期戦闘機の生産機数を確保し量産単価を下げる方策として、機体全体の国際共同開発及び友好国への装備移転、構成品やパーツの装備移転を提言するとともに、友好国への装備移転を可能にするための、「防衛装備移転三原則の運用指針」の見直しを提言しているのをはじめとし、防衛省が様々な結節で次期戦闘機の開発について自民党に説明するたびに、自民党議員から、国際共同開発、構成品の共有化、完成機や構成品・部品の海外への輸出による開発経費と量産単価の低減について問題提起の発言がなされている。

防衛省が、２０２０年12月18日に公表したお知らせ『次期戦闘機（F・X）のインテグレーション支援に係る情報収集の結果及び次期戦闘機の開発に係る国際協力の方向性について』で明確にしたように、我が国は、次期戦闘機の開発について、新規国内開発（米国企業等によるインテグレーション支援あり）を選択し、米国装備品とのデータリンク連接に関しては日米共同研究を実施、各システムについては、開発経費や技術リスク低減のために米英両国から支援と協力を得ることにした。

（2）海外輸出の可能性

そこで、次期戦闘機は輸出の可能性があるのか、可能にするには、どのような政策上の課題があるのかを考える。次期戦闘機の輸出の対象としては、次期戦闘機本体、機体構成品（部材）、構成品（エンジン、搭載電子機器など）、部品（デバイスなど）、素材及びこれらに関連する技術、製造設備がある。

次期戦闘機本体つまり完成機として次期戦闘機を海外に輸出するアイデアについて、困難ではないかとの意見と、可能だとの意見とがある。困難だという意見については、空自の要求する機能性能がかなり高く（戦闘行動半径、ＡＳＭ‐３搭載など）大型の戦闘機になると予想されること、国際共同開発ではないので基礎となる生産機数の対象が国内所要となり、競合すると予想されるＦ‐35（アップグレードタイプ）、テンペストなどと比較して機体単価が割高となること、日本からの防衛装備品の輸出実績がほとんどないため相手国からすると運用面、技術面、要員養成、維持整備、能力向上など様々な面で不安を感じざるを得ないことが理由とされる。

飛行教育用に複座型機を製造し海外に輸出するアイデアについては、現実的ではないと予想される。理由は、空自の開発要求に複座型がないと予想されることである。つまり、Ｆ‐22やＦ‐35のようにシミュレーターにより機種転換訓練の代用が可能であること、さらに空自はＦ‐35などの戦闘機操縦者の養成に適した飛行教育体系を検討しており、Ｔ‐４の後継機及び教育パッケージにも米空軍の練習機Ｔ‐７Ａと同様に戦闘機操縦者の養成に適した機能・性能が要求されると予想され、これらによって、必ずしも、次期戦闘機に複座型機を製造する必要がないと予想される。輸出専用に複座機を開発製造する場合、機体単価の高騰につながり、競争力は低減する。

完成機の輸出を可能にするには、機体単価を低減する必要があるが、本章「1、開発経費、生産機数及び量産単価」の項に記載した以外の方法としては、輸出用に派生機を開発・製造する方法がある。つまり、①性能を下げ、搭載機器の点数や性能を低減させる、②エンジンや搭載電子機器などの構成品に単価の安い海外の機器や既存の機器を使用する方法がある。この場合、機体単価の低減効果と開発経費の増加を検討する必要がある。

機体構成品（部材）、構成品（エンジン、搭載電子機器など）、部品（デバイスなど）、素材及びこれらに関連する技術、製造設備については、F‐2の開発の際と同様に海外に装備移転する価値のあるものがある。ファスナーレス構造、エンジンに使用されている各種素材、窒化ガリウム素子（GaN：レーダに適した高出力半導体素子）などである。今後開発が進むにつれて、さらに増加または明確になってくるものと考えられる。

搭載電子機器などの構成品については、次期戦闘機のミッションシステムに米空軍の標準規格であるOMS（Open Mission Systems）を採用すれば、標準規格に適合した構成品を開発することになり、将来米空軍の事業に参加できる可能性が増大する。また、英国との技術協力の調整が進んでいるが、テンペストとの構成品などの共有化やテンペストへの素材やデバイスの提供が可能なら、当該構成品、素材及びデバイスのマーケットは大きく拡大する。

（3）輸出の形態とその課題

国際装備移転の制度については、いくつかの課題がある。国際的に見て、武器・防衛装備品を他国に輸出する場合、一般的には次のような流れになる。まず企業が世界市場や販売対象国の国内事情・ニーズなどを調査し、マーケティング戦略を立てる。防衛装備品、いわば武器を輸出する場合には、自国政府の了解が必要となることが通例であるため、企業側は政府とも調整しつつ販売対象国のニーズや制度、予算、タイミングなどを見定めて売り込みを行うことになる。

戦闘機など機微性（重要で秘匿度が高いこと）が高い装備品を輸出する場合、政府内や議会で厳しく審査する国が多いが、その前提として、輸出対象国の情報保全体制や第三国へ流出しないことなど輸出管理体制も評価することとなる。

また、輸出先国に対しては、搭乗員や整備員の教育、以後のメンテナンス支援や消耗品の供給、さらに能力向上支援なども必要となることから、これらを整え、販売対象国に提案することとなる。販売相手が外国政府や外国軍となるため、輸出条件、情報管理、第三国移転の禁止など個別のケースごとに政府間で取り決めを行うのが通例である。

資金の流れを透明化するなど輸出管理を徹底するとともに企業や相手国政府の商取引のリスクを低減させるため、輸出企業と相手国政府（国防省・軍）が直接契約するのではなく、米国のＦＭＳ（Foreign Military Sales：有償供与）制度のように、政府間取引として政府間で契約する場合もある。

ＦＭＳの場合、たとえばロッキード・マーティン社製の戦闘機を輸出するのであれば同社が米国政府と契約し、米国政府が形式上の納入を受けたうえで、政府間契約に基づき、外国政府に輸出されることになる。

次に日本の現状について考えてみたい。次期戦闘機のシステム・インテグレーションの主契約企業は三菱重工業であり、今後も開発プロジェクトを主導し管理していくのは同社になると考えられる。

同社は国際的に製品を輸出することには知見がありブランド力もある。一方、防衛装備品を輸出した経験はなく社運をかけていた民間航空機三菱スペースジェット（旧ＭＲＪ）プロジェクトも頓挫してしまった。

同社は部門ごとの縦割り感が強く、防衛部門はもっぱら自衛隊相手に営業してきたため、輸出や国際展開に関する知見は少なく、マーケティング能力には課題があろう。また、同社の売上げに対する防衛部門の割合は概ね10パーセント前後であり、かつ防衛装備品は利益率も低く、経営の中核とはなっていない。このため、戦闘機輸出のようなハイリスク・ハイリターンで、国内的にも武器輸出というネガティブなイメージを生じさせかねない事業には積極的に乗り出す機運は会社として生じにくいかもしれない。

さらに日本では、外国政府から日本企業に防衛装備品の性能や製造工程などの問い合わせがあっても経済産業省の許可を得なければ提供できないとの制度的な課題がある。過去にも、外国政府の関係者が日本企業の防衛装備品の製造現場を視察したいと希望した際に製造ラインを見せられなかったり、問い合せがあっても公開資料でしか回答できなかったりと、諸外国と比べ商業活動を自由に行えないことがあった。

また、諸外国では武器輸出は、産業振興と安全保障上の関係強化の双方の観点から政府と企業が一体となって推進している場合が少なくない。フランスでは国防装備庁（ＤＧＡ）と仏企業が一体となり、武器展示会の開催や売り込みを積極的に行っている。韓国の防衛事業庁なども同様である。日本の場合も2015年10月に防衛装備庁が設立されたものの、諸外国と比べると実績や要員、輸出に向けた企業への支援体制などで厳しい状況に置かれている。

次に、輸出する場合の要員養成やメンテナンス支援を日本側は提供できるかどうかについて考えてみる。日本が米国から導入したF‐35の場合、米国側が米国内の空軍基地に航空自衛隊の搭乗員と整備員を養成する施設とチームを用意し、米空軍も活用しているシミュレーターを用い、さらに航空自衛隊が導入したF‐35の初期生産機をこの基地に一時的に配備し教育が行われた。日本側も要員養成のための相応の経費を支払い、米空軍の現役及び退役軍人が米空軍の所有する施設を用いて日本側の教育を行った。

また、メンテナンスや消耗品の供給、修理や能力向上などについてF‐35は、世界的な供給システムを確立して消耗品や部品を迅速に配送できるようにするとともに世界に数カ所の整備拠点を設けている。

日本の場合、米国側の支援と規則の下、名古屋地区にある三菱重工業小牧南工場に組立工場（FACO）が新設され、ここでメンテナンスや修理、能力向上改修を可能とするような措置がなされた。この組立工場には、米国の政府関係者及びロッキード・マーティン社の社員が常駐し支援している。このように米国では、他国に対する様々な支援プログラムが用意され、国防安全保障協力局（DSCA）に専門の部局や多くのスタッフが常駐している。

一方、日本の場合、米国のような支援制度やプログラムはなく、既存の枠組みや人員をやりくりして行わざるを得ない状況である。２０１７年にフィリピン海軍に海上自衛隊の練習機ＴＣ‐90の中古機を供与した際は、ＴＣ‐90を運用する海上自衛隊徳島基地の教育部隊が搭乗員の機種転換教育などを行った。この時は、外国人の受託教育という既存の制度を援用して支援が行われたが、外国人への教育の経験のないなか、何とか教官数人と通訳を確保し、フィリピン側の搭乗員３人を受け入れて、現場の努力で教育が行われた。

また、整備員の養成はＴＣ‐90の整備会社であるＪＡＭＣＯと海上自衛隊が協力して行った。フィリピン現地でのメンテナンスは現地の整備会社と連携しつつ、ＪＡＭＣＯの社員がフィリピン海軍の航空基地に常駐して支援した。この際の支援経費は装備品移転に伴う能力構築支援事業として防衛省が負担した。法律的には、防衛省設置法において防衛省の任務に「国際協力」との項目があり、これを根拠に途上国などに対して装備品移転に伴う能力構築支援などを行うことが可能となっている。

戦闘機輸出の場合の要員養成やメンテナンス支援は、航空自衛隊と企業が連携して行うことになるが、複雑かつ大がかりなものとなると予想される。このため、企業、防衛省の双方とも、教育要員や施設の確保とこれらを整えるための経費、さらに様々な規則や枠組みを整える必要があるだろう。

以上のことから、法制度としては、戦闘機輸出は運用指針を改正するか共同開発の形をとれば可能である。開発の初期段階から広く共同開発参画国を募ることができれば輸出への早道である。

Ｆ‐35の場合、９カ国での共同開発の形がとられたが、実態はロッキード・マーティン社が開発を主導し、その多くの部分を担っていた。国によってはポテンシャルカスタマー（将来の顧客）との要素が強く、開発にはほとんど関与していない参画国もあった。

次期戦闘機の場合、要員養成やメンテナンス支援、情報管理なども既存の枠組みである程度行うことはできよう。しかしながら、戦闘機のような最先端技術の集大成である装備品の場合、現地での本格的なメンテナンス支援は不可欠である。また、徹底した輸出先国での輸出管理・情報管理なども必要である。日本単独で輸出を行う場合には各種規則やマニュアルなどの整備が必要であるとともに、支援要員や施設・機材をどう準備するのかという点も解決する必要がある。

さらに、輸出企業の国際取引のリスク軽減のための措置、たとえば、政府による保証や政府間取引とすること、加えて、相手国が資金的に導入しやすくするための優遇融資、要望に応じたリース制度なども未整備であり、課題は多岐に及ぶ。このため、より現実的に輸出を考えるのであれば、マーケティングの手法なども含め、米国や英国で輸出に手慣れた防衛企業と協力関係を結び、様々な支援を受け役割分担をするなどして、制度や支援体制を構築して輸出を実現することが効率的であろう。

信用及び輸出管理の厳格化の観点からは、企業が直接相手国に売買するのではなく、米国のFMS制度のように、国内企業から国が買い上げるような形をとったうえで、資金の流れや契約行為は政府間で行うことが望ましいと考えられる。

米国のFMS制度にはさらに要員養成やメンテナンス支援のプログラムも含まれており、こうした日本版FMSともいうべき制度・枠組みも整備するべきと考えられる。

（4）輸出に必要な要件

国際装備移転については、技術上の課題もある。次期戦闘機を輸出する際には、相手国の要求に合わせて形態を変更する必要がある。いちばん変更があり得るのは、通信航法装置についてであろう。相手国の電波法規（使用できる周波数帯など）に合わせて通信装置を換装しなければならない。通信装置がソフトウエア中心のソフトウエア無線機であれば対応が簡単にできるであろう。

戦術データリンクも相手国の要求に合わせたものになる。敵味方識別装置もその国の国情に合わせて民間機への対応も含めて変更が必要であろう。航法装置については、相手国の周辺の航法地図などを中心とした装置に変更する必要がある。

次に相手国から変更要求があると考えられるのは、電波探知・電波妨害装置である。これは、相手国の周辺の事情に合わせて脅威情報も含めて装置そのものと装置の中の電波情報を変更する必要があるであろう。

搭載武装装備品にも変更があり得る。空対空ミサイルについては、相手国の使用しているミサイル、または新規のミサイルに変更する要求がある場合もあり得る。このような場合は、風洞試験などを実施し、設計上基本的に問題がないことを確認し、発射シークエンスに関わる中枢計算機のソフトウエアを書き換え、ミサイル空中発射試験まで必要になる。安全にかつ正常に発射・目標撃破ができ、要求性能を満たしていることを確認する必要がある。

空対地攻撃武装（空対地ミサイル、空対地爆弾など）についても、相手国の使用している武装に変更、または新規に追加する要求がある場合もあり得る。このような場合にも、風洞試験などを実施し、設計上基本的に問題がないことを確認して発射シークエンスに関わる中枢コンピューターのソフトウエアを書き換え、空中発射試験まで必要になる。安全にかつ正常に発射・目標撃破ができ、要求性能を満たしていることを確認する必要がある。

観点は異なるが、輸出の相手国が安価なシステムを求めていてシステムのダウングレードが必要となるケースも考えられる。次期戦闘機には第6章で述べたOSA（Open Systems Architecture）が採用されると予想されるので、これらの搭載装備品（電子機器装備品、搭載武装装備品など）の追加・変更やダウングレードは、OSAのソフトウエアで対応するので従来よりは比較的容易に実施可能のはずである。ただし、単にOSAを採用するというだけではなく、装備移転版の考え方を整理し対応できる仕組みを予め作り込んでおくことが重要である。

また、リバースエンジニアリング（製品の内部構造、プログラムを違法に取得するための分解解析などの技術）防止の観点から、ブラックボックス化や耐タンパー性（外部から内部構造や記録されたデータなどの解析、読み取り、改竄をされにくくすること）などの技術的な配慮が必要になってくるが、輸出対象国の情勢によってはそもそも我が国の最先端技術の移転自体を制限せざるを得ないケースも出てくると考えられる。海外輸出に際しては、技術情報開示が条件となる場合があるため、最先端技術の取り扱いは慎重を期すべきである。

一方で、我が国が開発した装備品であっても、それを構成する部品に海外製が採用されていて、かつ、その部品がその製造国の輸出規制対象品となっているケースがある。この場合、装備品全体として輸出できなくなるため、代替の国産部品などを確保しておく必要がある。

輸出対象国での運用条件や運用環境が我が国と著しく異なり、それがシステムにとって新たな要求となる場合や厳しい内容の要求となる場合も考えられる。この場合、空自の運用に比べて運用上の制約を課すか、もしくはそれが輸出対象国に受け入れられない場合には設計変更が必要となるケースもあり得る。

また、輸出対象国によっては我が国とは耐空性認証の内容や証明方法が異なる場合が考えられる。この場合、その国に対して新たな証明を提示するための追加の試験などが発生し、前述の設計変更を要する場合も含めて、輸出のタイミングを逸する可能性がある。したがって、将来的な海外移転を想定する場合、我が国だけでなく輸出対象国も考慮した設計条件設定や耐空性認証計画を立てる必要がある。

さらに、システムを海外移転する場合には、システムだけでなく、システムの整備や教育・訓練をパッケージで移転することになるため、前述のようなシステムの設計や開発に対する配慮に加えて、整備や教育・訓練に対しても開発段階から装備移転に配慮した取り組みが必要となる。

以上のような点から、海外移転は民間企業による技術面の検討だけでは成立せず、防衛省・自衛隊と一体となった体制による総合的な検討が必須となろう。

(5) 装備品輸出管理の制度と運用

他国との共通の機体の使用、または輸出についても考えていくべきであろう。戦闘機は、機微な技術を有する「防衛装備」に該当する。防衛装備を輸出しようとする場合、経済産業省が所掌する「外国為替及び外国貿易法」に基づく「輸出貿易管理令」の規制を受けることとなる。

制度的には、企業側が経済産業省に輸出申請し、同省が法令の細目に則り輸出の可否を判断することになる。法律で防衛装備の輸出が禁止されているわけではないが、安全保障上の厳しい基準がある。

一方で、防衛装備品の輸出は、外交上及び防衛上の観点も十分踏まえて決定すべきものであるため、貿易管理令での認可判断の前に、国家安全保障会議で検討されることになっており、実質的にはこの場で可否が判断される。

第二次安倍政権の発足後、従来の武器輸出管理政策であった武器輸出三原則が改められ、防衛装備移転三原則が平成26年4月1日に打ち出された。安全保障会議及び閣議でこの方針は決定された。新しい3原則は、「移転を禁止する場合の明確化」との第一原則、「移転を認め得る場合の限定並びに厳格審査及び情報公開」との第二原則、「目的外使用及び第三国移転に係る適正管理の確保」との第三原則から成る。

第一原則では、国連決議に違反している国や紛争当事国など輸出禁止国が定められている。第二原則では、移転の目的が平和貢献・国際協力の推進であることや、我が国の安全保障に資する場合との目的要件が規定されている。また、移転は個別に安全保障会議で厳格に審査される、としている。

第三原則では、移転された装備品の厳格な管理を定めており、移転先国での目的外使用及び第三国移転について日本の事前同意を義務付けている。この三原則を次期戦闘機に当てはめた場合、総じていえば、日本にとっての安全保障上の友好国であり、情報保全や貿易管理の全体制が整っている国であれば輸出は可能なように読み取れる。しかしながら、より重要であるのは3原則と同時に定められた「防衛装備移転三原則の運用指針」である。

三原則は概念的な方針を示している一方、運用指針では、個別に実務的に判断していくための具体的な基準が明記されている。特に海外移転（輸出など）できるものについては、装備品の目的が限定列挙されている。具体的に海外移転が許される場合は以下のとおりである。

【運用指針（抜粋）】

（2）ア　米国を始め我が国との間で安全保障面での協力関係がある諸国との国際共同開発・生産に関する海外移転

同イ（エ）我が国との間で安全保障面での協力関係がある国に対する救難、輸送、警戒、監視及

び掃海に係る協力に関する防衛装備の海外移転

このように、海外移転のできる装備品は「救難、輸送、警戒、監視及び掃海」に関するもののみであり、防空を主任務とする戦闘機は該当せず、現行の指針では輸出はできない。

一方、共同開発した場合の共同開発した国への防衛装備品の海外移転（輸出）は認められている。共同開発の比率や実施方法は定められてはいないので、制度的には我が国がそのほとんどを開発し、仕様変更など限定的な改造開発などを他国が行うだけでも共同開発の範疇に該当し得る。このため、共同開発国への輸出は比較的容易である。

新たな政策として、運用指針を改定し、戦闘機の輸出を認めることもあり得る。運用指針は国会の決議が必要な法律でもなく閣議決定すら必要ない。国家安全保障会議を構成する関係閣僚（総理大臣、副総理、官房長官、外務大臣、防衛大臣、経済産業大臣）が合意すれば、戦闘機輸出は可能となる。このため制度改正に係るハードルは高くはない。

しかしながら、日本は、昭和42年に武器輸出三原則を定め、その後、昭和51年に「すべての武器の輸出は慎む」との政府方針を示してから現在に至るまで、直接殺傷する能力のある武器は輸出してこなかった。これを輸出できるようにすることは政策的な大きな変換となり、法改正は不要ではあるものの、国会においても与党内においても大きな議論となることが予想される。

このため、海外移転により機数を増やすためには、制度（運用指針）を改正して輸出を模索するより、開発段階から使用を予定する国を開拓するなどして共同開発の形をとることが現状の政策に最も合致する。

F‐35の開発においては、9割以上は米国が開発費を負担し、ロッキード・マーティン社が主要な部分を開発したが、9か国の共同開発との形式をとった。このため、開発当初より生産機数は3000機近くが見込め、同社は、ポテンシャル・カスタマー（潜在的な顧客）として共同開発国をとらえることができた。

共同開発国は、ティア1、ティア2、ティア3と、出資額や開発への関与の度合いに応じて区分され、数字が小さいほど開発に要望が取り入れられた。また限定的であるが、一部技術情報も開示された。

では、次期戦闘機について、共同開発を行うとした場合、現実的にどのような選択肢があるだろうか。

まず考えられるのが日米での共同開発である。日米での協力には、大きく3つの方式が考えられる。第1は、双方が資金を出し合い開発分担を決め、双方が完成品を活用する形の共同開発である。イージスシステムでのミサイル防衛に用いられるSM‐3ブロックⅡA迎撃ミサイルは、この方式で開発が行われた。

第2は、日本のみが資金を出し米国側の技術支援を受ける形の共同開発である。完成品の活用は日本のみが想定される。F‐2がこれに該当する。第3は、データリンクなど日米間の作戦運用上の必要な連接は図りつつも、多くを日本独自で開発する方式である。この場合は、日米間での協力・調整は必要なものの、共同開発ではなく自主開発・国産の範疇に入るであろう。P‐1がこれに該当する。

2015年頃、防衛省は第1の可能性を探ったが、米空軍はF‐35の先の戦闘機開発計画は有していなかった。そもそも米空軍の将来の戦闘機について、有人か無人か、さらには将来戦を考えた場合、戦闘機という概念のアセットとなるかすらも決まっていない状況であった。米海軍では空母艦載機のF／A‐18の後継が検討されていたが、この後継機は艦載型であり、他国と共同開発する方向ではなかった。このため第1の可能性は早期になくなった。

第2の技術支援型の共同開発は日本側にとって有力なオプションであり、日米間で協議がなされてきた。日本側にとっては、より緊密な共同作戦が行い得ること、技術リスクを減らせること、政策的に日米関係の強化が図られることなどのメリットがある。

第5世代ステルス戦闘機の開発については、F‐22、F‐35を開発してきたロッキード・マーティン社が技術の蓄積・経験など特に秀でている。この経験が次期戦闘機に活かされれば、そのメリットは大きいと考えられる。F‐2の共同開発パートナーもロッキード・マーティン社であり、日本との関係も深い。

一方、技術協力を受ける程度や内容にもよるが、米国側はシステム・インテグレーションやミッションシステムなど戦闘機の中枢の開発に関心を示しているといわれている。技術支援を受けたとしても情報保全の観点から提供される技術はブラックボックス化され、改修の自由度が小さくなる懸念がある。

また、米国側への依存度が高くなれば、日本の戦闘機の技術基盤の強化は実現しにくくなる。さらに技術の提供を受けるには、日米間で覚書を結び、米議会の承認も必要となる。どの程度の技術がどの程度のコストで提供されるか日米間で相当の協議が必要となる。

さらに輸出は米国の国際武器取引規定（ITAR：International Traffic in Arms Regulations）の対象となり、米国の管理下に置かれることになる。このオプションでは輸出により機数を増やすことは難しいであろう。仮にこの方式であれば、次期戦闘機開発で得られた技術、たとえば、高性能レーダーや素材・接着技術などを将来の米軍の装備に採用されることを狙っていくべきであろう。

将来のF-35やF-22の能力向上、あるいは諸外国が広く採用しているベストセラー機のF-16の能力向上の際に日本製のレーダーなどが採用されればその市場規模は極めて大きい。また、機体について輸出を考えるのであれば、できるだけ米国の規制がかかりにくいようパートナー企業を選定する段階で輸出や第三国との共同開発への協力を義務付ける必要がある。

韓国は同国のKAI社とロッキード・マーティン社により、練習機T-50とこれをベースにした軽戦闘機F-50を共同開発した。同機は開発当初より輸出も念頭に置かれ、その後フィリピンなどへも輸出された。同機のシステム・インテグレーションはロッキード・マーティン社が行ったとされ、同社の製品としてのラインアップにもなっている。同機は開発も輸出も事実上ロッキード・マーティン社が主導したといわれているが、米国と共同開発した戦闘機を外国に輸出した例として次期戦闘機開発においても参考にすべきであろう。

ただし、T-50の場合は、ボーイング社の練習機との競合関係があったが、次期戦闘機はロッキード・マーティン社のF-35と国際市場で競合関係になりかねない。ロッキード・マーティン社は同社の方針としてF-35の事業を重視しているため、ロッキード・マーティン社を選定する場合には、輸出への協力には何らかの工夫が必要であろう。F-35との棲み分けを図り、あわよくば米空軍F-22の後継機のベースとなることも狙っていくべきかもしれない。

第三の独自開発の途を採ることも技術的には可能であろう。この場合、射出座席装置など国内で製造していない部品は輸入する必要があるが、システム・インテグレーションからアビオニクス、エンジン及び機体のほとんどを国内企業が行うこととなる。

この場合であっても、日米間で緊密なネットワーク戦ができるようデータリンクに関わる部分などは日米協力が必要であろう。独自開発をすれば、機体開発の自由度が確保されるとともに、米国による輸出規制の対象とはならない。日本の産業基盤も強化される。戦闘機開発に関わる主要な戦闘機技術は、F-2の教訓を経て20年近くにわたり幅広く日本企業は獲得してきた。

一方、独自開発の場合、日本側の開発経験の少なさから技術的なリスクを懸念する声は国内外に少なからずある。また、海外移転を企図した際、経験のない日本企業のみでうまく進められるのかとの懸念もある。パイロットや整備員の教育、その後のメンテナンスやアップグレードなど実績のない日本製であると、諸外国は不安を感じるかもしれない。また、次期戦闘機は数年来にわたり米国と協議を行い、協力を仰ぎたい旨日本側からもメッセージを送っていた。米国側も関心を有しており、日本が独自開発をするならまだしも、米国でなく英国を共同開発国として選ぶように見える開発を行おうとした場合は、日米関係において政治的な問題を引き起こす恐れもある。

一方、欧州では英国が共同開発国として有力である。英国とは2017年3月に双方の戦闘機開発について共同で研究していくための覚書を交わし、両国間で意見交換・協議を行ってきた。また時には両国の企業も交え、双方の構想や計画を紹介し合い協力の可能性を探ってきた。

欧州では、英独伊スペインが中心となり、ユーロファイター・タイフーンを開発した経緯がある。この戦闘機は共同開発国が費用や生産を分担し、各国空軍が活用することを予定して開発が行われた。企業は英国に拠点を置くBAE社がプライム企業であるが、ドイツなどに拠点を置くエアバス社も参画の度合は高かった。

フランスは伝統的に自国で戦闘機開発を行っていたため、同国のダッソー社が主担当企業として開発を担い、独自に戦闘機ラファールを開発した。しかし、現状ではこの構図は変わった。2017年7月、ドイツとフランスは次期戦闘機（FCAS）の共同開発をすると発表した。スペインもこの共同開発に参加する方向である。

2019年7月から開発が開始されたが、独仏の両国間においても、ダッソー社とエアバス社の間でも主導権争いが行われており調整が難航していると報じられている。日本にも非公式にこの計画への参画の打診がなされ、日独間では何度か意見交換が行われたが、進展しなかった。この共同開発では日本企業が主導的立場になることは想定されず、要求性能やスケジュールのすり合わせなども困難とみられたからである。また、独仏のみでも技術的かつ財政的に開発可能と考えられることから、日本の参画への働きかけも強いものではなかった。

一方、英国は、2018年7月に次期戦闘機としてテンペスト構想を発表したが、その際、英国のみでは開発を担当せず共同参画国を募るとして日本やオーストラリアなどへ参画を呼びかけた。当初、日英のスケジュールはずれていたが、日本側の計画が遅れたことや英国側が前倒ししてきたことによりスケジュールは近いものとなった。また、両国とも多数のF‐35を運用していることから、F‐35にはない航続距離と武装搭載量に優れたツインエンジンのステルス戦闘機を要望しているとの基本コンセプトも類似していた。

さらに日英間では、ミーティアと呼ばれる空対空ミサイルをはじめ防衛当局間での技術協力を行ってきた実績も枠組みもある。英国側からは、資金を出し合えること、要求性能は日本側の要望に概ね合わせられること、両国相互の優れた技術が活用できること、両国が活用することに加え、輸出も見込めるため生産機数が増えること、米国のITAR規制がかからず輸出が容易なこと、など多くのメリットがあると日本側に働きかけがなされた。

日英間でどちらが主導的立場をとるのか、日英間での大型の共同開発は初の試みであり順調に進められるのか、政治的に米国との関係で摩擦を起こさないか、両国の情報保全や各種規制法令は異なることから整合性をとり得るかなどの課題も少なくない。

英国はすでにスウェーデンを誘い、イタリアやオーストラリアも開発陣営に引き込もうとしている。さらに英国が日本と共同開発を行った場合、輸出ノウハウを英国側が日本側に提供し、欧州市場は英国が、ASEANなどアジア市場は日本が主導的に輸出をして機数を増やしていけるのではと非公式に提案している。

一方、中東の友好国であるUAEやサウジアラビアは、日本との防衛協力の強化と自国の技術水準向上のため日本の戦闘機開発に関心を示してきた。ASEAN各国も中国を睨んだ安全保障上の観点及び自国の技術力・産業基盤強化のため、日本と装備面で協力することに大きな関心を寄せている。インドネシアは韓国と次期戦闘機の共同開発を行うとしているが、両国間では協力が円滑に進んでいないと報じられている。

タイ、フィリピン、マレーシア、ベトナム、ブルネイなどでは、今後中国空軍のステルス機が増えることに伴い、将来の防空体制と新たな戦闘機の在り方が大きな課題となっている。中国は南シナ海で強引な海洋進出を進め、併せて海空軍力について質量ともに強化している。仮に日本とASEAN諸国が戦闘機を共同開発し、これら諸国が中国のステルス機より優越した能力を持ち得れば、中国の進出に歯止めがかけられるなど地域の安全保障に対する貢献も大きい。

次期戦闘機は開発に向けて着実に進んでいるが、航空自衛隊のみの活用を想定して仕様も自衛隊のみを念頭に設計すると、のちに他国へ輸出しようとしても難しくなる。機微な部分のブラックボックス化、一部機能の制限やスペックダウンなどが必要となり、場合によっては設計変更から強度試験などもやり直す必要が生じ、大幅なコスト増になるからである。

このため、諸外国で活用されることも視野に入れるのであれば、開発当初から他国仕様にできる設計とすることが必要である。また、現在の防衛装備移転3原則の枠組みを変えないのであれば、F-35のように開発当初から共同開発国をより広く開拓することも大きな課題である。

5、情報管理

次期戦闘機の契約に関わる問題として、受注企業及び関連企業における情報セキュリティ確保について概観する。

(1) 企業に求められる情報セキュリティ

インターネットなどをはじめとしたIT(情報技術)の急速な進展により、情報システムは、現代の社会基盤にまで成長してきた。その一方、情報システムにより、情報漏洩、改竄などの各種の不正行為、犯罪などの大きな問題が生起しつつある。

たとえば、2002年（平成14年）、防衛省の装備品の製造を受注した企業内で、装備品である情報システムに関する情報が外部へ漏洩するという事案が発生した。この事案を契機に、防衛省では、中央から第一線の部隊まで様々な情報システムの整備が求められている状況において、情報システムの調達の契約履行過程で使用または作成される情報について、情報セキュリティの確保のために速やかに具体的施策をとる必要があると判断し、国内外の企業でも導入の進みつつある国際標準などの考え方を取り入れた情報セキュリティ管理に関する基準などを策定し、防衛省の情報システムの製造などを受注する企業にこれに基づく対策の実施を求めた。具体的には次のような内容となっている。

①防衛省は、情報セキュリティ管理に関する国際標準などに準じて、「基本方針」、「基準」、「（監査）実施要領」という3つの階層からなる、調達における情報セキュリティ管理の体系を策定。

②防衛省の情報システムを受注する企業に対し、同様な情報セキュリティ管理の体系の作成を要求。

③防衛省は、当該企業の作成した情報セキュリティ管理の体系のうち、「基本方針」、「基準」、「実施手順」が防衛省の策定した「基本方針」、「基準」に適合しているか、企業が作成した「実施手順」に基づいて行う情報セキュリティ確保策が適切に実施されているかを「（監査）実施要領」に基づき監査。

という枠組みを契約上、相手方企業に求め、企業の自主監査と防衛省の行う監査を通じてその確実な実施を図っている。

２０１１年（平成23年）９月、防衛省は防衛関連企業に対するサイバー攻撃事案を確認した。防衛省は本事案を踏まえ、調達における情報セキュリティの確保に関する対策強化についてさらに検討を行い、防衛関連企業における情報セキュリティの強化を図るため、次のとおり規則の一部改正を行った。

①下記の場合には、直ちに防衛省へ報告することを義務化する。

●保護すべき情報が保存されたサーバ／パソコンにウイルスなどへの感染、または不正アクセスがあった場合。

●上記サーバ／パソコンの置かれたネットワークに接続されたサーバ／パソコンにウイルスなどへの感染があった場合。

②責任者・連絡担当者を明らかにした連絡系統図の作成。

③少なくとも週１回以上、ウイルス対策ソフトによるフルスキャンを実施。

④保護すべき情報が社外へ漏洩していないか、24時間３６５日監視。

⑤保護すべき情報へのアクセス記録については、３カ月以上保存。

⑥暗号化対策の強化。

⑦社員への教育・訓練の実施状況を監査により確認。

現在、①～⑦について、防衛関連企業における情報セキュリティ確保のために適用されている。

なお、防衛省の調達要件による「保護すべき情報」とは、特別に指定する秘などの情報とは別に一

図4 防衛省における情報の分類

般情報でありながら、大切に保護すべきものとして定義しているものであり、簡単に示すと図４のような関係にあると考えられる。詳しくは通達『装備品等及び役務の調達における情報セキュリティの確保について』によると、保護すべき情報とは「装備品等及び役務の調達に関する情報のうち、取扱い上の注意を要する文書等及び注意電子計算機情報の取扱いについて別途定める通達に規定する『取扱い上の注意を要する文書等』及び同通達に規定する『注意電子計算機情報』並びにこれらの情報を利用して作成される情報をいう」となっている。

現在、防衛装備庁は産業サイバーセキュリティの強化に向けて情報セキュリティ基準の改正に関わる取り組みをしている。これは、次の事案によっている。

２０１７年、オーストラリアの防衛企業が脆弱なＩＤとパスワードを利用していたために、オーストラリアが調達予定であったロッキード・マーティン社製のＦ‐35に関する30ＧＢ分のデータに加え、ボーイング社製の対潜哨戒機に関する情報も窃取された。情報を漏洩した契約事業者は、プライムから２〜３階層下に位置する中小企業であり、情報システム管理者も１人しかいないという貧弱な状況であった。盗まれた情報は機密情報ではなかったものの商業的に重要なデータ（CUI：Controlled Unclassified Information：管理対象非機密情報）であった。

米国政府は様々な政策をすでに打ち出しており、その1つが国立標準技術研究所（NIST：National Institute of Standards and Technology）が発行しているNIST SP800シリーズである。SP800-53は2013年4月に政府の機密情報（CI：Classified Information）の保護を目的とし、連邦政府機関を対象に連邦情報システムのセキュリティ及びプライバシー管理（要件）のガイドラインを示したものである。

現在、修正版5（Rev.5）への改訂に向けて準備中で、タイトルから連邦（Federal）という文字が削除され、民間組織も対象としたガイドラインとなることが分かっている。一方、SP800-171は、2010年11月の大統領令（Executive Order 13556）で定義されたCUIを扱う民間企業を対象としたセキュリティ管理（要件）のガイドラインであり、2015年6月に発行されている。その後、米国防省が2016年10月に国防連邦取得規則付則（DFARS：Defense Federal Acquisition Regulation Supplement 252.204-7012）を発行し、サプライヤーに対し、2017年12月末をタイムリミットとしてSP800-171に沿ってCUIを取り扱う体制の整備を求めた。

また、DFARS 252.204-7012は、各企業が保護対象の情報を米国政府のクラウド調達の基準（FedRAMP：Federal Risk and Authorization Management Program）を満たすクラウドに保存することを要求している。ただし、SP800-171が過大な要求事項や自己申告制などの理由で必ずしも機能しなかったことから、国防省は企業の情報セキュリティを認証する制度（CMMC：Cybersecurity Maturity Model Certification、サイバーセキュリティ成熟度認証）を設け、運用しつつある。これにより、すべてのサプライヤーはSP800－171の要件について認証を得ることが求められることになる。

防衛装備庁は、防衛調達における情報セキュリティ基準について、米国のNIST SP800－171と同程度まで強化する改正を行うことを現在検討しており、2021年度中の改訂を計画している。その場合、次期戦闘機の契約もプライムだけでなく、関連サプライヤーなども遵守する必要が出てくる。

現情報セキュアリティ基準は、ISOベースであり、サイバー攻撃を防止する対策として、サイバーの特定と防御に対応するだけでよいが、NISTベースになるとさらに攻撃を受けた後の対策としてサイバーの検知、対応、復旧を行うことを求められる。

ただし、防衛省においても、防衛調達における情報セキュリティ基準を改定しただけでは、情報セキュリティの制度が機能しない恐れがあると認識しており、空幕を中心に米国のCMMCと同様に認証制度の構築を模索する動きがあり、調査研究を開始するといわれている。

(2) 情報セキュリティ上の米国との関係

次期戦闘機において米国の支援を受けて開発するに際しては、運用情報、技術情報を扱うための情報管理システムが必要である。それらの中には特別防衛秘密がある場合には、技術者は防衛省が定めた従来の特別防衛秘密取扱い規則に則り、特定防衛秘密取扱い許可者の資格を得なければならない。また、特別防衛秘密に該当する運用情報、技術情報は、この規則に則り、取り扱われなければならない。

ＭＯＵが締結されれば、日本側は米国の要請する情報管理体制を日本企業に求めなければならなくなるであろう。要請される事項としては、秘ではないが、しかしながら厳重な管理が必要とされている情報、前述のＣＵＩがある。

防衛装備庁の情報セキュリティ基準について、米国のＮＩＳＴ ＳＰ８００‐１７１と同程度まで強化する改正が間に合えば、これを適用することになるであろうし、間に合わなければ、ＮＩＳＴ ＳＰ８００‐１７１に適合した態勢をとることが要請されることになると考えられる。

さらに英国とサブシステム、電子搭載機器に関して協力をする場合にも、英国との間で技術情報の管理について、米国と同様の取り決めを締結する必要がある。したがって、防衛省は防衛調達における情報セキュリティ基準の改定を急ぐとともに、次期戦闘機の技術情報管理について制度設計及び管理が適切に実施されているかを監督する組織を設置する必要がある。

ちなみに日本の企業が扱っているＦ‐35のＣＵＩの管理については米国防省の国防技術情報保全管理庁（DTSA：Defense Technology Security Administration）がその管理状況の監督を実施している。

日本が諸外国へ防衛装備品を輸出する場合は、相手国との間で防衛装備移転協定と情報保護協定を締結する必要がある。現状では、フィリピン、インドネシア、インドなどのアジア諸国の一部や英国、フランス、オーストラリアなど日本と密接な協力関係のある先進国の一部とこの協定を締結している。締結していない国へ防衛装備品を輸出する場合はこの2つの協定をまず締結する必要がある。

防衛装備移転協定には、輸出された防衛装備品の目的外使用の禁止や日本の了解のない第三国移転の禁止などが明記されている。さらに具体的な移転が決まった場合には諸条件を確認するため日本政府と輸出先政府との間で了解覚書などが締結される。

フィリピンへ中古のTC‐90練習機や防空用レーダーを輸出した際も覚書が交わされている。TC‐90は防衛省が所有していたため政府間での覚書のみで輸出ができたが、防空用レーダーは三菱電機の製造であるため、日本・フィリピン両政府間で覚書を締結したうえで三菱電機がフィリピン政府と契約することとなった。

情報保護協定は防衛装備品の具体的性能などを含め防衛に関する情報を提供し合う際に相互に保全措置を講じ、然るべく情報の保護を約束する協定である。日本側は、この協定の締結の前に相手方政府の情報管理や保全措置が万全であるか調査することが通例である。一方、両協定とも一義的には相手国を信頼することで目的外使用の禁止や情報保護を順守してもらうこととしており、現地で日本政府の職員が具体的なチェックをしたり、定期的に検査をするなどの枠組みはない。また、情報漏洩に関する罰則は輸出先政府に一任される形となっている。

一方、たとえば米国では情報保全には細かい規則が決まっており、機微な装備品の場合などは現地に政府関係者が常駐しチェックする枠組みがある。日本では米国製のF-35を三菱重工が製造組立などを行っているが、名古屋にある組立工場は米国の規則に則り厳しい審査を受け米国の政府関係者が常駐している。また組み立てに携わる三菱重工の従業員も身分の審査を受け、然るべき研修も受けている。

日本が戦闘機を輸出する場合には、同じような情報保全規則や管理体制を確立するとともに、要すれば日本政府関係者が相手国の基地や工場に駐在する必要があるが、このあたりの枠組みや制度、規則は整備されていない状況にある。

おわりに

本書は、これまで各種戦闘機の様々な分野に関わってきた6人が集まり、現在、我が国が開発を進めている次期戦闘機への所見や考察、思いを書き綴ったものです。

第1章の討論では、これまでの我が国の戦闘機開発への取り組みや次期戦闘機開発のあるべき姿について、この6人で議論しました。

当然のことながら、これまでの戦闘機開発のすべてを我々が知悉しているわけではありませんし、また、現在、防衛省が中心になって進めている次期戦闘機の開発事業を細部まで周知しているわけでもありません。

しかし、我々の次期戦闘機に対する関心と期待は、政府関係者や防衛省、防衛装備庁、そして航空自衛隊、さらにこの次期戦闘機開発に関わる民間企業の方々の思いに負けずとも劣らないほどだと自負しております。我々の次期戦闘機開発の成功を願う気持ちは防衛省や関係する民間企業の方々と同じです。

本書は、まず6人で、次期戦闘機開発に関する開発経緯や今後の展望に関して、忌憚のない意見交換を行いました。その後に細部の「運用構想及び運用要求」、「FS-X（F-2戦闘機）の教訓」、「F-X（次期戦闘機）の技術的課題」、そして「経費、契約、装備品海外移転、情報管理などの問題点」について、分担して執筆にあたりました。

各章を分担して執筆したことから、同じことでも、執筆者の経験や考え方の違いから異なった意見になっている部分もありますが、それだけ、同じことでも、「こちら側」から見たものと、「向こう側」から見たものとでは異なり、かつ受け止め方が異なることの証左だと思います。その意見の違いは、あえて修正することなくそのまま記載したことにご理解いただければ幸いです。

今回の次期戦闘機（F-X）開発は、我が国では結果的に日米共同開発となったFS-X開発以来のことであり、それから30年以上が経過しています。

FS-Xの開発では、様々な教訓が残されました。当時、関係者（航空自衛隊の戦闘機操縦者、技術研究本部の技術者、航空幕僚監部や内局などの防衛庁・自衛隊及び防衛産業の関係者）の多くが、F-1も国産開発であったことから、FS-Xの開発も漠然と国内開発になると考えていました。しかし、様々な検討の結果、最終的に米国との共同開発となりました。

開発を進めるにあたり、米国政府や米国企業（ジェネラル・ダイナミックス社など）との各種調整が必要となり、昼夜を問わずの会議が続けられました。そのうち「基幹技術」の開示には米国議会の承認が必要なことが判明し、合意形成は困難を極め、関係者一同は疲労困憊の状態でした。

結果的にはほとんどの「基幹技術」は開示されず、我が国の機微な技術・情報が米国に取られたとの思いが強く残った開発でした。このようなことから、官民の関係者の多くは「FS‐Xの教訓」とは何か、と問われれば、どちらかといえば「負の遺産」的な印象をお持ちの方がおられることは事実です。

私は、これは極めて妥当な印象であると思う一方、我が国にとってプラスになっている面も少なくないと感じています。たとえば、米国が開示することを約束しながら、最終的には米議会の了承が得られず、日本独自で開発した「フライト・ソースコード」を完成させたことや、開発完了したFS‐Xは、その後の実用試験や運用試験ではいろいろな問題点は指摘されたものの大きな事故もなく開発を終了することができ、防衛庁長官から部隊使用承認（実戦部隊での運用可能との認可）を受け、部隊配置がなされたことは大きな成果です。その後、大きな不具合もなく対領空侵犯措置などの任務を遺憾なく遂行してきています。FS‐Xの開発や運用開始にあたっては、数多くの困難があったものの、結果的には、日米双方の努力により解決することができたのです。そして、このことは、我が国の航空防衛産業の真価を世界に発信するとともに、技術向上と自信にもつながっています。

このFS‐Xの教訓は、政府レベルから、官側及び民間側にも、様々な形で残されており、今回の次期戦闘機開発に活かされています。

同様に、米国政府や議会、そして米国の企業にも、ポジティブな教訓とネガティブな教訓が残されており、その後の米国の安全保障上の同盟国支援などの政策に活かされています。

現在、我々の思いは1つです。この次期戦闘機（F-X）開発に関わる人々が、これまでの教訓を冷静に受け止め、将来に禍根を残さないようプロジェクトが進展することです。

そして、航空自衛隊の各部隊に配備され、我が国の防空任務をはじめとする各種任務に遺漏なく運用してもらいたいということです。本書が、その一助になれば、それに優る喜びはありません。

今回の次期戦闘機の開発にあたり、特筆すべきことは、防衛省や防衛産業のみならず、当時の安倍晋三総理の強い意向もあり、次期戦闘機開発を「我が国主導」で行うことを決定したことです。この決定に基づき、三菱重工が中心（プライム企業）になり、開発が進められています。

「我が国主導」での開発には必ずしも明確な定義はありませんが、以前のような「国内開発」や「国産」という自国のみでの開発を意味するものではなく、広く国内外からの参加を募り、最終的判断・決心は我が国が行うということを意味しています。

現在、どの分野でも国際的な分業が進んでいます。航空機産業においても、かつてボーイング社やエアバス社はほぼ単独で機体の多くの部分を製造していましたが、今ではエンジンのみならず胴体や翼は他社や他国の企業に任せています。

戦闘機を開発・生産するには、約3千社が関連するといわれていますが、多くの企業が参画しないと高性能な戦闘機はできません。

これから開発・製造する次期戦闘機は、我が国の周辺国と比べて超一流のものでなければ所期の目的を達成できません。しかし、私は、我が国が次期戦闘機開発に必要なすべての分野の技術を保有しているとは思っておりません。仮に我が国が、特定の分野の技術的な潜在能力を持っていたとしても、それを現実のものにするまでに時間が必要です。限られた時間内での開発やリスク軽減を考えれば、いろいろな国や企業が持っているノウハウを結集し、開発をすることが必要と考えます。

１９７６年（昭和51年）、「防衛計画の大綱」を初めて閣議決定して以来、少数精鋭主義を防衛の基本としてきました。限られた自衛官定員と装備品（車両や火器・艦艇・航空機など）によって効率的な防衛を追求してきました。

諸外国と比べて、我が国の戦闘機の数は極めて限られています。このことは、我が国が保有する戦闘機（装備品）は、周辺国のそれよりもはるかに能力が高くなければ所期の目的を達成できないことを意味しています。

我が国を取り巻く安全保障環境を考慮すれば、F‐1支援戦闘機後継としてFS‐Xを部隊配備した頃と、この次期戦闘機が就役する頃（２０３０年代後半以降）の戦略環境は、比較できないほど厳しいものと予想されています。すなわち、FS‐X開発時のような、ある程度の余裕（開発した機体に部隊運用上でいろいろな不具合や問題点があっても、改修や能力向上などを図る時間的な環境）がないと考えられます。

次期戦闘機は、部隊配備された直後から、最前線で対領空侵犯措置任務や防空任務のみならず防衛システムの中枢としての役割を担うことになります。

次期戦闘機に求められる能力・機能は、第2章で詳述してありますが、配備された時点でも、その後の運用期間中（これまでの戦闘機と同様と考えれば30〜40年程度）でも、「戦って勝てる」戦闘機であることが求められています。

この戦闘機を開発・保有することによって、我が国への侵略や攻撃を企図する国や勢力が、それを躊躇するだけでなく、断念するような存在であることが理想です。まさに「戦わずして勝つ」ことができる戦闘機です。

我々は「将来の抑止力の中核」となる素晴らしい戦闘機が出来上がることを願って止みません。これは、国民の願いでもあると信じております。

元統合幕僚長・航空幕僚長　岩﨑　茂

執筆者のプロフィール

森本　敏

防衛省を経て外務省に入省し、在米日本国大使館一等書記官、情報調査局安全保障政策室長などを歴任。退官後、慶應義塾大学等で教鞭を執る。平成12年から拓殖大学教授、同大学総長を経て現在、同大学顧問。初代防衛大臣補佐官、第11代防衛大臣、防衛大臣政策参与などを歴任。

岩﨑　茂

防衛大学校卒、元航空自衛官、空将。航空自衛隊では戦闘機パイロットとして勤務、約100回に及ぶロシア・中国機などに対する対領空侵犯措置任務の経験を有し、第2航空団司令、航空総隊司令官、第31代航空幕僚長、第4代統合幕僚長、防衛大臣政策参与などを歴任。

山﨑剛美

防衛大学校卒、元航空自衛官、空将。整備補給群司令、第1術科学校長、西部航空警戒管制団司令、航空自衛隊補給本部長を歴任。空幕勤務では防衛力整備、装備政策、武器輸出に関わり、防衛省技術研究本部開発官在任時にP-1、C-2、X-2、将来戦闘機、JDCSの研究・開発に携わる。

田中幸雄

防衛省において、長年にわたり多くの航空機開発に従事、飛行試験にも関与。海自SH-60J哨戒ヘリコプター、海自US-2救難飛行艇、海自P-1哨戒機、空自C-2輸送機の開発事業に参画するなど航空機開発の専門家。

桐生健太朗

産業界において長年にわたり防衛航空機開発に関する計画・研究・設計・試験などに携わってきた。特に航空機設計の実務に詳しく、ＦＳ‐Ｘの開発にも参加。設計のみならず、プロジェクト管理についても十分な知識と経験を有する。航空機開発の事務的専門家。

川上孝志

長年にわたって戦闘機や輸送機、戦車の開発に携わる。防衛産業、防衛装備、武器輸出、防衛契約などに関して幅広い知識と経験を有する専門家。

次期戦闘機開発をいかに成功させるか
―2035年悲願の国産戦闘機誕生へ―

2021年12月 5 日　印刷
2021年12月15日　発行

編著者　森本　敏、岩﨑　茂
執筆者　山﨑剛美、田中幸雄、桐生健太朗、川上孝志
発行者　奈須田若仁
発行所　並木書房
〒170-0002東京都豊島区巣鴨2-4-2-501
電話(03)6903-4366　fax(03)6903-4368
http://www.namiki-shobo.co.jp
印刷製本　モリモト印刷
ISBN978-4-89063-415-6